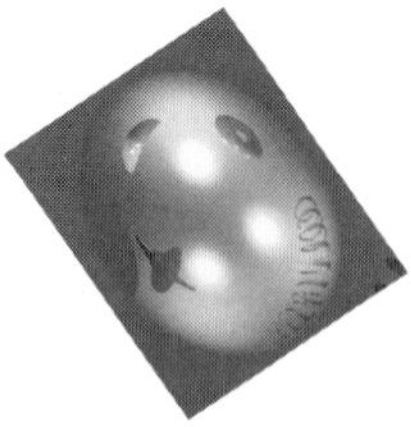

# Javaで学ぶ シミュレーションの基礎

峯村　吉泰　著

森北出版株式会社

# まえがき

コンピュータの高速化やメモリの大容量化による飛躍的な性能向上と価格低下に伴い，科学技術や自然現象の問題にあるいは社会的・経済的な問題などに適用して数値的にシミュレーションを行うことが，個人レベルでも容易にできるようになった．シミュレーションの醍醐味は，実験的には困難な現象を計算機という仮想空間の中で容易に自在に再現してみせ，計算機の吐き出すデータをグラフィック表示して現象や時間的な推移などを詳細に提示し、理解を深め，説明できることにあるといってよいであろう．

パソコンは 1980 年半ばから急速に普及し，これに標準的に装備されていた BASIC 言語で簡便に計算できることとそのグラフィック機能を利用して，グラフィカル・シミュレーションが盛んに行われた．しかし，パソコンの OS が DOS から Windows に代わって，BASIC が Visual Basic に，また Windows プログラミング言語として C++ が登場したとはいえ，かつての BASIC のように誰でもがグラフィックを楽しめるといえるものでなくなってしまったことも確かである．

ここにきて (1995 年秋以降)，これら既存の言語に代わる計算機言語として俄然注目を集めてきているのは，インターネットで利用でき，その標準的な言語として確固たる位置を占めた Java である．この言語は，C++ に比べてはるかに習得が容易であり，計算機の機種を意識せずに普遍的に使えるという一大長所がある．解析結果の可視化手段としてばかりでなく，ロボットや実験装置の遠隔操作用として，並列処理も容易であり，インターネットを介したマルチメディア関連技術のシミュレーションへの応用，計算パラメータの変更などによる影響を遠隔地間でも自在に，対話的に利用できることなど，国際的なグローバル化時代に不可欠な情報伝達手段の言語であるといえる．筆者自身，大規模な数値解析にかつては FORTRAN を使用してきたが，Java を利用してみて，その資産を引き継ぐという理由だけで若い人に FORTRAN の使用を強いる理由・長所は見当たらないと考えるようになった．オブジェクト指向言語によるプログラミングの合理性，プログラム開発の効率性は長期的視点にたつと無視できないからである．

一方，Mathematica に代表される数学ソフトウェアは優れたグラフィック能力を備えており，その利用により数学的な学習は大変便利な時代になってきている．パソコンが文字通り personal use のものとなり，その有り余る能力を存分に駆使できる今日，従来「数値解析」として行われてきた授業内容では不備であると考えられ，数値解析という名の授業の多くがその内容を精選・吟味して，シミュレーションとしての新たな体系化が図られつつあるといってよいであろう．

本稿は，名古屋大学情報文化学部の理系および文系学生向け講義原稿をもとに構成した前著「C と Java で学ぶ数値シミュレーション入門」の発刊以来数年を経過した機会を利用して，その内容を全面的に見直し，拡充を図ったものであるが，内容的には重複する部分も多い．

本書の網羅する範囲は広く，やや高度な専門的部分も含むので，これらを適宜取捨選択して利用するのがよいと思う．シミュレーションの学習は，数値解析に対する数学的基礎を理解させようとする立場と，実際にプログラミングして実践的な能力を身につけさせようとする立場とがあろう．プログラミングの実践は理解が深まるばかりか，数値計算に必要なセンスも身につく．このような理由で，本書では，主要な問題に対してプログラムを例示した．多くの例題と問題とによりプログラミングを読者に委ねた部分も多い．また，Java が一般に広く定着してきているので，本書では，プログラミング言語として Java を用い，Java を始めて学ぶ人にも本書記載のプログラムの内容が理解できるよう努めた．

Java に関しては，第 2 章でプログラムの基本的な構成法とグラフィック表示について説明し，コンパイルや実行方法については巻末の付録で説明した．計算機言語に慣れていない初学者は，とかく，実数型と整数型を区別しないために混乱をきたしている向きもあるので，第 4 章の前半部分までは実数に float 型を故意に用いている．一方，グラフィック関係には，大部分，float 型変数を使用した．大規模な数値シミュレーションでは，グラフィックスに要する計算負荷を減ずる必要があるからである．また，記載したプログラムには適宜説明を加えてあるので，若干のプログラミングの知識を有している読者であれば，Java の全くの初心者でも内容が理解でき，自分でプログラミングを進めることができると思う．

最後に，本稿に対し適切な助言と批判を頂いた名古屋大学大学院情報科学研究科 渡辺 崇教授，内山 知実 助教授，Java に関する貴重な示唆をいただいた四日市大学 城之内忠正 助教授，熊本大学 中野 裕司 教授に深く感謝する．また，本学大学院生 小野木君枝さんには，本書掲載の Java プログラムを試用し問題点を指摘していただいた．不十分な個所や不注意による誤りも多いと思う．読者の寛恕を乞う次第である．また，森北出版の水垣偉三夫氏，森崎 満氏には本書の実現と向上に尽力いただいた．記して謝意を表する．

2005 年 厳冬　　　　　　　　　　　　　　　　　　　　　　　　峯村 吉泰

# 目　次


**第 1 章　シミュレーション　1**

1.1　シミュレーションとは　1
1.2　数値計算の特徴　4

**第 2 章　プログラミングと Java　14**

2.1　プログラミングの要点　14
2.2　Java プログラミングの基礎　16
2.3　プログラムの設計　24
2.4　グラフの出力　29

**第 3 章　非線形方程式　35**

3.1　線形反復法　35
3.2　Newton (ニュートン) 法　39
3.3　連立非線形方程式　45

**第 4 章　連立 1 次方程式　50**

4.1　連立 1 次方程式の基礎　50
4.2　Gauss (ガウス) 消去法　53
4.3　ピボット選択　58
4.4　LU 分解法　62
4.5　Cholesky (コレスキー) 法　66
4.6　3 項連立方程式　69
4.7　連立方程式の誤差と悪条件　72
4.8　行列式と逆行列　76
4.9　反復法　76

**第 5 章　固有値問題　86**

5.1　固有値と固有ベクトル　86
5.2　べき乗法　89
5.3　Jacobi (ヤコビ) 法　95
5.4　QR 法　102

**第 6 章　補間と近似** **110**
6.1　多項式補間 . . . . . . . . . . 110
6.2　3 次スプライン補間 . . . . . . . . . . 115
6.3　最小 2 乗近似 . . . . . . . . . . 124

**第 7 章　Fourier (フーリエ) 解析** **132**
7.1　Fourier 級数 . . . . . . . . . . 132
7.2　離散 Fourier 変換 . . . . . . . . . . 136
7.3　高速 Fourier 変換 . . . . . . . . . . 139

**第 8 章　数値微分と数値積分** **146**
8.1　数値微分 . . . . . . . . . . 146
8.2　数値積分 . . . . . . . . . . 151

**第 9 章　常微分方程式** **156**
9.1　常微分方程式の初期値問題 . . . . . . . . . . 156
9.2　1 段法 . . . . . . . . . . 157
9.3　多段法 . . . . . . . . . . 165
9.4　連立および高階常微分方程式 . . . . . . . . . . 170
9.5　境界値問題 . . . . . . . . . . 179

**第 10 章　偏微分方程式** **190**
10.1　偏微分方程式の分類と境界条件 . . . . . . . . . . 190
10.2　双曲型方程式 . . . . . . . . . . 191
10.3　放物型方程式 . . . . . . . . . . 198
10.4　楕円型方程式 . . . . . . . . . . 213

**付録　Java の実行方法とプログラム** **216**
A.1　Java の実行方法 . . . . . . . . . . 216
A.2　Java プログラム . . . . . . . . . . 222

**参考文献** **226**

**索　引** **228**

# 第1章 シミュレーション

シミュレーション (simulation) では，現象を表すモデルをもとに計算機で解析し，グラフィック表示 (可視化) する．本章では，シミュレーションの基本的概念，シミュレーションで用いられる数値解析の特徴とその手順，計算機内における数値の表現方法と演算によって導入される誤差とその伝播などについて述べる．

## 1.1 シミュレーションとは

### (1) シミュレーションの目的

シミュレーションは，現実の複雑な事象をモデルを用いて模擬し，その変化の解明や解明の手段を開発したり，教育や訓練に利用する目的で行われる．

ところで，現象を理解できたといえるのはどのような場合であろうか．下に示すように，普通は，その現象を支配する変数は何か，その変数間に成り立つ因果律は何か，これを用いて現象を予測 (再現) できるか，に答えられねばならない[1]．

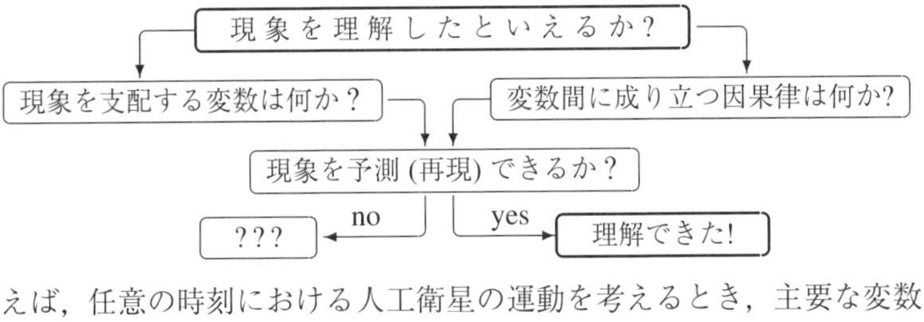


例えば，任意の時刻における人工衛星の運動を考えるとき，主要な変数は時間と地球・衛星間の距離であり，これら変数間に成り立つ因果律は万有引力の法則である．この法則の解析解や数値解によって衛星の軌道を正確に予測できたとすれば，距離のわずかな変化や打ち上げ初速度の影響などについても知ることができ，この現象は理解できたとみなせよう．

因果律を数学的に記述した**数学モデル** (mathematical model) は，非線形性や境界形状の複雑性によって解析解が得られない場合が多く，現象の予測は必ずしも容易ではない．一方，現象を実験的に調べようとしても，経費・時間などの点で多くの制約を伴う．そこで，複雑で大規模な問題をできるだけ正確に予測できるよう，数値計算を基本において計算機により模擬するシミュレーションが必要になる．シミュレーションの目的を要約すれば以下のようになる．

**シミュレーションの目的**

数学モデルを，十分に吟味した解法を用いて計算機により数値的に解くことを作業の中心におき，モデルの適否や仮説を試したり，初期条件や境界条件の影響を調べる．

シミュレーションの利点としては，以下の事項を挙げることができる．

- ★ 解析された現象の時間的な推移などをグラフィック表現 — **可視化** (visualization) という — により，現象の全体像や詳細の把握・理解が容易．
- ★ 実験に比べて短期間に，かつ安価に得られる問題解決の見通しの良さ．
- ★ 実験のように環境条件の変動などによる影響を受けない良好な再現性．
- ★ 結果の分析や評価が容易であるからモデルの修正，初期条件や境界条件，あるいは異なる解析方法による影響などを，安価に，明確に把握可能．
- ★ 危険な，あるいは退屈な操作の代替が可能．
- ★ データの蓄積や加工が容易にできるので，経験によって得られた情報を知識工学的に統合して組み入れることが容易．

以上のような理由で，シミュレーションは，正確な状況の把握や新たなモデルの構築のため，また，科学技術分野における実験的手段を完全に代替する手段として，年々その比重が増している．シミュレーションの内容はそれぞれの分野ごとに異なるが，その基礎となる数値的手法は分野に関わらず共通点が多い．

シミュレーションの対象は，1 次元から 2, 3 次元問題へ，定常な現象から非定常現象へ，平衡な系から非平衡な系へと拡大している．また，シミュレーションへの期待が増すほど，要求される解析精度や計算の効率性も必然的に増してくるが，様々な困難を克服しながら発展をとげている．このため，シミュレーションに関する深い専門的知識がますます必要になってきているといえよう．

### (2) シミュレーションの過程

シミュレーションは，図 1.1 に示すように，対象とする現象の法則や保存則などを基に数学モデルに定式化し，これを離散化して計算モデルをつくり，プログラミングして計算を実行し，数値解を求める過程をたどる．結果が正しくその現象を反映するとき，シミュレーションにより現象を様々な角度から理解でき，その本質や変化のメカニズムを知ることができる．また，これによって計算機内に解析対象の計算モデルに基づく仮想的な物理的空間を構築し，種々の視点から仮説や境界条件などの影響を試すことも可能になる．

一方，計算結果にはこれらの過程でなされる各種誤差が入り込む余地があり，結果を現象と照合して解釈する過程が不可欠である．数値解が満足できない場合は，これら各過程に対する詳細な検証に基づき原因が究明される．

シミュレーションの各過程を少し詳しく考察してみよう．

**定式化** 現象を詳細に調べ上げてまとめられた実験式や，理論的に深く洞察して得られた法則や保存則に基づき定式化されたものが数学モデルである．その多くは微分方程式 (群) として表される．個別の問題に応じて定まる初期条件や境界条件により微分方程式は解かれるが，これらを合わせて**支配方程式** (governing equations) という．

この定式化では，現象を理想化して，例えば「地球を回る人工衛星の運動には，他の惑星の影響がないものと仮定する」などとして簡単化する場合がある．これは，あわよくば解析解が得られ，これにより一般性のある結論が導かれることを期待してのことである．したがって，簡単化は非線形現象を線形化して扱うことにも通ずる．このように理想化し簡単化したモデルを考えることにより生ずる誤差を**モデル誤差** (modeling error) という．定式化における誤差の検証では，採用した仮説の妥当性や，用いた実験式の適用限界などに起因する問題も含まれる．

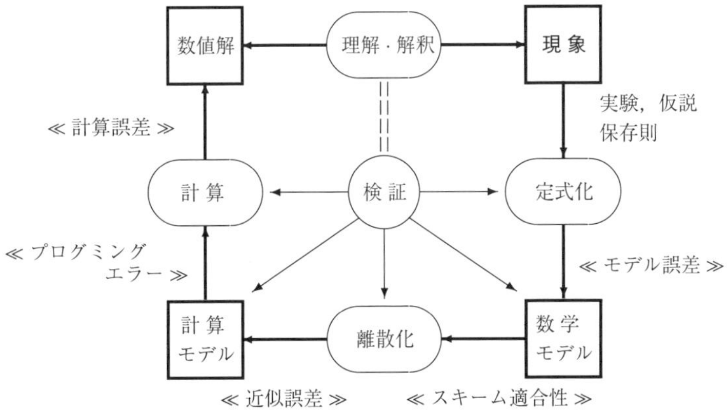


**図 1.1 数値シミュレーションの過程と検証**

**離散化**　数学モデルとして与えられた支配方程式は，時空間で**離散化** (discretization) 近似して差分近似式などとして表した**計算モデル** (computation model) を求める．計算命令を順序づけて配列した一連の計算手続きを**アルゴリズム** (algorithm) という．この良し悪しは解法の安定性や解の精度ばかりか，処理速度にも密接に関係する．

離散化の過程では，数学モデルの離散化近似式に起因する**近似誤差**の他に，離散化された計算モデルが元の方程式のよい近似になっているかというスキームの適合性，安定に解が求まるかという安定性などの問題もある．

**計　算**　計算モデルに基づいてプログラミングし，計算機コードに変換して計算を実行し，**数値解** (numerical solution) を得る．プログラミング言語にはもっぱらＣや FORTRAN 言語が用いられてきたが，最近では Java 言語も広く採用されている．

プログラミングの際のエラーとしては，プログラマの不注意に起因する使用言語の文法や，アルゴリズムの誤りなどがある．前者は，Java の場合，コンパイル段階で容易に解消できる．

入力として与えた数値は計算機コードに変換されて計算が実行される．この変換による誤差や，この数値を用いて四則演算することにより新たに生成される誤差など，計算の過程では**計算誤差** (computing error) は避けがたい．これら計算誤差は多くの場合に許容し得るものであるが，計算過程で誤差が異常に拡大して不安定になる場合はアルゴリズムが不適切である．

**理解・解釈**　解析結果は現象と照合し，採用した仮説の妥当性の吟味，現象の理解，数値解の精度を調べてその有効性をチェックするなど，この過程は計算機との知的インターフェースとして重要な協調過程である．これには，現象の状態や変化を視覚的イメージとして表し，直観的に洞察できるグラフィック表現，すなわち可視化が極めて有用であり，Java はその有効な手段を提供する．

理解・解釈の結果として数値解が満足できるものでない場合は，数値シミュレーションの各過程に対する様々な角度からの検証[1]が必要になる．

現象に対する数学モデルをつくる過程については，各専門分野に依存する事項であり，本書では特別の場合を除きこれには立ち入らない．

# 1.2 数値計算の特徴

## (1) 数値計算の特徴

数値解析では，離散化，逐次近似，漸化式などが常套手段として用いられる．そのため，まずこれらの基本的な考え方を把握しておこう．

**離散化** 計算機による数値計算では，連続的な量を離散的な量に置き換えて扱う．$x$ の範囲 $[a, b]$ を $n$ 等分した $x$ 座標 $x_0, x_1, \ldots, x_n$ における関数 $f(x)$ の値を $f_0, f_1, \ldots, f_n$ で表し (図 1.2)，計算では離散点 $f_0, f_1, \ldots, f_n$ が関数 $f(x)$ の代わりに用いられる．ただし，等分は離散化の必須条件ではない．

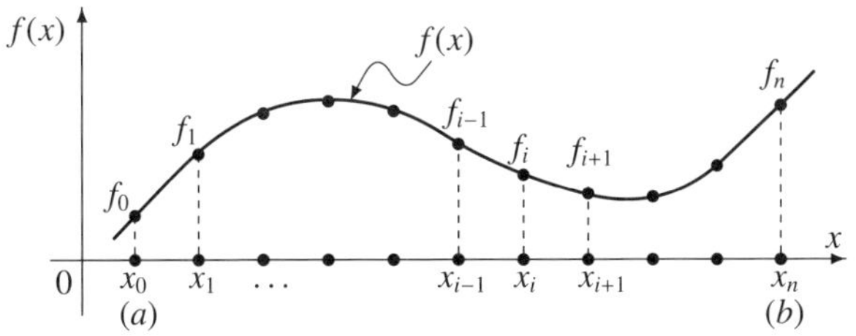


**図 1.2** 連続関数 $f(x)$ の離散点 $f_0, f_1, \ldots, f_n$ による近似

離散化により，例えば，関数 $f(x)$ の区間 $[a, b]$ における定積分は，各区間に台形公式を適用することにより，数値的に次式により求められる (第 8 章参照).

$$\int_a^b f(x)\,dx \xrightarrow{\text{近似}} S_n = \sum_{i=0}^{n-1} \frac{f_i + f_{i+1}}{2} \Delta x \tag{1.1}$$

微分方程式 $df/dx = -af$ は次のように離散化して数値解析される (第 9 章参照).

$$\frac{df}{dx} = \lim_{\Delta x \to 0} \frac{f(x + \Delta x) - f(x)}{\Delta x} \xrightarrow{\text{近似}} \frac{f_{i+1} - f_i}{\Delta x} = -af_i \tag{1.2}$$

**逐次近似** 連続量を離散的な量に置き換えて極限に近づける操作を，**逐次近似** (successive approximation) という．

例えば，式 (1.1) の定積分を求めるとき，領域の分割数 $n$ を単調に増す，すなわち，数値積分の刻み幅 $\Delta x\{= (b - a)/n\}$ を単調に減じて計算すると，解 $S_n$ の数列 $\{S_n\}\,(n = 1, 2, \ldots)$ は定積分の値に近づき，よりよい近似解を与える．

**漸化式** 近似式により解が与えられ，この解をもとの近似式に繰り返し用いる逐次代入の形で利用する近似式を**漸化式** (recursion formula) という．漸化式を用いた計算は，一般に，計算効率がよく，かつ計算プログラムも簡潔となる利点がある．

**[例 1.1]** 次式で与えられる実数の数列 $\{a_k\}(k = 0, 1, \ldots, n)$ の総和 $S_n$；

$$S_n = a_0 + a_1 + \cdots + a_n \tag{1.3}$$

総和の計算では，$S_0 = a_0$ とおいて，次の漸化式を利用する．

$$S_k = S_{k-1} + a_k \quad (k = 1, 2, \ldots, n) \tag{1.4}$$

**[例 1.2]** 次式で与えられる $n$ 次多項式 $f(x)$ の値；

$$f(x) = a_0x^n + a_1x^{n-1} + \cdots + a_{n-1}x + a_n \tag{1.5}$$

高次の項をべき乗の関数を用いて計算すると，級数展開による計算法を用いるので計算量は膨大である．$x = x_0$ における値 $f(x_0)$ を，

$$b_0 = x_0, \quad b_1 = b_0x_0, \quad \ldots, \quad b_{n-1} = b_{n-2}x_0$$

$$f(x_0) = a_0b_{n-1} + a_1b_{n-2} + \cdots + a_n \tag{1.6}$$

として計算すると，$(2n - 1)$ 回の乗算と $n$ 回の加算で済む．

一方，多項式 (1.5) をかっこでくくると

$$f(x) = (\cdots(((a_0)x + a_1)x + a_2)x + \cdots +)x + a_n \tag{1.7}$$

のように表すことができるので，一番内側のかっこの中から順に $b_k$ $(k = 0, 1, \cdots, n)$ とおくと，漸化式

$$b_0 = a_0, \quad b_k = b_{k-1}x + a_k \quad (k = 1, 2, \cdots, n) \tag{1.8}$$

により $b_n$ が得られ，これは求める $f(x_0)$ にほかならない．この計算では $n$ 回の乗算と $n$ 回の加算で計算でき，計算量が大幅に減ずる．この方法を **Horner**(ホーナー) **法**または**入れ子乗算** (nested multiplication) という．

**Taylor(テイラー) 級数** 数値計算では，差分式の導出や精度の確認に **Taylor 級数** (Taylor's series) の定理が頻繁に用いられる．この定理は 2 点 $x, x_0$ を含む区間において関数 $f(x)$ が $n$ 回微分可能なとき，この区間で収束する無限級数が存在することを示す．

**Taylor の定理**

$$f(x) = f(x_0) + f'(x_0)(x - x_0) + \frac{f''(x_0)}{2!}(x - x_0)^2 + \cdots$$
$$+ \frac{f^{(n-1)}(x_0)}{(n-1)!}(x - x_0)^{(n-1)} + \frac{f^{(n)}(\xi)}{n!}(x - x_0)^n, \quad \xi \in (x, x_0) \qquad (1.9)$$

ここで，末尾の項は Lagrange(ラグランジェ) の剰余とも呼ばれ，無限級数を有限項で表すときの残差を表す．また，記号 $\xi \in (x, x_0)$ は，$x < x_0$ として $\xi$ が $x < \xi < x_0$ を満たす適当な値であることを示す．$(x - x_0)$ は $\Delta x$ とも表される．

Taylor 級数を利用する実際の計算では，ある項以降を省略した**打切り Taylor 級数**により代替される．すなわち，第 $n$ 項までの和を用いたとすると，

$$f(x) \doteqdot \sum_{k=1}^{n-1} \frac{f^{(k-1)}(x_0)}{(k-1)!}(x - x_0)^{k-1} \qquad (1.10)$$

で表される．ここで，階乗の計算では $0! = 1$ と約束されている．無限級数を打切ることにより生ずる誤差を**打切り誤差** (truncation error) という．

多変数関数に対する Taylor 級数を用いる機会も多い．2 変数関数 $f(x, y)$ の場合，平面 $(x, y)$ 上の点 $(x_0, y_0)$ の近傍において，関数 $f(x, y)$ が連続な 1 次，2 次導関数をもち，$f$ の $x$ による偏導関数 $\partial f(x, y)/\partial x$ を $f_x(x, y)$，$\partial^2 f(x, y)/\partial x^2$ を $f_{xx}(x, y)$ などと表すことにすれば，$f(x, y)$ は次式で表される．

**2 変数の Taylor 級数**

$$f(x, y) = f(x_0, y_0) + f_x(x_0, y_0)(x - x_0) + f_y(x_0, y_0)(y - y_0) + R(x, y) \qquad (1.11)$$

ここで，剰余項 $R(x, y)$ は，

$$R(x, y) = \frac{(x - x_0)^2}{2} f_{xx}(\xi, \eta) + (x - x_0)(y - y_0) f_{xy}(\xi, \eta) + \frac{(y - y_0)^2}{2} f_{yy}(\xi, \eta)$$

ただし，$\xi, \eta$ は $\xi \in (x, x_o)$, $\eta \in (y, y_0)$ を満たす．

**問題 1.1** 関数 $f(x)$ が，$x = x_0$ で $n$ 回微分可能であるとし，次の多項式

$$f(x) = a_0 + a_1(x - x_0) + a_2(x - x_0)^2 + \cdots + a_n(x - x_0)^n$$

で表すことができるとする．係数 $a_k$ $(k = 0, 1, \ldots, n)$ を求めよ．

（ヒント：$f'(x), f''(x), \ldots$ を求めてこれに $x_0$ を代入し，$a_0, a_1, \cdots$ を求める．）

## (2) 計算誤差の発生と伝播

計算実行過程で現れる誤差がどのような原因で発生し，伝播していくかを知ることは，計算精度を考える上で重要である．

誤差公式　実数 $x, y$ の近似値 $\tilde{x}, \tilde{y}$ に見込まれる誤差をそれぞれ $\varepsilon_x, \varepsilon_y$ とし，$x = \tilde{x} + \varepsilon_x$，$y = \tilde{y} + \varepsilon_y$ のように表すとしよう．$x$ と $y$ の関数として計算される量 $z = f(x, y)$ の近似値 $\tilde{z}$ は，2 変数の Taylor 級数，式 (1.11) より，微小項を無視して

$$\tilde{z} = f(\tilde{x}, \tilde{y}) = f(x, y) - f_x(\tilde{x}, \tilde{y})\,\varepsilon_x - f_y(\tilde{x}, \tilde{y})\,\varepsilon_y \tag{1.12}$$

と表すことができる．したがって，$z$ の誤差 $\varepsilon_z\ (= z - \tilde{z})$ は

$z = x + y$ のとき，$\varepsilon_z = \varepsilon_x + \varepsilon_y$

のようになる．同様にして四則演算に対する誤差が求まるので，相対誤差の公式が表 1.1 のように与えられることが知れよう．

**表 1.1　誤差を含む 2 変数による四則演算の相対誤差 $\varepsilon$**

($x, y$ の近似値を $\tilde{x}, \tilde{y}$，誤差を $\varepsilon_x = x - \tilde{x}$，$\varepsilon_y = y - \tilde{y}$ とする．)

| 演算 | 誤差公式 |
|---|---|
| 加算 | $\varepsilon = \dfrac{(x-\tilde{x}) + (y-\tilde{y})}{x+y} = \dfrac{\varepsilon_x + \varepsilon_y}{x+y}$ |
| 減算 | $\varepsilon = \dfrac{(x-\tilde{x}) - (y-\tilde{y})}{x-y} = \dfrac{\varepsilon_x - \varepsilon_y}{x-y}$ |
| 乗算 | $\varepsilon = \dfrac{xy - \tilde{x}\tilde{y}}{xy} = \dfrac{\varepsilon_x\tilde{y} + \varepsilon_y\tilde{x} + \varepsilon_x\varepsilon_y}{xy} \doteqdot \dfrac{\varepsilon_x}{x} + \dfrac{\varepsilon_y}{y}$ |
| 除算 | $\varepsilon = \dfrac{x/y - \tilde{x}/\tilde{y}}{x/y} = \dfrac{\varepsilon_x\tilde{y} - \varepsilon_y\tilde{x}}{x\tilde{y}} \doteqdot \dfrac{\varepsilon_x}{x} - \dfrac{\varepsilon_y}{y}$ |

**[例 1.3]**　実数 $x, y$ の一致；

相対誤差が

$$\frac{|x-y|}{|x|} < 5 \times 10^{-k}$$

を満たす負でない最大整数 $k$ をもって，$x$ と $y$ は有効数字 $k$ 桁まで一致するという．例えば，123.4 と 124.1，0.01234 と 0.01241 はともに有効数字 2 桁まで，1.001 と 0.999 は有効数字 3 桁 (1.00) まで一致している．

➻ 誤差の絶対値は比較する数が近いかどうかを判断するのには役立たない．両数字がどれだけ一致しているかを判断するには相対誤差が向いている．

**数値の計算機内表現** **10 進数** (decimal system) の数値は，計算機内では **2 進数** (binary system) に変換されて用いられる．2 進数字 1 個を 1 ビット (bit)，8 ビットをまとめて 1 バイト (byte) といい，数バイト (1, 2, 4, 8) まとめて 1 ワード (word) とし，1 つの数値を表す．数値の表示形式には **整数** (integer) **型**と **実数** (real) **型**とがあり，計算機内での扱いは全く異なる．

整数の場合は，ワードのバイト数に応じて `byte` 型, `short` 型, `int` 型, `long` 型に分かれる．この型により，扱い可能な整数値の範囲が限定されるという問題はあるが，これに留意すれば数値計算上さしたる問題はない．

➻ byte 型の整数範囲は $-128 \leqq x \leqq 127$，short 型で $-32,768 \leqq x \leqq 32,767$，int 型は $\pm 2.1 \times 10^{9}$，long 型は $\pm 9.2 \times 10^{18}$ である．普通，int 型を用いる．

実数に対しては，計算機では，**浮動小数点数** (floating-point number) を用いて表す．$a_k$ $(k = 0, 1, \ldots, m-1)$ を非負の整数とすると，10 進数の値 $x$ は

$$x = \pm a_0 a_1 \cdots a_{n-1}.\, a_n \cdots a_{m-1} \xrightarrow{\text{浮動小数点数表示}} x = \pm 0.\, \overbrace{a_0 a_1 \cdots a_{m-1}}^{\text{仮数}} \times 10^{n}$$

のように表せる．浮動小数点数で表した $a_k$ 部を**仮数** (mantissa)，$n$ を**指数** (exponent) という．数の表現範囲は指数部の桁数 $n$ に，数の相対誤差は仮数の語長 $m$ に依存することになる．

仮数と指数の桁数はコンパイラによって異なるが，ともに 2 進数や 16 進数で表し，数値全体を 32 ビット (4 バイト) または 64 ビット (8 バイト) で表す．10 進数表示の**有効桁数** (effective digit) は語長 $m$ に限られるから，有効桁数未満を切捨てるか，四捨五入するかして表すことになる．これによって切捨ての場合は $10^{-(m-1)}$，四捨五入の場合は $10^{-(m-1)}/2$ の相対誤差が生ずる．32 ビット数で表す場合を float 型 (または**単精度**と呼ぶ)，64 ビット数の場合を double 型 (または**倍精度** (double precision) と呼ぶ) という．

➻ Java の場合，2 進数 $(m = 24)$ で 0 捨 1 入方式であり，float 型の場合，約 $2^{-128} \sim 2^{127}$ $(\fallingdotseq 0.29 \sim 1.7 \times 10^{38})$ を表す．最大誤差は $2^{-24} (\fallingdotseq 6 \times 10^{-8})$，有効桁数は 7 桁．

➻ float 型の数値 `0.1F` を double 型変数に代入してこの値を表示させると，Java では 0.10000000149011612 となる．上記の誤差を概略確かめられよう．

➻ Java の double 型 (64 bit) は約 $\pm 1.8 \times 10^{308}$ を表し，有効桁数は 15 桁である．

➻ 上記のように計算機内で扱える最大値には限度がある．この範囲を超えた数値の発生をオーバーフローといい，主に数値を微小な値で割ったときに生ずる．Java では，

この数値に infinity という特別の数値があてがわれる．また，0.0 を 0.0 で割ったときには，NaN(Not A Number ⋯ 非数という意味) という値が用意されている．ただし，これらは数値というよりは記号と解釈すべき性質をもつ．

**[例 1.4]** 10 進数の $\alpha$ 進数への変換とその逆変換；

10 進数の $\alpha$ 進数への変換は，10 の代わりに $\alpha$ ごとに繰り上がっていくので，図 1.3 に示したフローチャートに従って求められる．その際，整数部と純小数部とに分けて変換し，変換し終えた値を単純に足し合わせればよい．

逆に，$\alpha$ 進法の整数 $a_0a_1\cdots a_n$ の値は

$$a_0\alpha^n + a_1\alpha^{n-1} + \cdots + a_n$$

であるから，Honer 法，式 (1.8) により 10 進数に効率的に変換できる．

$\alpha$ 進数の純小数 $0.b_0b_1\cdots b_n$ は，

$$(b_0\alpha^{n-1} + b_1\alpha^{n-2} + \cdots + b_n)\,\alpha^{-n}$$

のように表せるので，同様にして 10 進数に変換できる．

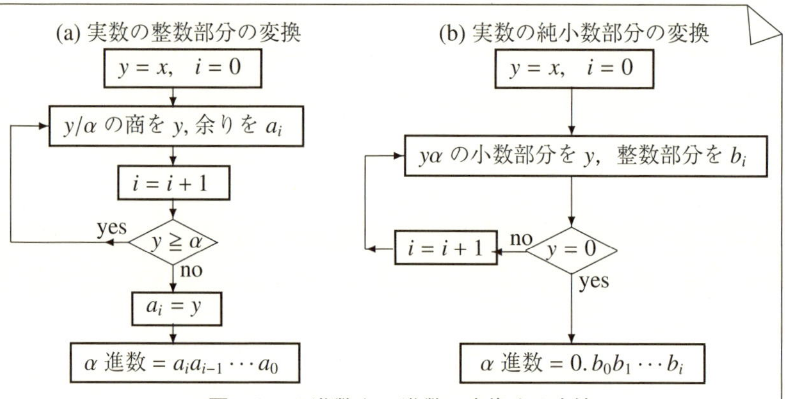


**図 1.3　10 進数を $\alpha$ 進数に変換する方法**

**[例 1.5]** 18.3125 の 2 進数を求める；

10 進数 18 の 2 進数は？

| | | | | |
|---|---|---|---|---|
| $i=0,$ | $18/2=9$ | $\to$ | $y=9,$ | $a_0=0$ |
| $i=1,$ | $9/2=4$ | $\to$ | $y=4,$ | $a_1=1$ |
| $i=2,$ | $4/2=2$ | $\to$ | $y=2,$ | $a_2=0$ |
| $i=3,$ | $2/2=1$ | $\to$ | $y=1,$ | $a_3=0$ |
| $i=4,$ | | | | $a_4=1$ |

$\therefore$　10010

10 進数 0.3125 の 2 進数は？

| | | | |
|---|---|---|---|
| $i=0,$ | $0.3125\times 2=0.625,$ | $y=0.625,$ | $b_0=0$ |
| $i=1,$ | $0.625\times 2=1.25,$ | $y=0.25,$ | $b_1=1$ |
| $i=2,$ | $0.25\times 2=0.5,$ | $y=0.5,$ | $b_2=0$ |
| $i=3,$ | $0.5\times 2=1.0,$ | $y=0,$ | $b_3=1$ |

$\therefore$　0.0101

したがって，18.3125 の 2 進数は 10010.0101 である．

**丸め誤差**　浮動小数点数の指数は整数であるから問題はないが，例えば，10 進数 0.1 を 2 進法で表すと無限数 $(0.0\,0011\,0011\,0011\cdots)_2$ となる．したがって，計算機で 2 進数に変換する際，仮数の有効桁数未満を切捨てるか，四捨五入するかして処理される．いずれの方式をとるかはコンパイラに依存するが，このように浮動小数点数を 2 進数や 16 進数に正確に変換できないことにより生ずる誤差を**丸め誤差** (round-off error) という．実数を扱う限り丸め誤差は避け難い．

➸ Java や C (Microsoft C++ コンパイラ使用) で，float 型の 0.01 を 10,000 回加算すると 100.00295 になる．FORTRAN (IBM 360) での同じ計算は 99.95277 となる．

**問題 1.2**　10 進数 0.1 を 2 進数に変換し，2 進数の有効桁数 25 桁目を切捨てた場合と 0 捨 1 入した場合とに対し，10 進数に変換したときの値を求めよ．

**伝播誤差**　誤差を含む数値による四則演算は新たな丸め誤差を生み，誤差が伝播していく．数千回の演算を含むような一般的な計算では，いったんもち込まれた誤差が減衰する場合もあれば成長する場合もある．誤差の伝播の仕方は複雑であり，累積誤差は通常個々の演算による誤差の和とはならない．ここでは，種々の計算例に起こり得る問題のいくつかを示しておく．

- **加算と乗算：** 誤差公式から予測されるように，加算と乗算の場合は誤差の増加がゆるやかであり，多くの場合に問題にはならない．

ただし，$a, b>0$ で $a\gg b$ の場合の $a+b$ は，$a$ の有効桁数に入らない $b$ の部分は加算されることがない．一見，道理に思えるこの計算は沢山の数の総和をとるときに悲劇的な結果となる場合がある．これを**情報落ち** (loss of trailing digits) とか

積み残し (short shipment) という．小さい数から加算する，部分和をとってから総和を求めるなどの対策[2]が必要である．

- **除算：** 分母の値が小さい場合に，相対誤差が増す．
- **減算：** 数値の差が小さい場合に有効数字の**桁落ち** (significance error) が起こる．

**[例 1.6]** 差が小さい数値の減算；

$$\sqrt{x+1}-\sqrt{x} \xrightarrow{\text{計算方法を変更するのがよい}} \frac{1}{\sqrt{x+1}+\sqrt{x}}$$

例えば, $x = 1000$ として float 型で計算すると, 左側の式は $0.\underline{499}72\cdots\times10^{-2}$, 右側の式からは $0.4999875\times10^{-2}$ が得られ，前者は桁落ちにより有効数字が3桁に半減しているのがわかる．

**[例 1.7]**　2次方程式 $ax^2+bx+c=0$ の解を求める公式；

$$x=\frac{-b\pm\sqrt{D}}{2a},\quad D=b^2-4ac$$

より，$b^2 \gg 4ac$ の場合に $\sqrt{D} \doteqdot |b|$ となり，桁落ちが生ずる．これを避けるには，$-b$ と同符号の $\sqrt{D}$ を加算して解 $x_1$ を求め，他方を $x_2 = c/(x_1 a)$ により求めるのがよいとされる[2]．ただし，$D$ を求める際の桁落ちは無視しているので，この誤差も避けたければ第3章で述べる方法を利用するのがよい．

- **関数：** 関数の導関数が大きいときの伝播誤差

**[例 1.8]** $x$ の近似値が $\tilde{x}$ (誤差 $\varepsilon = x - \tilde{x}$) であるときの関数誤差；

関数 $f(x)$ の $\tilde{x}$ において Taylor 展開し，微小項を無視すれば次式を得る．

$$f(x)-f(\tilde{x}) \doteqdot f'(\tilde{x})\,\varepsilon$$

例えば，$f(x)=2x^3+3x^2+2x+1$ とし，$x$ が $\varepsilon=1\cdot10^{-6}$ を含む $\tilde{x}=1.000001$ で近似されたとする．この場合 $f'(\tilde{x}) \doteqdot 14$ より，$f(x)-f(\tilde{x}) \doteqdot 14\cdot10^{-6}$ となり，$x$ の誤差 $\varepsilon$ により関数 $f(x)$ の誤差は約14倍に拡大している．

### (3) 計算の安定性

計算による誤差の伝播は，減衰する場合もあるが，増幅する場合もある．$n$ 回の演算による誤差 $\varepsilon$ が $|\varepsilon| \propto n$ のように表せるとき誤差の成長は線形であるといい，$|\varepsilon| \propto c^n$ $(c>1)$ のような場合は指数的であるという．通常の計算では誤差の成長が

線形となる場合が多く，危険とはいえない．これに反し誤差の成長が指数的な場合は危険であり，この計算は **不安定** (unstable) であるという．

誤差の成長は多くの因子に関係しており，解くべき問題に固有な場合もあれば，用いるアルゴリズムに依存する場合もある．

**[例 1.9]** 不適切なアルゴリズムによる不安定；

次式で与えられる関数 $f_n(x)$ の値

$$f_n(x) = n!\left[e^x - \left(1 + x + \frac{x^2}{2!} + \cdots + \frac{x^n}{n!}\right)\right] \tag{1.13}$$

を求めるのに，これを変形すると次の漸化式の形で表せる．

$$f_{n+1}(x) = (n+1)f_n(x) - x^{n+1}, \quad n = 0, 1, \ldots \tag{1.14}$$

ここで，$x = 1$ として，$f_0(1)$ から始め，$n$ を順次増して $f_n(1)$ を求めていくと，この値は図 1.4 に示すようにいったんは減じて，点線で示す厳密解に近づくが，$n > 8$ で急増大する．

$f_n(1)$ は本来が $n$ の単調減少関数であるが，$n = 7$ の場合でも相対誤差は 12.6% と大きく，倍精度で計算しても誤差の成長は変らない．したがって，式 (1.14) は不安定であり，使用には不適切であることがわかる．

微分方程式の初期値問題に起こる不安定については第 9，10 章で述べる．

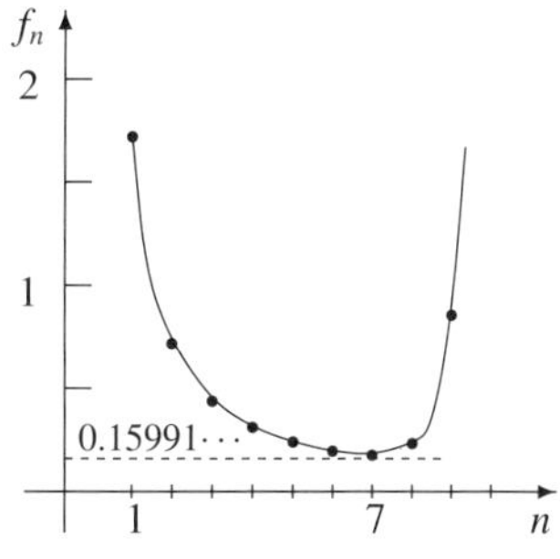


**図 1.4 式 (1.14) の解 $f_n$ の挙動**

# 第2章 プログラミングとJava

シミュレーションのためのプログラムの基本的な一般的構成法について述べ，計算と可視化のプログラミング言語にはJavaが適していることから，Javaの基本的なプログラミング法を解説する．これは，次章以降での解析とその結果のグラフィック表示に用いるプログラムの基本となるものである．

## 2.1 プログラミングの要点

プログラミング方法を説明するのが本書の目的ではないが，プログラムの知識が未だ十分でない人のため，プログラムの基本的な構成法を標準的な方法[3] [4] [5]にのっとり，本書が採用するプログラミングスタイルとともに説明しておこう．

### (1) アルゴリズムの基本

解析的な一般的解法が，必ずしも計算機向けのよい方法と言えないことは，2次方程式の解を求める例1.7 (12頁参照) ですでに見た通りである．その際に述べたように問題を解くためのアルゴリズムはいくつか考えられるが，よいアルゴリズムの要件を挙げれば以下のようになる．

1) **信頼性**　計算精度が高く，正しい結果が保証されること．予想外の入力などにも対応できるような配慮も必要．
2) **処理速度**　計算回数が少ないアルゴリズムは処理スピードが速く，計算精度もよい．また，メモリの無駄な消費もないことが望ましい．
3) **汎用性**　特定の状況だけでなく，他の多くの状況や問題にも適用できる汎用性．汎用性は，とりわけオブジェクト指向プログラミングの構築に重要．
4) **拡張性**　仕様の変更に対して簡単・自在に修正が行える拡張性．
5) **移植性**　プログラムの実装環境 (Windows，Linux など) に依存しない移植性．
6) **分かりやすい構成**　だれが見ても分かりやすいプログラムやデータ構造は修正

が容易であり，このプログラムの拡張も容易で，保守にも便利．

### (2) 分かりやすいプログラムの構成

分かりやすいプログラムの構成法としての基本は，機能別に分割したモジュール化とその階層構造化[4]である．

大規模な構造計算や流体の計算などにみられるプログラムは，図 2.1 に示すように，プログラムの仕様を満たすデータ入力 (Input)，計算に用いる係数の計算 (Coeff)，これらを用いた数値解析 (Solver)，出力として望まれるデータへの変換・後処理 (PostP) を経て，出力 (Output) される形で構成されている場合が多い．これら各機能 (モジュール) は互いに独立しており，計算の流れに沿ってプログラムでは階層構造化された形で接続している．下位の階層に受け渡されるデータがこのプログラム全体の共通データとなる．このように機能ごとに階層化した構成は，誰が見てもその全体像が容易に把握でき，仕様変更などにも対応しやすい．また，複数の部分で共通的に使用される関数 (Spline) やグラフィックツール (Graph) などは，他のプログラムにも流用可能なものとして，再利用性が考慮されてつくられる．

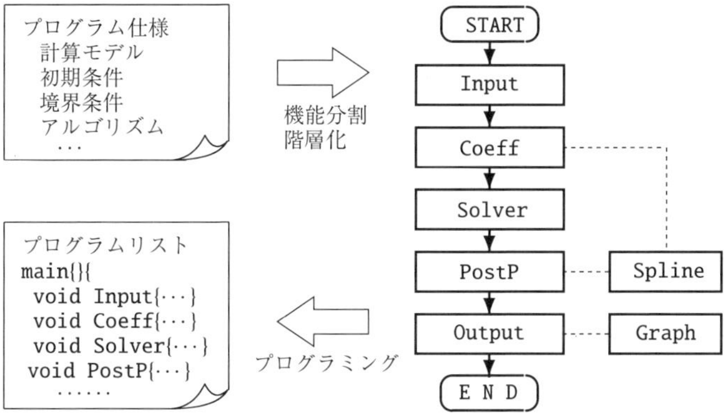


図 2.1　プログラムの機能分割

✎ FORTRAN や C のプログラムでは，上記の各ステップ，あるいは数ステップをまとめた個別プログラムとして，計算結果をいったんデータファイルに落とし，次のステップでは別のプログラムを起動してそのデータを読み込む方式をとるものが多い．大規模プログラムでは，変数の思わぬ干渉などが生ずる恐れが多いからである．

Java では，これら各ステップを別プログラム (クラスという) に分け，かつ個々の内部変数への他のクラスからのアクセスを禁止 (これをカプセル化という) できる．このため，一連の計算を 1 つのパッケージプログラムとして実現することが容易であり，いちいちデータをファイルに落とす必要もない．大雑把にいえば，オブジェクト指向プログラミングとは，図 2.1 に示すような各機能を別プログラムとして，つまりオブジェクトとして，互いの独立性を高めて統合できるようにした方法といえる．

## 2.2 Java プログラミングの基礎

### (1) Java の特徴

Java 言語は，Sun Microsystems 社が，当初，家電製品用に開発した言語であるが，Web ブラウザの急速な発展とともに，インターネットやネットワーク上でのアプリケーションが開発できるプログラミング言語として大きく注目を浴びるようになり，多方面に大々的に応用され始めた．Java によるプログラミングの前に，その特徴[5] を知っておくことは無駄ではなかろう．

1) **OS に依存しない**　Java プログラムをコンパイルして中間コード (バイト形式のアプレット) をつくると，Java インタープリタによって実行できる．一般の Web ブラウザはこのインタープリタを備えているので，Java プログラムを実行することができ，Windows や Linux など，どの OS でも Java プログラムを実行することができる．

2) **豊富なグラフィック機能**　豊富なグラフィックスのライブラリを有し，本格的なグラフィックスを，容易に，精細に表現できる．3 次元グラフィックスのライブラリも用意されているので，3D のプログラミングは容易である．ただし，その実行には別途プラグインが必要となる．

3) **プログラマにやさしい言語**　Java は C 言語の構文を継承しており，シンプルに構成されているので，初学者にも習得が容易である．例えば，不要になったメモリを自動的に回収して開放するガーベジコレクション (garbage collection) 機能により，プログラマがメモリ管理に気を配る必要がなくなった．ポインタの概念をなくし，プログラマがメモリ番地を基に書き込むことができないようになったので，メモリを破壊して暴走することはない．また，プログラムの文法チェック機能が厳しいので，バグの発見が容易であり，コンパイルが通ればほぼ計算が実行できる状態になるなど，プログラマにやさしい言語である．

4) **マルチスレッド (multi thread) 機能**　1 つのプログラム内における独立した単一の実行ストリーム (データの流れや通信経路) をスレッドという．Java は同時に複数のスレッドを実行できるので，同時並行的な処理を行うプログラムを作成したり，Web ブラウザ上でリアルタイムに対話的 (interactive) な処理を実現したりすることができる．

5) **ネットワーク機能**　インターネットプロトコルを簡単に使うためのライブラリが用意してあり，サーバ上のファイルにもアクセスして Web ブラウザでダイナミックに実行させることができ，また，クライアントとサーバとのネットワークプログラミング，分散，並列処理，遠隔制御が可能である．これらを安全に行うためのセキュリティ機能が完備され，暗号化処理も利用できる．

6) **オブジェクト指向 (object oriented) 言語**　従来のプログラムは，データを読みながら 1 ステップずつ処理していく逐次型手続きの集まりとして表現されていたが，この手続きとデータを 1 つのオブジェクトとして，オブジェクト単位でプログラムを構成していくのがオブジェクト指向プログラミングである．これにより，プログラムのモジュール化と再利用性が高まり，複雑で大規模な処理が容易に実現できるようになり，プログラム開発の生産性が高まる．

7) **整備された開発環境**　Java の中核は Java 2 Platform Standard Edition (J2SE) であり，プログラムのコンパイルや実行などを行う開発環境 J2SE Development Kit (JDK) が Web 上で無償提供されている．

シミュレーションへの Java の利用は，したがって，従来型の数値計算にとどまらず，可視化も含め Java の特徴を生かした様々な利用形態が考えられよう (下図)．

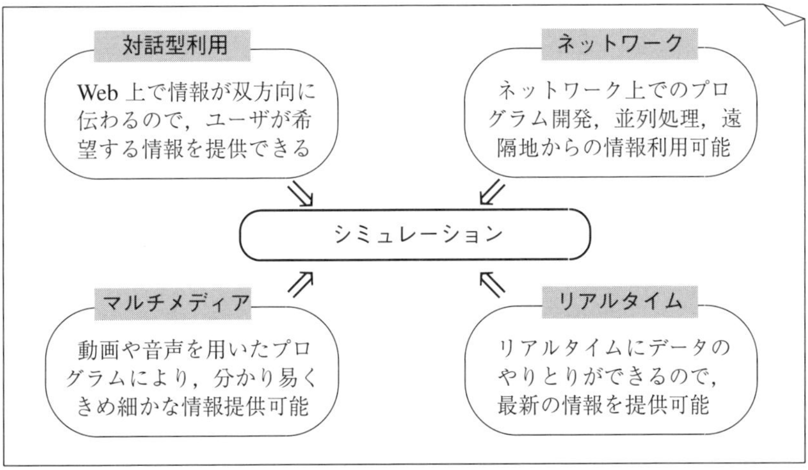

✎ Web上で流通できるJavaアプレットにはセキュリティ上で大きなリスクがある，JavaScriptはJavaをシンプルにしたもの，Javaの実行速度は遅すぎる・・・などといった風評がときには聞かれる．しかし，これらはすべて誤解によるものである．少なくともInternet ExplorerのActiveXよりは安全であり，JavaScriptとは全く別物であり，JIT (Just In Time) コンパイラが提供されている環境であれば，一般に，パフォーマンスの問題は起こらない[5]．

## (2) Javaによるプログラミングの基礎

**a) アプレットとアプリケーション**　Javaを利用して作成されたソフトウェアは，実行形態により2種類に分かれる．文法はもちろん同じであるが，主に，グラフィック表示のための独自のフレームを構築する必要があるか否かにより分かれ，プログラムの構成法が異なってくる．

❀ アプレット (Applet)：Webブラウザに表示して閲覧 (実行) できるものであり，グラフィック出力を前提にしており，そのプログラミングは容易で，インターネットを介してプログラムを配信できる．ただし，ファイルの入出力に影響を及ぼす可能性がある処理はセキュリティの観点から厳しく制限されている．

**Java仮想マシン**

Javaに対する熱狂的な支持は，主にWebブラウザでアプレットを実行できることによる．これを可能にした仕組みは，Javaコンパイラが特定のコンピュータアーキテクチャに依存しないバイトコードを生成し，このバイトコードを逐次読み込み，翻訳実行するインタープリタ(翻訳プログラム)を用意したことにある．このインタープリタをJava仮想マシン(Virtual machine)といい，この機能を装備したWebブラウザであればアプレットを実行できる．今日ではすべてのWebブラウザが装備している．

インターネットでWeb頁をダウンロードすると，ブラウザのダウンローダはHTMLを解釈してアプレットタグがあればサーバに再接続し，クラスファイルをダウンロードする．ダウンロードしたファイルを実行するのは，もちろん手元のコンピュータである．普通，Javaのソースファイルもダウンロードできるよう配慮されている．

同様に，Javaアプリケーションプログラムもダウンロードすることができる．ただこの場合，そのファイルを実行するにはDOSのコマンドプロンプトなどを起動せねばならず，一手間余計にかかる．このため，Javaの翻訳・実行になれていない一般者向きとはいえない．最近では，多くの企業がイントラネットを介して各種業務をアプレットとして実行するシステムをリリースしている[5]．

❀ アプリケーション (application)：従来型のソフトウェアと同様にスタンドアロンとして実行する形態のものである．グラフィック表示には独自にフレームを構築する必要があるが，セキュリティ確保のための制限はない．

**b) Java の実行方法** Java は，他のコンパイラ型言語 (C や FORTRAN など) と同様に，「ソースプログラム」を入力し，「コンパイル」し，「実行」する手順で行う．プログラム名には拡張子 “java” をつけ，JDK が提供するコマンド javac によりコンパイルすると，拡張子 “class” のついたバイトコードが生成される．

例えばファイル名 “Sum.java” をコンパイルすると，クラスファイル “Sum.class” が生成され，アプリケーションではコマンド java，アプレットでは普通 appletviewer により実行する．アプレットの場合は，別に HTML 文書を用意し，アプレットタグにクラスファイル名を記載しておけば，この HTML を Web ブラウザで開くことにより実行できる (詳細は巻末の付録を参照されたい)．

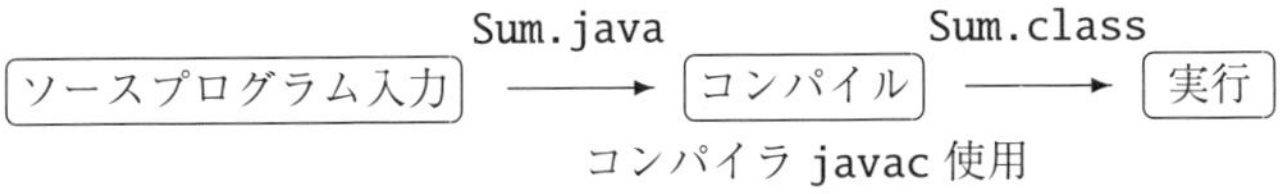


**c) Java プログラミングの一般的決まり事** 具体的なプログラムを示す前に，Java によるプログラミングの一般的な決まり事について述べておこう．

◆ Java の基本的なプログラム単位は**クラス** (class) である．クラスは，データを表す変数 (**インスタンス** (instance) **変数**または**フィールド** (field) 変数という) とデータを操作する**メソッド** (method) ( C 言語の関数に相当) で構成される．

◆ ファイル名は，クラス名に拡張子 java をつけた名でなければならない．

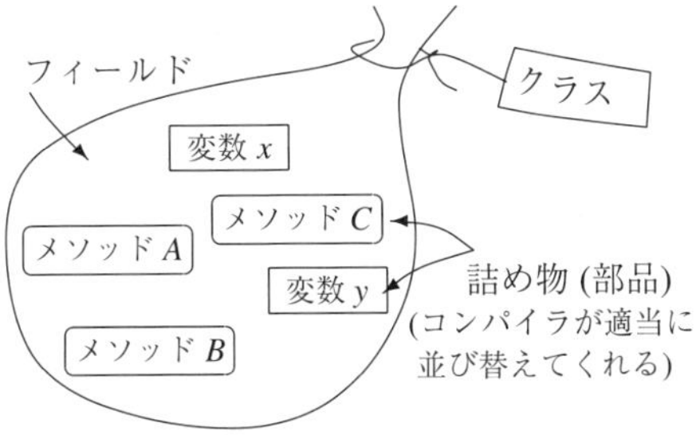


**図 2.2 Java** プログラム (クラス) は入れ物

- ◆ クラス内をフィールドと呼び，ここに記載するデータやメソッドの配置順は自由である．アプリケーションとアプレットはそれぞれ最初に呼び出されて実行されるメソッドが定められている．
- ◆ プログラムの部品 (クラス，メソッド，for 文や if 文などのループ範囲) を分ける単位は，中かっこ “{” で始まり中かっこ閉じ “}” で終わる．その内部をブロック (block) と呼ぶ．
- ◆ 各ブロックに定義された変数のスコープ (scope)，すなわち適用範囲は，通常，そのブロックに限られる．例えば，フィールドに宣言したインスタンス変数は各メソッドからアクセスできる共有変数であるが，メソッドで定義した変数 (局所 (local) 変数という) はメソッドの外からはアクセスできない．
- ◆ すべての文はセミコロン “;” で終わる．1 行に複数の文を記述してもよい．メソッド内では実行する手続き順に文を並べる．
- ◆ 大文字と小文字は区別される．また，ASCII と Unicode 文字 (16bit のコード体系) の，いわゆる半角文字を使う．ただし，注釈，ラベルや文字定数には日本語も使用できる．
- ◆ プログラムは行のどこから書いてもよいが，普通，文の構造が見てすぐ分かるように，字下げ (indent) の長さを規則的に揃えて書く．

**d) アプリケーションのプログラム例**　例として，与えられた級数に対する総和と平均値を求めるプログラムを以下に示す．ただし，各行左端の数字は，説明のためのものであり，プログラミングには不要である．

**Program 2.1** 総和と平均値を求めるアプリケーションプログラム

```
 1: /* Application program */
 2: public class Sum{       // クラス Sum の開始行
 3:     public static void main( String[] args ){ // main メソッドの開始行
 4:         float[] a = { 1F, 2F, 3F, 4F, 5F, 6F, 7F, 8F, 9F, 10F };
 5:         float s = 0.0F;                          // 初期値 0.0 を代入
 6:         for(int i=0; i<a.length; i++){ s += a[i]; }    // 総和
 7:         float b = s/(float)a.length;                   // 平均値
 8:         System.out.println("s="+s+", average="+b);     // 出力
 9:     }               // main メソッドの終わり
10: }                   // class の終わり
```

行 1： “/*” (または “/ **”) と “*/” で囲まれた範囲，および行 2 以降の “//” から行末までの範囲は注釈 (コメント) であり，計算の実行には関与しない．

行 2： プログラムの単位であるクラスの開始行であり，クラス名を Sum とし，そのブロックは行 2 の “{” から行 10 の “}” までである．この “{” の前で改行して “{”を行の冒頭において行 10 の “}”の位置と揃え，対応関係が一目で分かるようにするのが一般的な記述法である．

- Java コンパイラは空白を無視するので，改行せずに行 2 のように間延びしない形でプログラミングしても何ら支障はない．字下げを適正にとることにより中かっこ { } の対応関係は容易に分かるので，本書では，頁数の関係もあり，一貫して行 2 のような記述法を用いる (method や for 文などの場合も同様に扱う)．
- クラス名 (Sum) は最初の 1 字を大文字にする習慣がある．クラス名に応じてファイル名が決まる．この場合のソースファイル名は Sum.java としなければならない．
- 文頭の public はアクセス修飾子であるが，省いてもよい．修飾子については第 6 章でさらに詳しく説明するが，以下に特記した修飾子以外は神経質になる必要はないので，以後，Java プログラムに慣れる (第 6 章) までは省けるものは省いて扱う．

行 3： main メソッドの開始行で，その範囲は対応する “}” (行 9) までの範囲である．main メソッドでは，引数として文字型 (String) の配列が必要である．

- アプリケーションプログラムは main メソッドから実行が始まる．そのために修飾子 public static が必要になる．つまり，main メソッドの開始行は，配列型変数名 (args) 以外は，常にこのように記述する．

行 4： 実数型配列データ a の宣言であり，初期値の代入を兼ねている．右辺の数値 1F, 2F,... の F は float 型実数であることを示し，float 型では F(または f) がないとエラーになる．データは a[0] から a[9] まで，10 個の要素数をもつ配列となる．

行 5：使用する変数 (s) の型 (float) 宣言であり，初期値の代入を兼ねている．

行 6： for 文により配列 a の総和 s を求める．ここでは，繰り返しのカウンタ変数 (i) を 0 としてループ内を計算し，条件 i<a.length が成立する範囲で (a.length は配列 a の要素数を取得するための記述法)，i の値を 1 増してループ計算を繰り返す．s+=a[i] は s=s+a[i]，i++ は i=i+1 とも書け，等価な表現式である．

行 7： 実数 s を配列 a の要素数 (a.length) で割り，平均値を求める．

- 四則演算は同じ変数型どうし (整数は整数どうし，実数は実数どうし) で行うのが基本である．実数を整数で割るため，整数の前に (float) と書いて (これをキャストという) この整数を実数型に変換している (この場合はキャストしなくてもエラーにならないが，キャストした方が計算は速い)．

行 8：System.out.println() は文字列をコマンドプロンプトに出力して改行する命令である．改行せずに続けて出力したければ System.out.print() を用いる．出力は文字列 (“ ” で囲まれた文字列も含む) に続けて数値型データ (s) を加算 (+s) することにより，この値が文字型に変換されて出力される．この文では，1 行に 2 個の変数値を出力させている．

上記プログラムを実行すると，コマンドプロンプトに次のように出力される．

```
s=55.0,  average=5.5
```

**e) アプレットのプログラム例**　前項と同じ内容をアプレットで行うプログラムの例は以下のようになる．

**Program 2.2**　総和と平均値を求めるアプレットプログラム

```
1: /* Applet program */
2: //<applet code="SumAvg.class" width="100" height="50"></applet>
3: import java.applet.Applet;   // Applet パッケージの指定
4: import java.awt.*;           // Graphics パッケージの指定
5:
6: public class SumAvg extends Applet{
7:    public void paint( Graphics g ){      // main メソッドの定義
8:       float[] a = { 1F, 2F, 3F, 4F, 5F, 6F, 7F, 8F, 9F, 10F };
9:       float s = 0.0F;
10:      for(int i=0; i<a.length; i++){ s += a[i]; }
11:      float b = s/(float)a.length;
12:      g.drawString("s="+s+",  average="+b,30,30);} // 文字として出力
13:   }
14: }
```

アプリケーション・プログラムとの相違点のみを説明するとしよう．

行 2：HTML のアプレットタグを注釈行として記載したもので，必ずしも必要としない．この行により，コンパイル後に HTML ファイルがなくてもクラスファイルの実行が可能であり，デバック段階では都合がよい．

行 3：Java が提供するアプレットクラスのパッケージを参照するための命令である．アプレットのプログラムでは行 4 とともに必ず必要である．

行 4：グラフィック関係のすべてのクラスライブラリを参照することを示す．

行 6：公開するクラスで，クラス名を SumAvg とする開始行である．アプレットではクラス名の後に “extends Applet” を指定する．これは Applet が本来有する機能を継承す

ることの宣言であり，作成するクラスは Applet クラスのサブクラスという位置付けになる．これによってグラフィック表示のための様々な手続きが不要になる．

行 7： paint メソッドは，アプリケーションプログラムの main メソッドに相当する．メソッドの引数は “Graphics” であり，これにより awt の Graphics クラスを変数名 (オブジェクト名) g として参照できるようになる．変数名 g は任意である．

行 12： 文頭の “g.” は Graphics クラスに対するオブジェクト g の参照を意味しており，Graphics クラスの文字を描く drawString メソッドを用いて，数値を文字とし，アプレットのピクセル座標にして位置 (30,30) から表示する．

上記プログラムを appletviewer で実行すると，図 2.3 のように出力される．

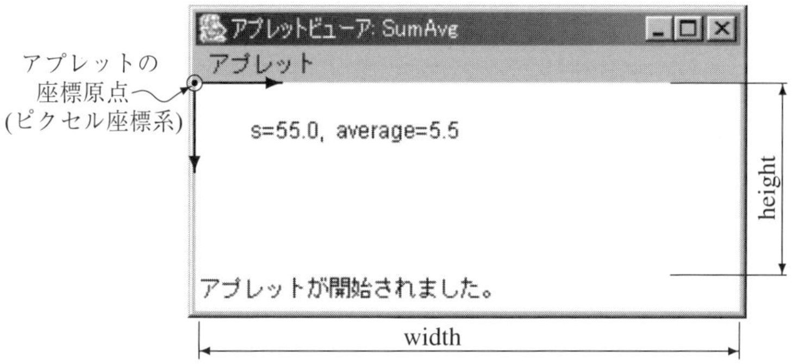


図 2.3 アプレットビューワの表示画面とピクセル座標系

**アプレットのウィンドウ** アプレットのウィンドウの大きさは，アプレットタグにより指定した **width**，**height** の値 (ピクセル値) である．ウィンドウの座標系は，**ピクセル** (pixel)，つまり最小の画素を表す単位を基準とした整数座標である．個々のピクセルに対応したメモリ基盤を周期的に走査したものがウィンドウ上に映し出される関係で，座標軸の正方向は水平右方向と垂直下方向である．前記プログラムでは，文字 (s=55,⋯) の書き出し部の左下の位置を，ピクセル座標系における水平方向の 30，垂直方向の 30 の位置に指定している．

Java の利用を飛躍的にした最大の理由はインターネットで利用し得るアプレットにある．このため，本書では以後，アプレットを対象にして記述する．

➸ アプレットにはデータのファイル出力機能がない．このため，アプレットプログラムをアプリケーションに変更したい場合も生じよう．本書で採用している基本的なプログラム構成法の場合，この変更は容易である．変更の要点とそのプログラム例については，データのファイル入出力方法と合わせて，付録を参照されたい．

アプレットのブラウザでの表示には，別途，HTML ファイルを作成して同一フォルダに置いておく必要がある．HTML の作成法については付録を参照されたい．

**問題 2.1**　Program 2.2 で，さらに標準偏差も求めるように変え，計算結果を吟味せよ．

**問題 2.2**　$n$ 次多項式，式 (1.5)，を Honer 法で求めるプログラムを作成し，$n = 5$, $a_0 = 1.0$, $a_1 = 2.0$, $a_3 = 3.0$, $a_4 = 4.0$, $a_5 = 5.0$，$x = 1.1$ のときの値 $f_n(x)$ を求めよ．

**問題 2.3**　2 次方程式の解を求めるプログラムをつくり，計算結果を吟味せよ．

## 2.3　プログラムの設計

プログラムの基本的な設計法を示すため，以下に人工衛星や彗星の軌道を計算する場合に重要な役割を果たす，Kepler (ケプラー) の式

$$f(E) = M - E + e\sin E = 0 \tag{2.1}$$

の解法を例にして説明しよう．ここで，$M$ および $E$ は平均近点離角，離心近点離角と呼ばれる値で，$e$ は離心率である．$M = 0.5$，$e = 0.2$ として，$E$ を有効数字 6 桁まで正しく求める問題とする．

### (1) アルゴリズムの定義

上式より，

$$E = M + e\sin E \tag{2.2}$$

のように変形できる．

1.2 節で述べた逐次近似により求めるとして，上式を漸化式の形で表した式

$$E_{i+1} = M + e\sin E_i \tag{2.3}$$

により一定値に収束した値を解とする．この方法の根拠やより効率的な解法は次章で述べるが，ここでの趣旨はアルゴリズムの基本的な構築法を示すことにある．

初期値は，大雑把にグラフを描いてみると，解が $0.5 < E < 1$ の間にあることがわかるので，初期近似値を $E_0 = 0.5$ とする．

### (2) 収束条件と反復回数の制限

逐次近似は 1 つまたは複数の条件により終了させる．収束判定値を $\varepsilon$ とすると，次の 3 つの方式が考えられる．

$$|f(E_{i+1})| < \varepsilon \tag{2.4a}$$

$$|E_{i+1} - E_i| < \varepsilon \tag{2.4b}$$

$$\frac{|E_{i+1} - E_i|}{|E_{i+1}|} < \varepsilon \tag{2.4c}$$

絶対誤差の形，式 (2.4b)，は，普通，解 $(E_{i+1})$ が 1 のオーダーの場合に利用される．解が 1 に比べてかなり大きいか，または非常に小さい場合は，式 (2.4a) を満たさない場合も生じ得るので，相対誤差の形の式 (2.4c) が利用される．

解が 0 に近い場合に起こり得る問題を避けるため，通常，この判定を次の形

$$|E_{i+1} - E_i| < (|E_{i+1}| \cdot \varepsilon) \tag{2.5}$$

で行う．しかし，$\varepsilon$ が 0 に近い場合，右辺の値が小さすぎて計算機で表現できない可能性がある．この場合は，右辺を計算機の精度を測る基準である**マシンイプシロン** (machine epsilon) $\varepsilon$ を基にして決める ($\varepsilon$ は $1+\varepsilon > 1$ を満たす最小値) ことも多い[2] [3]．例えば，単精度の計算では有効数字が通常は 7 桁であるから，$\varepsilon = 1 \cdot 10^{-7}$ として，判定に利用する．例えば，

$$|E_{i+1} - E_i| < 5\varepsilon$$

一方，アルゴリズムの予想外の欠陥やプログラムミスなどで収束しない場合や，過小な収束判定値を与えたために収束するまでに予想外の反復計算回数を要する場合がある．このため反復回数を制限する必要がある．また，初期近似値に予想外に大きな値や負の値が代入されて計算できない場合も考えられる．この場合には計算するまでもないので，一般に直ちに終了する措置が講じられる．

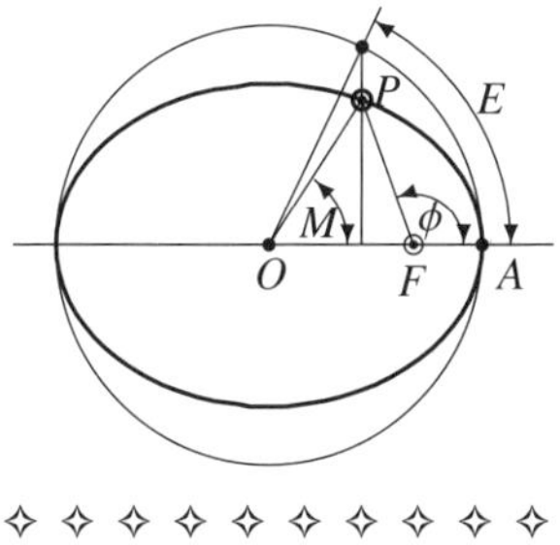


**惑星の軌道**

惑星の公転軌道は，太陽をその 1 つの焦点 $F$ とする楕円であり，惑星と太陽を結ぶ線分が一定時間に描く面積は一定である (Kepler の法則)．

これより，惑星の位置 $P$ (真近点離角 $\phi$) を求める際，楕円の長半径 ($OA$) を半径とする仮想的な円軌道を考え，この中心 $O$ からの平均近点離角 $M$ と離心近点角 $E$ とにより求める．$M$ に対する $E$ の値は式 (2.1) を数値的に求める以外にない．

### (3) プログラムの計画

反復計算が予想通りに収束した場合や収束せずに指定した最大反復回数に達して終了する場合などがある．このため，一般に，その状態を記録する整数変数 (`status`) を導入し，計算が正常に終了した場合は 0，そうでない場合には 0 以外の値を返すような措置をとるのが普通である．

以上の方針のもとに，Kepler の式の解を求めるアルゴリズムの**フローチャート** (flow chart) を考えると，図 2.4 のようなプログラムの計画が立てられよう．

図の左側の縦の流れは計算の大筋を示し，アプレットで最初に呼び出されて実行する paint メソッドで，この問題を解く `solveKepler` メソッドを呼び出す．このメソッドでは，$E$ の初期値を与えて逐次近似計算し，計算が正常に終了した場合に結果を出力する．状態変数 `status` (初期値は異常終了を示す 9 を設定) は複数のメソッドが利用するのでインスタンス変数となる．

図の右側は逐次近似を行う計算メソッド (`linerIter`) の詳細であり，許容誤差 `TOL`，最大繰り返し回数 `MAX`，最小値 (`TYNY`) や最大値 (`HUGE`) の値を定義し，初期値が最小値 (`TINY`) または最大値 (`HUGE`) を超える場合はそのまま中止してエラー状況を出力して終了させる．そうでない場合は，別に設けたメソッドで Kepler の式

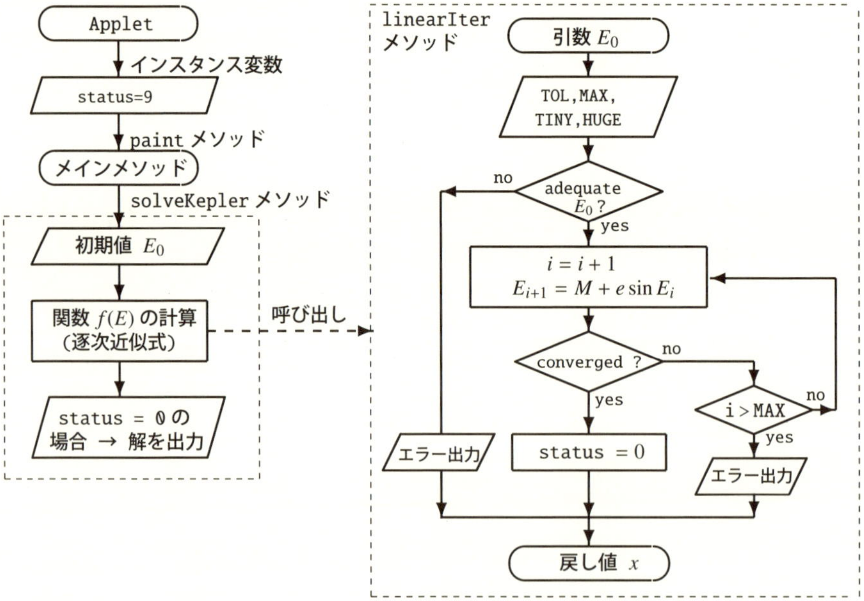


**図 2.4　Kepler の式 (2.1) を解くフローチャート**

を計算するとして，計算結果が収束条件を満たす場合は status 変数を 0 に変えて収束値を戻す．収束条件を満たさない場合は繰り返し回数が最大値を超えない範囲で反復を繰り返す．

### (4) Java プログラム

前述の計画に基づいて，クラスの共有変数として複数のメソッドで出力できるように Graphics クラスのオブジェクト g を定義する．Kepler の式では，その定数 ($M$ と $e$) の定義とともに，計算結果を戻し値とする関数メソッドとしてプログラミングすると，Program 2.3 のようになる．

**Program 2.3**　Kepler の式の解を求めるアプレットプログラム

```
// Linear Iteration to solve Kepler's equation
//<applet code="Orbit" width="400" height="300"></applet>
import java.applet.Applet;
import java.awt.*;

public class Orbit extends Applet{
   int status = 9;                          // 状態変数
   Graphics g;                              // グラフィックス・オブジェクト名

   public void paint( Graphics g ){ // メインメソッド
      this.g = g;                   // インスタンス変数の g に代入
      solveKepler();                // Kepler の式を解く
   }
   //  Kepler の式を解くためのメソッド
   void solveKepler(){
      float x = linearIter( 0.5F ); // 線形反復法による計算
      if( status == 0 ) g.drawString("root="+x,20,20);
   }
   //   Kepler の式の計算
   float Kepler( float x ){
      float M=0.5F, e=0.2F;         // Kepler の式の定数
      return M+e*Math.sin( x );
   }
   //  逐次近似計算 (線形反復法)
   float linearIter( float x0 ){
      float TINY = 0.0F, HUGE = 1.0F; // 最小値，最大値
      float TOL = 1.0E-7F;            // 許容誤差
      int MAX = 100, iter=0, line;// 最大反復回数，反復数のカウンタ
      float oldx = x0, newx = x0;
      boolean flag = true;
      //  入力変数は正常か？
      if( x0 < TINY || x0 > HUGE ){
         g.drawString(">linearIter; Ilegal data input, x0="+x0,
                          20,35);
         return newx;
      }
```

```
37         while( flag ){                   // 反復計算
38            line = 45+13*iter;           // 反復途上の結果を行を変えて出力
39            g.drawString("linearIter> i="+iter+",  x="+newx,30,line);
40            iter++;
41            newx = Kepler( oldx, M, e );     // Kepler の値を計算
42            // 収束して解けた場合
43            if( Math.abs( newx-oldx ) < TOL ){ status=0; flag=false;}
44            oldx = newx;
45            // 計算回数オーバーの場合
46            if( iter >= MAX ){
47               g.drawString(">linearIter; Not convergent after "+i+
48                            ",current value is "+newx,20,line+13);
49               flag = false;
50            }
51         }
52         return newx;
53      }
54   }
```

行 11： 冒頭の this は実行中のオブジェクト (クラス Orbit) を指し，このクラスの Graphics の変数 g (行 8) に paint メソッドの引数である Graphics のオブジェクトを渡すことを意味する．これによって，このクラス内のどこからでも g を参照できる．

行 10〜13： paint メソッドの中をみると何をするプログラムかが知れる．

行 20〜23： Kepler の式 (2.1) を計算する関数メソッドであり，float 型の値を返す．

行 26,27： 定数として扱う変数名を Java では大文字で表す習慣がある．

行 25〜53： 逐次近似を反復するメソッドであり，行 41 を入れ替えると，ほかの問題に対する逐次近似計算に利用できる．

Program 2.3 の実行結果は次のように表示され，9 回の反復計算で収束解が得られたことが知れる．

```
root=0.61546814

   >linearIter; i=0,   x=0.5
   >linearIter; i=1,   x=0.4041149
   >linearIter; i=2,   x=0.42135897
   >linearIter; i=3,   x=0.4181998
   >linearIter; i=4,   x=0.41877678
   >linearIter; i=5,   x=0.41867134
   >linearIter; i=6,   x=0.41869062
   >linearIter; i=7,   x=0.4186871
   >linearIter; i=8,   x=0.41868773
   >linearIter; i=9,   x=0.4186876
```

➻ 出力行冒頭の語 “>linearIter;” は計算を担ったメソッド名の提示である．プログラムの完成までは，考えられるすべての入力値に対して計算結果が正常に終了するか否か確認する必要があり，上記のような出力経過を見るのは有用である．プログラム完成後は，この出力行 39 は不用となるが，注釈行にして残しておくと，後々問題が生じたり，変更する場合にもすぐ対応がとれて便利である．

**問題 2.4** Program 2.3 のプログラムで使用する全実数変数を，double 型に変えたメソッドにつくりかえよ．

## 2.4 グラフの出力

収束状況や計算の推移などを知るには，詳細な数値データよりは，むしろその結果をグラフ表示するとより理解が早まる．そこで，以後用いるグラフ出力の基本プログラムとして，上記プログラムによる繰り返し計算の回数 (`iter`) と相対誤差の推移を示す折れ線グラフの表示法について述べておこう．

### (1) プログラムの計画

アプレットの描画は，図 2.3 で見たように，ピクセル座標系で記述する必要があるが，個々の物理座標系で扱う変数の型 (実数) との違いやその取り得る範囲に加えて，縦方向座標の向きも異なるので，問題ごとにピクセル座標系に変換してプログラミングするのは煩わしい．そこで，アプレットタグで指定したアプレットのウィンドウ寸法に応じて，物理座標系を自動的にピクセル座標系に変換し，座標軸も表現する方法を考えることにしよう．これには，描画対象の図示範囲をアプレットの描画領域に写す座標変換を用いる (図 2.5)．グラフ出力には，著者の前著「Java によるコンピュータグラフィックス」[6] で示した変換法を若干変更して，以下に示すようにして用いた方が便利である．

物理座標系 $(x, y)$ におけるグラフの表示領域を座標軸 $x$ 方向が $x_{min} \sim x_{max}$，$y$

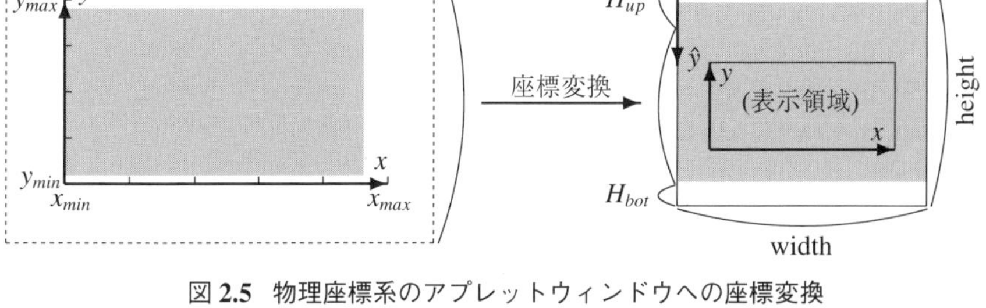


図 2.5 物理座標系のアプレットウィンドウへの座標変換

軸方向が $y_{min} \sim y_{max}$ であるとし，この範囲の左右，上下に同じ割合で余白を設けて，アプレットのウィンドウに表すとする．ウィンドウ (座標 $\hat{x}, \hat{y}$) では，この余白とは別に，上部にピクセルにして $H_{up}$，下部に $H_{bot}$ の余白を設けるとする．この上下の余白は，ここに第 9 章で述べる GUI 部品を取り付けたり，複数のグラフを表示する際に使うためのものである．このような変換は，あらかじめ $x_{min}, x_{max}, y_{min}, y_{max}, H_{up}, H_{bot}, height, width$ の値が与えられると，次式により求められる[6]．

$$
\begin{aligned}
\hat{x} &= r_x x + (\bar{x}_{min} - r_x x_{min}) \\
\hat{y} &= -r_y y + (height - \bar{y}_{min} + r_y y_{min})
\end{aligned}
\tag{2.6}
$$

ここで，$r_x$, $r_y$ は物理座標系をウィンドウ座標系に変換する際の $x, y$ 方向の尺度であり，物理座標系とウィンドウ座標系の縦横比により定まる定数である．また，この縦横比に関わらずウィンドウ全体に表す場合は $\bar{x}_{min} = 0$, $\bar{y}_{min} = H_{bot}$ とすればよいが，縦横比を保存して変換するには $r_x, r_y$ のどちらか小さい方の値にそろえて，$\bar{x}_{min}, \bar{y}_{min}$ の値が修正される．

座標軸 $x, y$ の始点と終点は上記の $x_{min}, x_{max}, y_{min}, y_{max}$ で決まり，$x$ 軸に付ける記号とこれを等分して目盛をつける際の分割数，$y$ 軸 に付ける記号とその等分数を引数として与えることにより，座標軸を描画する．また，配列データは指定した色で折線により結び，データ点には必要に応じて ● 印を付けられるようにする．

### (2) Java プログラム

前節で示したプログラムに対し，HTML で指定したアプレットウィンドウの寸法を取得し，各反復回数ごとの結果を配列に格納しておき，これをグラフ出力するための一連のメソッドを追加する．重複部分は割愛することにして修正・追加する部分を以下に示す．

**Program 2.4** Kepler の式の解のグラフ出力

```
 :
 行6のクラス名を変更
6  public class OrbitError extends Applet{
 :
 行9に以下を追加
9      // アプレット起動時に最初に読み込まれる初期化メソッド
10     public void init(){
```

```
11        Width  = getSize().width;        // HTML で指定した寸法を取得
12        Height = getSize().height;
13     }
```

paint メソッドの行 12 を，以下に変更.

```
12        solveKeplerEr();
```

行 15～18 のメソッドを以下のものと取替.

```
16     int iter = 0;                       //  計算回数のカウンタ
17     float xmin, xmax, ymin, ymax;       // 物理座標系範囲
18     void solveKeplerEr(){
19        double[] xp = new double[40],  yp = new double[40];
20        float x0 = 0.5F, x;            // 初期値と解
21        x = linearIter( x0, yp );      // 線形反復法による計算
22        if( status == 0 ) g.drawString(" root="+x,20,20);
23        xmin=0F; xmax=15F; ymin=0F; ymax=0.2F;// 物理座標系の範囲
24        transView( 20, 0, false );     // 座標変換係数の計算
25        drawAxis( "n", 3, "e", 2 ); // 座標軸の描画
26        for(int i=0; i<iter; i++){
27           xp[i]=(float)i;  yp[i]=Math.abs(x-yp[i])/x;
28        }
29        plotData( xp, yp, iter, Color.red, Color.blue );
30     }
```

行 36 の次に次行を挿入.

```
36        y[0] = newx;
```

行 41 の次に次行を挿入.

```
41        y[iter] = newx;
```

行 53 の次に以下を追加.

```
53     //   グラフィック関係
54     int Width, Height, Nxmin, Nymin;  // 座標変換用定数
55     float rx, ry;                     // 物理座標系の表示域と尺度
56     /** ===== ビューポート変換メソッド =====
57           Nup,Nbottom = アプレット上部および下部の非描画領域のピクセル値
58           aspect=縦横比を保存する場合は true，非保存の場合は false   */
59     void transView( int Nup, int Nbottom, boolean aspect ){
60        float sx = 0.75,  sy = 0.75;  // グラフの周囲に設ける空白割合
61        float ap = (ymax-ymin)/(xmax-xmin);                // 縦横比
62        float aw = (float)(Height-Nup-Nbottom)*sy/((float)Width*sx);
63        rx = (float)Width*sx/(xmax-xmin);                  // 図示倍率
64        ry = (float)(Height-Nup-Nbottom)*sy/(ymax-ymin);
65        Nymin = Nbottom+(int)((float)(Height-Nup-Nbottom)*(1F-sy))/2;
66        if(aspect == true){    // 縦横比を保持して図示する場合
67           if( ap > aw ){
68              Nxmin += (int)((1F-ry/rx)*(float)Width*sx)/2;
69              rx = ry;
70           }else{
71              Nymin += (int)((1F-rx/ry)*(float)Height*sy)/2;
72              ry = rx;
73           }
74        }
75     }
```

```
//   x 座標の変換メソッド
int xtr( float x ){
   return (int)(rx*(x-xmin))+Nxmin;
}
//   y 座標の変換メソッド
int ytr( float y ){
   return Height-Nymin-(int)(ry*(y-ymin));
}
/** ===== データを折線表示し，データ点に丸印を描くメソッド =====
     x[],y[]=プロットするデータの座標値； N=データ数
     col=折線の色；  colp=データ点の色，null の場合は点を描かない  */
void plotData( float x[], float y[], int N, Color col,
                      Color colp){
   int xp[]=new int[N], yp[]=new int[N];
   g.setColor( col );                        // 折線の色を設定
   for(int i=0; i<N; i++) {
      xp[i] = xtr(x[i]);   yp[i] = ytr(y[i]);
   }
   g.drawPolyline( xp, yp, N );  // 折線
   // colp=null の場合はデータ点を●印で表示しない
   if( colp !=  null){
      int d0=(int)(0.016f*(float)Width);// 丸印直径は Width の 1.6%
      if( d0 < 2) d0 = 2;                  // 最小の丸印直径は 2 ピクセル
      int r0 = d0/2;                       // 丸印の半径
      g.setColor( colp );      // データ点につける丸印 (円) の色を設定
      for(int i=0; i<N; i++){
         g.fillOval( xp[i]-r0, yp[i]-r0, d0, d0 ); // ●印を描画
      }
   }
}
/** ===== 座標軸を描くメソッド =====
     strx=x 軸につける変数名，  xdiv=x 軸の目盛の数
     stry=y 軸につける変数名，  ydiv=y 軸の目盛の数         */
void drawAxis(String strx, int xdiv, String stry, int ydiv){
   g.setColor( Color.black );
   Font font= new Font("TimesRoman",Font.PLAIN,12);
   Font fontS = new Font("TimesRoman",Font.ITALIC,12);
   g.setFont( font );
   FontMetrics fm = g.getFontMetrics();  // フォントの寸法を取得
   int strW, strH = fm.getHeight();
   int xs, ys;   String str;  float value;
   int m=(int)(0.01F*(float)Width);     // 目盛線長さ
   if( m == 0 ) m = 2;
   // x 軸を描画
   int xs = xtr( xmax ), ys = ytr( 0.0F );
   g.drawLine( xtr(xmin), ys, xs, ys );
   g.setFont( fontS );
   g.drawString( strx, xs+5, ys-strH/2 );  // x 軸に付ける記号
   g.setFont( font );
   for(int i = 0; i <= xdiv; i++){          // x 軸の目盛・数値の描画
      value = xmin+(float)i*(xmax-xmin)/(float)xdiv;// 目盛数値
      str = roundValue( value );             // 数値を文字列に変換
      strW = fm.stringWidth( str );          // 文字列の全幅を取得
      xs = xtr( value );   ys = ytr( 0.0F );
      g.drawLine( xs, ys-m, xs, ys+m );     // 目盛線
```

```
131          g.drawString( str, xs-strW/2, ys-m+strH+9 ); // 数値記入
132       }
133       // y 軸を描画
134       xs=xtr(0.0F);  ys=ytr(ymax);
135       g.drawLine(xs, ytr(ymin), xs, ys);
136       g.setFont( fontS );
137       g.drawString(stry, xs-fm.stringWidth(stry)/2, ys-strH+7);
138       g.setFont( font );
139       for(int i = 0;  i <= ydiv; i++){        // y 軸の目盛・数値の描画
140          value = ymin+(float)i*(ymax-ymin)/(float)ydiv;
141          str = roundValue( value );
142          strW = fm.stringWidth( str );
143          xs = xtr( 0.0F );   ys = ytr( value );
144          g.drawLine( xs-m, ys, xs+m, ys );
145          g.drawString( str, xs-strW-9, ys+strH/2 );
146       }
147    }
148    //  有効数字 4 桁に丸めるメソッド
149    String roundValue( float x ){
150       x = Math.round( x*10000F );
151       if( x >= 0F ) x /= 10000F;  else x *= 0.0001F;
152       String str = ""+x;
153       int desimalP = str.indexOf(".");     // ピリオドの位置を求める
154                    // 末尾が .0 に等しい場合, これを除いた上位の数値を表示
155       if( str.endsWith(".0") )  return str.substring(0, desimalP );
156       return str;
157    }
```

グラフ表示に必要な追加部分は以下のような事項である.

行 10〜13：init メソッドは，アプレット起動時に最初に呼び出されて一度だけ実行される．このメソッドを利用して HTML で指定した寸法を Width，Height に取得する．

行 16,17,54,55：インスタンス変数として，計算の反復回数，および座標変換に関わる変数名の宣言である．インスタンス変数を定義する位置は任意である．

行 18〜30：個別の問題を対象とするこの solveKeplerEr メソッドで，配列を確保 (行 19)

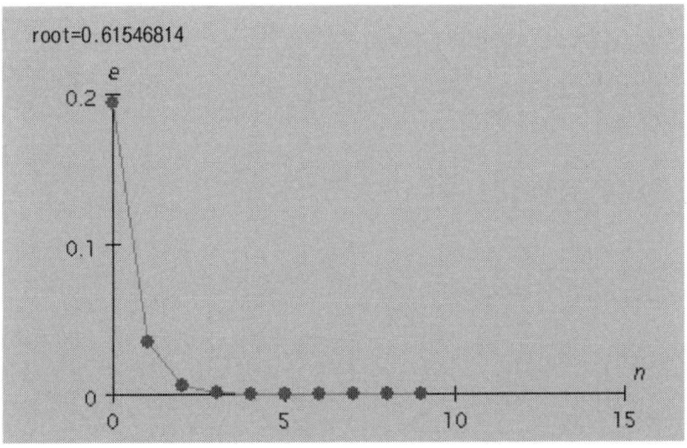


図 2.6　**Program 2.4 による出力**

し，収束解を描画する (行 22) とともに，座標軸の範囲を行 23 で指定し，座標変換を行 24(上側に 20 ピクセルの余白を設け，縦横比はアプレットのサイズに応じて決める) で行い，座標軸を行 25，反復回数を `float` 型にして `xp` に，相対誤差を `yp` に行 27 で代入してその値を行 29 で描画させている．

行 59～75: `tarnsView` メソッドは座標変換係数を計算する．第 1 引数は上側，第 2 引数は下側の余白をピクセル値で指定する．第 3 引数を `false` とすると，縦横比を考慮することなくアプレットのウィンドウの大きさに相応して拡大・縮小して表示する．グラフの表示範囲はウィンドウの大きさに対し 0.75 倍であり，左右，上限に空白を設けてある (行 60).

行 77～83：`x,y` 座標の値を引数として座標変換するメソッドで，ピクセル座標値を戻す．

行 109～147：`drawAxis` メソッドは座標軸の描画を行い，$x$ 軸に付ける記号とその目盛数，$y$ 軸の記号と目盛数を指定し，黒色で描く．

➽ アプレットウィンドウの大きさは，最大でもコンピュータの画面に収まる程度が見やすい．したがって高々 `width=800`，`height=600` 程度の大きさとするのがよい．

➽ グラフィックスは最終的にピクセル座標系の整数座標により描画する．このため，グラフィックスに用いる実数計算には `float` 型で十分であり，この方が計算も速い．以後のプログラムでも，グラフィック関係のメソッドでは float 型の変数を用いる．

　ただし，計算結果をこれらメソッドで描画する場合，呼出し側で `double` 変数を常に `float` 型に変えるのは面倒である．そのため，引数を `double` 型とする同名のメソッドも用意しておく (これをメソッドのオーバーロードという) と便利である．

➽ 前記プログラムのグラフィック関係のプログラムが長く，はじめての人は辟易すると思う．これらのメソッドは単なる道具であり，ブラックボックスとして内部に立ち入らずに使用法のみに留意し，支障が現れた場合に中を調べたり，修正を加えるという感覚で利用するのがよいと思う．行 53 以降のメソッドは有用なので，今後新たにプログラムをつくる場合にも，そのままコピーして使うようにするとよい．不要なメソッドが含まれていても，その部分にプログラムエラーがない限り，何も問題は起こらないからである．この考え方は，オブジェクト指向プログラミング (第 6 章) でより合理的に拡張される．

**問題 2.5**　sin，cos の 1 周期分を描くプログラムをつくれ．

**問題 2.6**　Program 2.4 の `xtr`，`ytr`，`plotData` メソッドに対し，その引数の `float` 型を `double` 型にしたオーバーロードメソッドをつくれ．

# 第3章 非線形方程式

前章でKeplerの式を解いたように，非線形方程式 $f(x)=0$ の解を求める問題は多くの分野で最も頻繁に現れる問題の1つである．非線形方程式の解法には，数値解析の常套的手段である逐次近似の方法が有効である．

## 3.1 線形反復法

方程式

$$f(x)=0 \tag{3.1}$$

の解を得るために，これを変形して $x$ が左辺にくるようにした次式

$$x=g(x) \tag{3.2}$$

を漸化式の形で用いて，解が求められることを前章でみた．式 (3.2) の形で逐次近似していく解法を**線形反復法** (linear iteration) という．すなわち，

**アルゴリズム 3.1 線形反復法**

$f(x)=0$ を変形した $x=g(x)$ において，初期近似値を $x=x_0$ として，次の反復公式により逐次近似を行う．

$$x_{i+1}=g(x_i), \quad (i=0,1,\ldots) \tag{3.3}$$

式 (3.3) が有効であるためには，反復計算が収束するか否かにかかっている．

### (1) 収束条件

漸化式，式 (3.3)，で得られる級数 $\{x_i\}$ が解 $\alpha$ に収束するとき，$\alpha=g(\alpha)$ が成り立つので，これを式 (3.3) から差し引き，平均値の定理を用いると，

$$x_{i+1}-\alpha=g(x_i)-g(\alpha)=(x_i-\alpha)\,g'(\xi), \qquad \xi\in(x_i,\alpha) \tag{3.4}$$

いま考えている $x$ に対し，$|g'(x)|$ の上限を $K$，すなわち，$|g'(x)| \leqq K$ とする．このとき，$|g'(\xi)| \leqq K$ であるから，式 (3.4) は次のように表せる．

$$|x_{i+1} - \alpha| \leqq |x_i - \alpha| K \tag{3.5}$$

これを繰り返すと，

$$|x_{i+1} - \alpha| \leqq |x_i - \alpha| K \leqq |x_{i-1} - \alpha| K^2 \leqq \cdots \leqq |x_0 - \alpha| K^{i+1}$$

となるから，数列 $\{x_i - \alpha\}$ は $K < 1$ のとき，すなわち，

$$|g'(x)| < 1 \tag{3.6}$$

のとき 0 に収束する．したがって，線形反復法によって得られる数列 $\{x_i\}$ が $\alpha$ に**収束する条件**は上式が満たされることである．

式 (3.2) は，図式的には直線 $y = x$ と曲線 $y = g(x)$ の交点 $x = \alpha$ を求めることに相当する．反復により解が収束する状況を図 3.1 に示す．$g(x)$ の傾き $|g'(x)|$ が 1 より小さい場合に収束，1 より大きい場合は発散することが容易に知れよう．

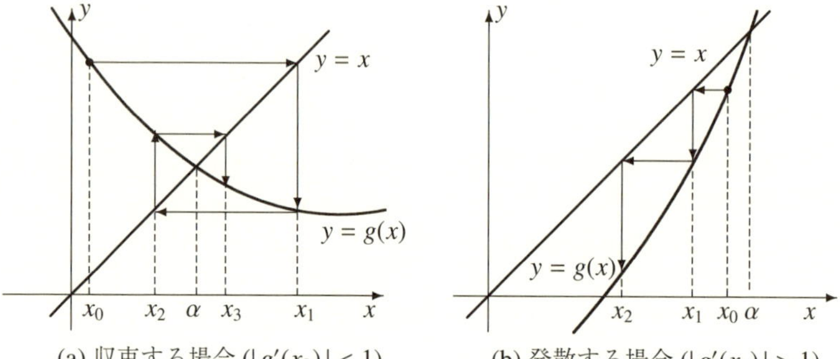


(a) 収束する場合 ($|g'(x_0)| < 1$)　　(b) 発散する場合 ($|g'(x_0)| > 1$)

**図 3.1　線形反復法による収束状況**

**平均値の定理**

$f(x)$ が $a \leqq x \leqq b$ で連続であるとき，$f(a) = f(b)$ ならば，次式

$$f'(\xi) = \frac{f(b) - f(a)}{b - a}, \quad \xi \in (a, b)$$

を満たす $\xi$ が少なくとも 1 つ存在する．

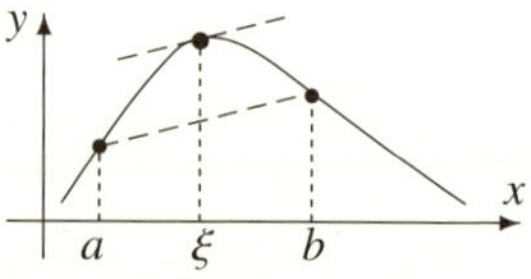


**図 3.2　平均値の定理**

## (2) 収束の速さ

解に収束する速さは $K$ に依存する．ここで $M$ を正の定数とし

$$K \leqq |x_i - \alpha|^{m-1} M$$

で表せるとすると，式 (3.5) は，一般に

$$|x_{i+1} - \alpha| \leqq |x_i - \alpha|^m M \tag{3.7}$$

のように表せる．このとき，数列 $\{x_i\}$ は $\alpha$ に $m$ **次収束**するという．これは，数列が $x_i$ の誤差 $(= x_i - \alpha)$ の $m$ 乗 に比例して小さくなるからである．明らかに，$m$ が大なるほど収束は速く，$M$ が大なるほど収束は遅い．

前記アルゴリズム 3.1 は $m = 1$ であり，誤差が反復回数に比例して減ずる 1 次収束である．これが線形反復法と呼ばれる理由である．

反復法では，初期値が解の近傍に選ばれていない場合，発散したり，別の解に収束したりするので，初期値の見積もりは重要である．

---

**例題 3.1**　次の多項式の解を，初期値 $x_0 = 3$ を与えて，求める．

$$f(x) = x^2 - x - 2 = 0 \tag{3.8}$$

**(解)**　$f(x)$ を式 (3.2) の形に表すには自由度があり，例えば，次のように変形できる．

$$\text{(a)}\ x = x^2 - 2, \quad \text{(b)}\ x = \sqrt{2 + x}, \quad \text{(c)}\ x = 1 + \frac{2}{x}, \quad \text{(d)}\ x = x - \frac{x^2 - x - 2}{m}$$

各々の場合の $g'(x)$ を求めると，

式 (a)：$g'(x) = 2x$ であり，$x > 1/2$ で $g'(x) > 1$ となり発散する．

式 (b)：$g'(x) = 1/2\sqrt{2+x}$ より，$x \geqq 0$ で $g'(x) < 1$ となり，収束する．

式 (c)：$g'(x) = -2/x^2$ より，$x_0 > \sqrt{2}$ で収束する．

式 (d)：$g'(x) = 1 - (2x - 1)/m$ であり，$1/2 < x_0 < m + 1/2$ で収束する．

収束の速さを見積もると，(b)(c)(d) に対し，$|g'(x_0)|$ の値は 0.2236, 0.2222, 0.6666 ($m=3$ の場合) となり，(c)，(b)，(d) の順に速いように予想される．一方，式 (3.8) の解は $-1$ と 2 であるが，初期値 $x_0 = 3$ からの解は $\alpha = 2$ に収束する．$g'(2)$ の値は 0.25, 0.5, 0 となり，(d) の場合が最小で，$x_0 = 3$ とした反復計算でもこの場合の反復回数が最も少ない．つまり，解に限りなく近い値 $x_0$ を用いた $g'(x_0)$ の値を比較しない限り収束速さの優劣の判定は正確にはできないことに注意.

### (3) 収束の加速法

線形反復法では $|g'(x_0)| \fallingdotseq 1$ のとき，収束の速さはかなり遅く，多数の反復計算を要する．線形反復法による連続する 3 つの計算値 $x_i, x_{i+1}, x_{i+2}$ が得られているとき，この反復段階における式 (3.5) の $K$ を定数とみなせば，,

$$x_{i+1} - \alpha = (x_i - \alpha)K, \qquad x_{i+2} - \alpha = (x_{i+1} - \alpha)K$$

であるから，これより $\alpha$ の近似値が得られる．すなわち，

$$\alpha = \frac{x_i x_{i+2} - x_{i+1}^2}{x_{i+2} - 2x_{i+1} + x_i} \tag{3.9}$$

よってこの $\alpha$ を用いればより高速に収束することが期待できる．

この $\alpha$ を $x_{i+3}$ の近似値として用いる方法を **Aitken** (エイトケン) の $\Delta^2$ 法と呼ぶ．実際には，桁落ちが生じても $x_i$ に対する補正項にしか影響しないように，上式を次のように変形して用いる．

**アルゴリズム 3.2　Aitken の $\Delta^2$ 法**

線形反復法による反復値 $x_i, x_{i+1}, x_{i+2}$ を用いる．次の近似値 $x_{i+3}$ を次式により求める．

$$x_{i+3} = x_i - \frac{(\Delta x_i)^2}{\Delta^2 x_i} \tag{3.10}$$

ただし，$\Delta x_i = x_{i+1} - x_i$, $\Delta^2 x_i = x_{i+2} - 2x_{i+1} + x_i$ である．

Aitken の $\Delta^2$ 法を繰り返し計算に用いた場合, 線形反復法による次の近似値 $x_{i+4}, x_{i+5}$ を求め，ついで式 (3.10) を用いて $x_{i+6}$ を求めるというように，$x_3, x_6, x_9, \cdots$ を求めるのに Aitken の $\Delta^2$ 法を用いる．Aitken の方法は，線形反復法による解に対してしか効果が得られない[7] ことに注意しよう．

**問題 3.1**　3 次方程式 $x^3 + 1.9x^2 - 1.3x - 2.2 = 0$ は $x = 1$ 近傍の解をもつ．初期値 $x_0 = 1$ で収束する漸化式とその解を求めよ．

**問題 3.2**　方程式 $2x - \tan x = 0$ の $x = 0$ でない最小の解を線形反復法で求める．概略の作図から解が $x = 1.2$ rad 近傍にあることが知れる．線形反復法 $x_{i+1} = (1/2)\tan x_i$ では収束しないことを示し，別のアルゴリズムを求めよ．

**問題 3.3**　線形反復法の誤差は定数 $K$ $(0 < K < 1)$ に対し漸化式 $e_{i+1} = Ke_i$ に従う．初期誤差 $e_0$ を $10^{-m}$ 倍 $(m > 0)$ に減ずるのに必要な反復回数 $n$ を求めよ．

(答. $n > -m/\log K$)

**問題 3.4** 問題 3.2 を Aitken の $\Delta^2$ 法により解き，結果を比較せよ．

## 3.2 Newton (ニュートン) 法

非線形方程式の解法の中で最も適用範囲が広く，また実用的にも強力な方法が **Newton 法**である．

$x_i$ が方程式 $f(x) = 0$ の解 $\alpha$ の近似値であるとき，$f(\alpha)$ は Taylor 級数により点 $x_i$ のまわりに展開できて，次のように表せる．

$$f(\alpha) = f(x_i) + (\alpha - x_i)f'(x_i) + \frac{(\alpha - x_i)^2}{2!}f''(x_i) + \cdots$$

$x_i$ の値が $\alpha$ に近ければ $(\alpha - x_i)$ の値は小さく，右辺第 3 項以降は無視できるので，

$$f(\alpha) \doteqdot f(x_i) + (\alpha - x_i)f'(x_i)$$

ここで $f(\alpha) = 0$ であることに留意すると，上式より次式を得る．

$$\alpha \doteqdot x_i - f(x_i)/f'(x_i)$$

これより Newton の反復公式が得られる．

**アルゴリズム 3.3 Newton 法**

$f(x) = 0$ の解に対する初期近似値を $x = x_0$ とする．次の反復公式により逐次近似を行う．

$$x_{i+1} = x_i - \frac{f(x_i)}{f'(x_i)} \tag{3.11}$$

この方法による反復の様子を図 3.3 に示す．関数 $y = f(x)$ の接線の勾配が $f'(x_i)$ であるから，$x_{i+1}$ はこの接線と $x$ 軸の交点である．

### (1) 収束条件

Newton 法の収束条件は，式 (3.2) の表記法を用いると，

$$g(x) = x - \frac{f(x)}{f'(x)}$$

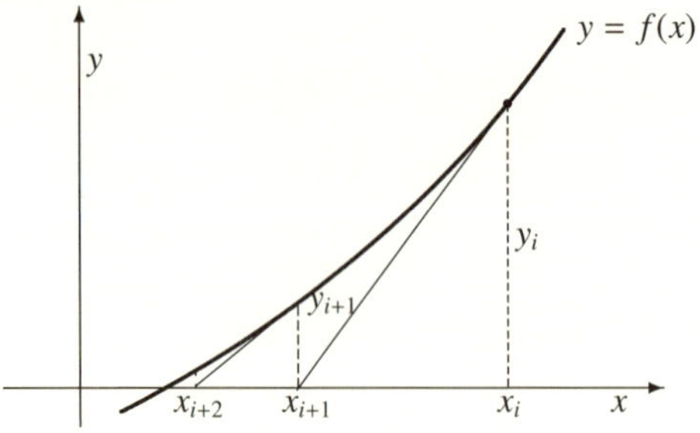


**図 3.3　Newton 法による収束状況**

であるから，これより

$$g'(x) = 1 - \frac{f'(x)^2 - f(x)f''(x)}{f'(x)^2} = \frac{f(x)\,f''(x)}{f'(x)^2}$$

を得る．$f(x)$ が 2 階まで連続微分可能であり，$f'(\alpha) \neq 0$ であれば，$f(\alpha) = 0$ であるから $g'(\alpha) = 0$ となり，式 (3.6) より級数 $\{x_i\}$ は必ず解に収束することが知れる．

Newton 法の収束の速さは，解 $\alpha$ が $\alpha = g(\alpha)$ を満たすから

$$x_{i+1} - \alpha = g(x_i) - g(\alpha) \tag{3.12}$$

が成り立つ．$x = \alpha$ のまわりで $g(x_i)$ を Taylor 展開すると，

$$g(x_i) = g(\alpha) + g'(\alpha)(x_i - \alpha) + g''(\xi_i)\frac{(x_i - \alpha)^2}{2}, \qquad \xi_i \in (x_i, \alpha)$$

であり，Newton 法では $g'(\alpha) = 0$ であることに留意して，上式を (3.12) に代入すると

$$x_{i+1} - \alpha = (1/2)g''(\xi_i)(x_i - \alpha)^2 \tag{3.13}$$

を得る．したがって，Newton 法では誤差が 2 次収束することを示している．

### (2) 極値近傍の解

Newton 法による逐次近似式を用いる場合，解の近傍で関数値が平坦であれば，$f'(x_i) \risingdotseq 0$ となり $|g'(x_i)| < 1$ が満たされない場合が考えられよう．そのような例を図 3.4 に示す．

**a)** 図 3.4(a) は，$x = x_i$ で $f'(x_i) = 0$ の状態を示し，オーバーフローが起こる．しかし，別の初期値を選ぶことにより普通は解に収束する．

**b)** 図 3.4(b) は，$x = \alpha$ で重解となる場合である．このとき，収束速度は遅くなるものの収束解は得られる．

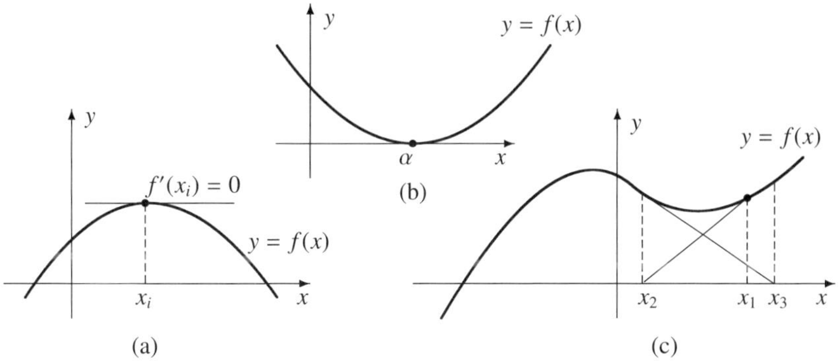


**図 3.4 Newton 法による計算上の問題点**

$f(x) = 0$ の解 $\alpha$ が $m$ 重解 $(m \geqq 2)$ であるとする．すなわち，

$$f(x) = (x - \alpha)^m h(x) \tag{3.14}$$

ただし，$h(\alpha) \neq 0$ である．この場合，

$$\frac{f(x)}{f'(x)} = \frac{x - \alpha}{m + (x - \alpha)\,h'(x)/h(x)} \doteqdot \frac{x - \alpha}{m} \tag{3.15}$$

であるから，式 (3.11) の両辺より $\alpha$ を減じ，これに上式を代入すれば，

$$|\,x_{i+1} - \alpha\,| \doteqdot \left\{1 - \frac{1}{m}\right\}|\,x_i - \alpha\,| \tag{3.16}$$

すなわち，誤差の減少割合は $\{1 - (1/m)\}$ で，1 次収束でしかないことが知れる．

一方，$f(x) = 0$ が $m$ 重解をもつことが知れている場合は，式 (3.15) を利用して，2 次収束させることができる．

$$x_{i+1} = x_i - m\frac{f(x)}{f'(x)} \tag{3.17}$$

ただし，収束条件を $|\,f(x_i)\,| < \delta$ として計算終了したとすると，

$$|\,x_i - \alpha\,| \leqq \left|\frac{\delta}{h(x_i)}\right|^{\frac{1}{m}} \tag{3.18}$$

となり，$m$ 重解の精度は，桁数にして，計算精度の $(1/m)$ 程度にしか得られない．

関数 $f(x)$ のより高次の導関数を利用して，Newton 公式に修正項を付加した次のような 3 次の反復公式[3] もある．

$$x_{i+1} = x_i - \frac{f(x)}{f'(x)} - \frac{\{f(x_i)\}^2 f''(x_i)}{2\{f'(x_i)\}^3} \tag{3.19}$$

ただし，高次の導関数を含む第 3 項に要する計算負荷により全体的な計算時間が必ずしも短縮しない場合が多く，普通の計算に用いられることは少ない．

**c)** 図 3.4(c) では，$f(x)$ の値がある小さい値 $\varepsilon$ で $f'(x \pm \varepsilon) = 0$ となり，反復が振動するか，または別の解に収束する．反復が振動する場合には若干初期値を移動することにより解が得られる場合が多い．

反復が振動する場合にも収束を確実にするには，収束を減速させるのが効果的である．このため $\lambda$ を定数として次のように計算を進める方法があり，**減速 (damped) Newton 法**[2] と呼ばれる．

すなわち，

$$x_{i+1} = x_i - \lambda \frac{f(x_i)}{f'(x_i)} \tag{3.20}$$

まず $\lambda = 1$ とおいて $x_{i+1}$ を求め，もし

$$|f(x_{i+1})| < \left(1 - \frac{\lambda}{2}\right) |f(x_i)|$$

ならばそのまま計算を続け，成立しなければこの関係が成立するまで $\lambda$ を 1/2, 1/4, ... に減らしていく．

## ★ Newton 法のプログラム

Newton 法のアルゴリズム 3.3 の Java プログラム例を以下に示す．プログラムの構成法は第 2 章で述べた通りである．解くべき関数 `fun` とその導関数 `difFun` は別途与えられているものとする．

**Program 3.1**　Newton 法による非線形方程式の解法

```
//  Newton 法による非線形方程式の解析メソッド
float NewtonIter( float x0 ){
   float TINY = 0.0F, HUGE = 1.0E+10F, TOL = 1.0E-7F;
   int max = 100;              // 最大反復回数
   status = 9;                 // 状態変数の初期値は異常
   float oldx = x0, newx = x0, fdx, fx;
   boolean flag = true;

   //  入力変数は正常か？
   if( x0 < TINY && x0 > HUGE ){ status = 7; flag = false;}

   while( flag ){        // 逐次近似
      g.drawString(">Newton; i="+iter+",  x="+newx,30,45+iter*11);
      iter++;
      fx = fun( oldx );        // f(x) の関数値を求める
      fdx = difFun( oldx ); // f(x) の導関数を求める
      if( Math.abs( fdx ) < TINY ){ status=8;  flag = false;}

      newx = oldx-fx / fdx; // Newton 法による計算
      // 収束して解けた場合
      if( Math.abs( newx-oldx ) <= TOL ){ status = 0; flag = false;}
      oldx = newx;
      // 計算回数オーバーの場合
      if( iter >= max ){ status = 9;  flag = false; }
   }
   if( status==7) g.drawString(">Newton; Ilegal data input, x0="+x0,
```

```
                     20,40);
    if( status==8) g.drawString(">Newton; f'(x)=0 at i="+iter,20,40);
    if( status==9) g.drawString(">Newton; Not converger after "
                     +iter+", current value is "+newx,20,45+11*iter);
    return newx;
}
```

**例題 3.2**　次式の解を Newton 法，線形反復法，Aitken の $\Delta^2$ 法により求める．

$$f(x) = 0.5 - x + 0.2\sin x$$

**(解)**　それぞれの収束状況を表 3.1 に示す．Newton 法は線形反復法の約半分の計算回数で収束しており，優れた収束性が知れる．

**表 3.1**　$f(x) = 0.5 - x + 0.2\sin x$ の解の収束状況

| $i$ | 線形反復法 | Aitken の $\Delta^2$ 法 | Newton 法 |
|---|---|---|---|
| 1 | 0.200000 | 0.200000 | 0.200000 |
| 2 | 0.539734 | 0.539734 | 0.622562 |
| 3 | 0.602782 | 0.602782 | 0.615472 |
| 4 | 0.613387 | 0.617148 | 0.615468 |
| 5 | 0.615128 | 0.615742 | |
| 6 | 0.615413 | 0.615513 | |
| 7 | 0.615459 | 0.615468 | |
| 8 | 0.615467 | | |
| 9 | 0.615468 | | |

## (3) Newton 法の変種

例題 3.1 の (d) では，$f(x) = 0$ の解を求めるのに，$m$ を定数として両辺から $mx$ を減じて $x$ について解いた関係を用いた．すなわち，

$$x = x - \frac{f(x)}{m} \tag{3.21}$$

この反復法が収束するには，式 (3.6) より $g(x) = x - f(x)/m$ の導関数が $|g'(x)| < 1$ を満たすときで，$g'(x) = 0$ のとき収束が最も速い．この条件により $m = f'(x)$ が得られ，これを上式に代入したものは Newton 法にほかならない．この方法は，初期近似値を用いて $f'(x)$ を評価し，この値を定数 $(m)$ として Newton 法を準用する簡略的な方法でもある．定数 $m$ は**収束加速因子**と呼ばれる．

**Newton 法の差分化**　Newton 法は，導関数を必要とすることと，適切な初期値が与えられなかった場合に他の解に収束するという問題がある．とくに関数の導関

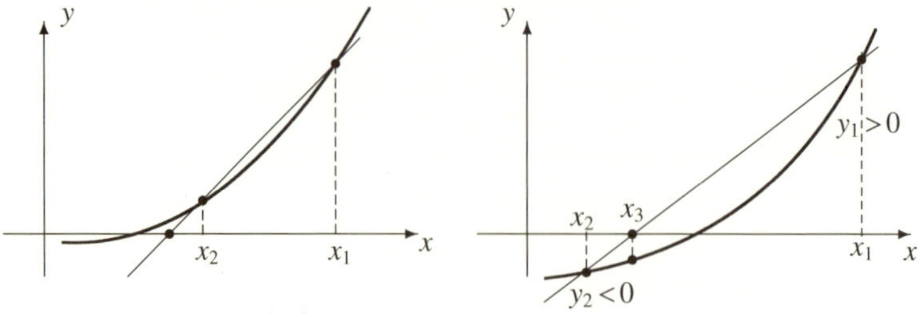


(a) 正割法　　(b) 挟み込み法

**図 3.5**　正割法と挟み込み法の収束状況

数が陽の形で求まらない場合やその計算にかなり時間がかかる場合には不利である．導関数を用いなくても高次の収束が得られるように，式 (3.11) の導関数 $f'(x_i)$ を差分商

$$f'(x) \doteqdot \frac{f(x_i) - f(x_{i-1})}{(x_i - x_{i-1})}$$

で置き換えて用いる方法を **正割法** (secant method) という．

この方法は，図 3.5(a) に示すように，連続する 2 点の計算値を結ぶ直線と $x$ 軸の交点を求めることに相当し，Newton 法と同様に速い収束が得られる．

**アルゴリズム 3.4　正割法**

$f(x) = 0$ の連続する近似値 $x_{i-1}$, $x_i$ に対し，次の反復公式を用いる．

$$x_{i+1} = x_i - (x_i - x_{i-1})\frac{f(x_i)}{f(x_i) - f(x_{i-1})} \tag{3.22}$$

正割法とよく似た方法に**挟み込み** (false position) **法**がある．この方法を図式的に図 3.5(b) に示す．$f(x) = 0$ の解の両側に位置する 2 点 $x_1$, $x_2$ を初期値として与える．このとき，$f(x_1)\{= y_1\}$ と $f(x_2)\{= y_2\}$ は符号が逆になることに注意しよう．この 2 点を通る直線と $x$ 軸の交点 $x_3$ を求める．ついで，$y_3$ と $y_2$ の符号が同じであれば $x_2$ を $x_3$ の値で置き換え，符号が逆であれば $x_1$ を $x_3$ の値で置き換えて，$x_1$ と $x_2$ の間にある解 ($x$ 軸と直線との交点) を求め直し，逐次近似を進める．この方法の収束速さは正割法よりは遅い．

挟み込み法において，単に $x_1$ と $x_2$ の中点に $x_3$ をとり逐次近似していく方法を **2 分** (bisection) **法**と呼ぶ．どのような関数でも収束するが，収束は 1 次収束である．

**問題 3.5** 図式的に調べて，$x = \tan x$ の解が $\pi/2$ と $3\pi/2$ の間にあることがわかっている．この解を Newton 法と正割法により求め，結果を比較せよ．

**問題 3.6** $\exp(-x^2) - \log_{10} x = 0$ の実数解を，Newton 法と正割法で求めよ．

**問題 3.7** $f(x) = x^3 + 2x^2 - 5x + 6$ を初期値 $x_0 = 1.0$ として求めると解が振動する．減速 Newton 法のプログラムをつくり，解の挙動を調べよ．

**問題 3.8** 挟み込み法で解を求める Java プログラムをつくれ．

## 3.3 連立非線形方程式

$n$ 個の未知変数 $x_0, x_2, \cdots, x_{n-1}$ からなる $n$ 元連立非線形方程式

$$f_k(x_0, x_1, \cdots, x_{n-1}) = 0, \quad (k = 0, 1, \cdots, n-1) \tag{3.23}$$

に対し，以下では，式を簡潔に表現するため次のようなベクトル表記法

$$\boldsymbol{x} = \begin{bmatrix} x_0 \\ x_1 \\ \vdots \\ x_{n-1} \end{bmatrix}, \quad f_k(\boldsymbol{x}) = f_k(x_0, x_1, \cdots, x_{n-1}), \quad \boldsymbol{f}(\boldsymbol{x}) = \begin{bmatrix} f_0(\boldsymbol{x}) \\ f_1(\boldsymbol{x}) \\ \vdots \\ f_{n-1}(\boldsymbol{x}) \end{bmatrix}$$

を導入する (4.1 節参照)．このとき，式 (3.23) は次のように表せる．

$$\boldsymbol{f}(\boldsymbol{x}) = 0 \tag{3.24}$$

連立非線形方程式の数値解法には，基本的には前節までに述べた方法が適用できる．線形反復法は簡単ではあるが，例題 3.1 で見たように漸化式によっては収束しない場合もあり，変数が多い場合はその可能性がより高くなる．最も多用されているのは Newton 法の多変数関数への拡張とその変種である．

### (1) Newton–Raphson (ラフソン) 法

$\boldsymbol{x}$ の近傍を $\boldsymbol{x} + \delta\boldsymbol{x}$ ($\delta\boldsymbol{x} = [\delta x_0, \delta x_1, \cdots, \delta x_{n-1}]^T$，肩付添字 $T$ は転置を示す) と表し，多変数関数 $\boldsymbol{f}(\boldsymbol{x} + \delta\boldsymbol{x})$ の要素 $f_k(\boldsymbol{x} + \delta\boldsymbol{x})$ を Taylor 展開し，その 1 次までの項で近似すると

$$f_k(\boldsymbol{x}+\delta\boldsymbol{x}) = f_k(\boldsymbol{x}) + \sum_{j=0}^{n-1} \frac{\partial f_k(\boldsymbol{x})}{\partial x_j}\delta x_j, \qquad (k = 0, 1, \cdots, n-1)$$

となるので，これをベクトル表示すると

$$\boldsymbol{f}(\boldsymbol{x}+\delta\boldsymbol{x}) = \boldsymbol{f}(\boldsymbol{x}) + \boldsymbol{J}(\boldsymbol{x})\delta\boldsymbol{x} \tag{3.25}$$

となる．ここで，

$$\boldsymbol{J}(\boldsymbol{x}) = \begin{bmatrix} \dfrac{\partial f_0(\boldsymbol{x})}{\partial x_0} & \dfrac{\partial f_0(\boldsymbol{x})}{\partial x_1} & \cdots & \dfrac{\partial f_0(\boldsymbol{x})}{\partial x_{n-1}} \\ \vdots & \vdots & \ddots & \vdots \\ \dfrac{\partial f_{n-1}(\boldsymbol{x})}{\partial x_0} & \cdots & \cdots & \dfrac{\partial f_{n-1}(\boldsymbol{x})}{\partial x_{n-1}} \end{bmatrix} \tag{3.26}$$

である．この $\boldsymbol{J}(\boldsymbol{x})$ をヤコビアン (Jacobian) という．

$\boldsymbol{J}(\boldsymbol{x})$ が正則 ($\boldsymbol{J}(\boldsymbol{x}) \neq 0$) で，$\boldsymbol{x}+\delta\boldsymbol{x} \doteqdot \boldsymbol{\alpha}$ (解) であるとすると，式 (3.25) より，

$$\delta\boldsymbol{x} = -\boldsymbol{J}(\boldsymbol{x})^{-1}\boldsymbol{f}(\boldsymbol{x}) \tag{3.27}$$

が得られ，$\boldsymbol{\alpha}$ を新しい近似解として逐次近似させていくことができる．

$\boldsymbol{J}(\boldsymbol{x})$ の逆行列 $\boldsymbol{J}(\boldsymbol{x})^{-1}$ を求めるのは，計算量や精度などの点で不利であるから，次のようにして，次章で述べる消去法などを用いて解かれる．

**アルゴリズム 3.5　$n$ 元連立非線形方程式に対する Newton–Raphson 法**

$\boldsymbol{f}(\boldsymbol{x}) = 0$ の解 $\boldsymbol{\alpha}$ の初期近似値を $\boldsymbol{x}^{(0)}$ とする．

$$\boldsymbol{J}(\boldsymbol{x}^{(i)})\delta\boldsymbol{x}^{(i)} = -\boldsymbol{f}(\boldsymbol{x}^{(i)}) \tag{3.28}$$

を解いて，次式により $\boldsymbol{x}$ の値を更新する．

$$\boldsymbol{x}^{(i+1)} = \boldsymbol{x}^{(i)} + \delta\boldsymbol{x}^{(i)} \tag{3.29}$$

多変数に対する Newton–Raphson 法を単に **Newton 法**と呼ぶ場合もある．

**例題 3.3**　次の連立非線形方程式を解く．

$$f(x, y) = -0.1x^2 + x - 0.2y^2 - 0.7 = 0$$
$$g(x, y) = -0.1x - 0.2xy^2 + y - 0.7 = 0$$

**(解)**　ヤコビアンは，

$$\boldsymbol{J}(x, y) = \begin{bmatrix} \partial f/\partial x & \partial f/\partial y \\ \partial g/\partial x & \partial g/\partial y \end{bmatrix} = \begin{bmatrix} 1-0.2x & -0.4y \\ -0.1-0.2y^2 & 1-0.4xy \end{bmatrix}$$

である．これより，

$$\begin{bmatrix} 1-0.2x^{(i)} & -0.4y^{(i)} \\ -0.1-0.2(y^{(i)})^2 & 1-0.4x^{(i)}y^{(i)} \end{bmatrix} \begin{bmatrix} \delta x^{(i)} \\ \delta y^{(i)} \end{bmatrix} = -\begin{bmatrix} f^{(i)} \\ g^{(i)} \end{bmatrix}$$

$$x^{(i+1)} = x^{(i)} + \delta x^{(i)}, \qquad y^{(i+1)} = y^{(i)} + \delta y^{(i)}$$

として，計算すればよい．計算結果を表 3.2 に示す．6 桁の精度を得るのにわずか 4 回の計算で解が得られる．

## (2) Newton–Raphson 法の変種

Newton–Raphson 法は強力であるが，未知数が $n$ 個の多変数の場合，毎回 $n^2$ 個の偏導関数と $n$ 個の関数値を求めねばならず，ヤコビアンを計算し直すのにもかなりの計算量を要する．そこで，Newton–Raphson 法の特徴を失うことなくその解法を近似的に行ういろいろな方法が用いられている[7]．いずれも反復計算回数は増すが，1 回当たりの計算量が少ない分，全体として計算速度が向上する可能性が高い．ここではその代表的なものを挙げておこう．

**a) ヤコビアンの定数化**　初期値により評価されたヤコビアンを定数として反復計算に用いる方法である．例題 3.3 の式に関しては 21 回の計算が必要になる．

**b) 単一変数化**　関数 $\boldsymbol{f}(\boldsymbol{x})$ の各要素式をそれぞれ単一変数の関数とみなして Newton 法を適用する方法である．$x_k$ に関しては要素 $f_k(\boldsymbol{x}) = 0$ に対して

$$x_k^{(i+1)} = x_k^{(i)} - \frac{f_k^{(i)}(\boldsymbol{x})}{\partial f_k^{(i)}(\boldsymbol{x})/\partial x_k}, \qquad (k = 0, 1, \cdots, n-1) \tag{3.30}$$

より求める．この際，$j$ 番目の変数 $x_j$ に対する上式の計算では，すでに値が更新されている $k = 0, 1, \cdots, j-1$ の値 $x_k^{(i+1)}$ を $\boldsymbol{x}$ に用いるのがミソである．

**例題 3.4**　例題 3.3 を式 (3.30) の方法で解け．

**(解)**　次の反復公式を得る．

$$x^{(i+1)} = x^{(i)} - \left.\frac{f(x,y)}{f_x(x,y)}\right|^{(i)} \quad \rightarrow \quad x^{(i+1)} = x^{(i)} - \frac{x^{(i)}(1-0.1x^{(i)}) - 0.2(y^{(i)})^2 - 0.7}{1-0.2x^{(i)}}$$

$$y^{(i+1)} = y^{(i)} - \left.\frac{g(x,y)}{g_y(x,y)}\right|^{(i)} \quad \rightarrow \quad y^{(i+1)} = y^{(i)} + \frac{0.1x^{(i+1)} - y^{(i)}(1-0.2x^{(i+1)}y^{(i)}) + 0.7}{1-0.4x^{(i+1)}y^{(i)}}$$

結果は，表 3.2 に示すように，Newton–Raphson 法に比べると約 2 倍の反復計算が必要であるが，計算量は飛躍的に減る．

表 3.2　連立方程式の数値解析結果

| $i$ | 例題 3.3 $x$ | 例題 3.3 $y$ | 例題 3.4 $x$ | 例題 3.4 $y$ | 例題 3.5 $x$ | 例題 3.5 $y$ |
|---|---|---|---|---|---|---|
| 0 | 0.5 | 0.5 | 0.5 | 0.5 | 0.5 | 0.5 |
| 1 | 0.887821 | 0.870192 | 0.805556 | 0.882450 | 0.823529 | 0.895683 |
| 2 | 0.987238 | 0.983143 | 0.942737 | 0.970349 | 0.965356 | 0.972352 |
| 3 | 0.999733 | 0.999641 | 0.985196 | 0.992529 | 0.989233 | 0.991612 |
| 4 | 1.000000 | 1.000000 | 0.996265 | 0.998128 | 0.996752 | 0.997426 |
| 5 | | | 0.999064 | 0.999532 | 0.998994 | 0.999203 |
| 6 | | | 0.999766 | 0.999883 | 0.999688 | 0.999753 |
| 7 | | | 0.999941 | 0.999971 | 0.999903 | 0.999923 |
| 8 | | | 0.999985 | 0.999993 | 0.999970 | 0.999976 |
| 9 | | | 0.999996 | 0.999998 | 0.999991 | 0.999993 |
| 10 | | | 0.999999 | 1.000000 | 0.999997 | 0.999998 |
| 11 | | | | | 0.999999 | 0.999999 |

**c) 優対角化法**　ヤコビアン $\boldsymbol{J}(\boldsymbol{x})$ を次のように表すとしよう．

$$\boldsymbol{J}(\boldsymbol{x}) = \begin{bmatrix} a_{00} & a_{01} & \cdots & a_{0,n-1} \\ a_{10} & a_{11} & \cdots & a_{1,n-1} \\ \vdots & \vdots & \ddots & \vdots \\ a_{0,n-1} & a_{1,n-1} & \cdots & a_{n-1,n-1} \end{bmatrix}$$

$\boldsymbol{J}(\boldsymbol{x})$ が対角要素 $a_{ii}$ 付近に非零要素が集中した帯行列であり，近似値を用いて計算される係数行列が優対角，すなわち，$a_{ii} \geqq \sum_{j=0,j\neq i}^{n-1} a_{ij}$ であるとき，各行の要素の総和 $p_i = \sum_{j=0}^{n-1} a_{ij}$ をとり，これを対角要素とする対角行列として $\boldsymbol{J}(x)$ を近似する．

$$\boldsymbol{J}(\boldsymbol{x}) = \begin{bmatrix} p_0 & 0 & \cdots & 0 \\ 0 & p_1 & 0 & \\ \vdots & \vdots & \ddots & \vdots \\ 0 & & 0 & p_{n-1} \end{bmatrix}$$

このとき，$\boldsymbol{J}(\boldsymbol{x})$ の逆行列は $1/p_i$ を対角要素とする対角行列であるから，式 (3.27) から容易に $\delta\boldsymbol{x}$ が得られ，逐次近似を進めることができる[8]．この大胆な近似は，収束段階で式 (3.27) において $\boldsymbol{f}(\boldsymbol{x}) = 0$ となるので許される．

**例題 3.5**　例題 3.3 の問題を優対角化により解く．

**(解)**　例題 3.3 から，解 (1,1) の近傍では優対角行列である．

$$\begin{bmatrix} 1-0.1x & -0.2y \\ -0.1 & 1-0.2xy \end{bmatrix} \begin{bmatrix} \delta x \\ \delta y \end{bmatrix} = -\begin{bmatrix} f \\ g \end{bmatrix}$$

よって，$y_{i+1}$ に対して，更新された新しい $x_{i+1}$ を用いて計算することにすれば，

式 (3.27) より

$$x^{(i+1)} = x^{(i)} - \frac{x^{(i)}(1 - 0.1x^{(i)}) - 0.2(y^{(i)})^2 - 0.7}{1 - 0.1x^{(i)} - 0.2y^{(i)}}$$

$$y^{(i+1)} = y^{(i)} - \frac{-0.1x^{(i+1)} + y^{(i)}(1 - 0.2x^{(i+1)}y^{(i)}) - 0.7}{0.9 - 0.2x^{(i+1)}y^{(i)}}$$

計算結果は表 3.2 に併記してあるが，収束はかなり速い．

**問題 3.9** Newton–Raphson 法により次の連立非線形方程式の解を求めるプログラムをつくれ．

$$x^2 + xy^3 = 9, \quad 3x^2y - y^3 = 4$$

また，次の初期値を用いたときの解と，収束に要した計算回数を比較せよ．

$$(x_0, y_0) = (2, -2.5), (1.2, 2.5), (-1.2, 2.5), (-2, 2.5)$$

**問題 3.10** 次の連立非線形方程式の解を，(1) ヤコビアンの定数化，(2) 単一変数化，(3) Newton–Raphson 法により解くプログラムをつくり，収束回数を比較せよ．

$$x + 3\log_{10} x - y^2 = 0, \qquad 2x^2 - xy - 5x + 1 = 0$$

初期値は $x_0 = 3.4$, $y_0 = 2.2$ とする．

# 第4章 連立1次方程式

シミュレーションの多くの問題は　**連立1次方程式** (systems of linear equations) を解くことに帰着する．大規模な数値計算向けの解法は，計算精度の高さや計算量の少なさなどの面から，直接法と反復法に大別でき，係数行列の疎密度，次元の大きさなどに応じて使い分けられる．

## 4.1 連立1次方程式の基礎

$n$ 個の未知数 $x_0, x_1, \dots, x_{n-1}$ からなる $n$ 元連立1次方程式

$$\begin{array}{ccccccccc} a_{n-1,0}x_0 & + & a_{n-1,1}x_1 & + & \cdots & + & a_{n-1,n-1}x_{n-1} & = & b_{n-1} \\ a_{00}x_0 & + & a_{01}x_1 & + & \cdots & + & a_{0,n-1}x_{n-1} & = & b_0 \\ a_{10}x_0 & + & a_{11}x_1 & + & \cdots & + & a_{1,n-1}x_{n-1} & = & b_1 \\ \vdots & & \vdots & & & & \vdots & & \vdots \\ a_{n-1,0}x_0 & + & a_{n-1,1}x_1 & + & \cdots & + & a_{n-1,n-1}x_{n-1} & = & b_{n-1} \end{array} \tag{4.1}$$

は，行列と列ベクトルを用いて

$$\begin{bmatrix} a_{00} & a_{01} & \cdots & a_{0,n-1} \\ a_{10} & a_{11} & \cdots & a_{1,n-1} \\ \vdots & \vdots & \ddots & \vdots \\ a_{n-1,0} & a_{n-1,1} & \cdots & a_{n-1,n-1} \end{bmatrix} \begin{bmatrix} x_0 \\ x_1 \\ \vdots \\ x_{n-1} \end{bmatrix} = \begin{bmatrix} b_0 \\ b_1 \\ \vdots \\ b_{n-1} \end{bmatrix} \tag{4.2}$$

あるいは，行列とベクトル記号を用いて

$$\boldsymbol{A}\boldsymbol{x} = \boldsymbol{b} \tag{4.3}$$

のように表される．ここで，$\boldsymbol{A}$ は $n$ 行 $n$ 列の正方行列，$\boldsymbol{x}, \boldsymbol{b}$ は列ベクトルである．

$$\boldsymbol{A} = \begin{bmatrix} a_{00} & a_{01} & \cdots & a_{0,n-1} \\ a_{10} & a_{11} & \cdots & a_{1,n-1} \\ \vdots & \vdots & \ddots & \vdots \\ a_{n-1,0} & a_{n-1,1} & \cdots & a_{n-1,n-1} \end{bmatrix}, \quad \boldsymbol{x} = \begin{bmatrix} x_0 \\ x_1 \\ \vdots \\ x_{n-1} \end{bmatrix}, \quad \boldsymbol{b} = \begin{bmatrix} b_0 \\ b_1 \\ \vdots \\ b_{n-1} \end{bmatrix}$$

連立方程式を解くに当たって，その基礎となる行列と行列式の基本的な性質を表 4.1 にまとめておく．

表 **4.1**　行列と行列式の基礎

| 番号 | 性　　質 |
|---|---|
| 1 | 連立方程式 $\boldsymbol{Ax} = \boldsymbol{b}$ において，以下の演算を行って新しい方程式 $\boldsymbol{A}^*\boldsymbol{x} = \boldsymbol{b}^*$ を得たとき，$\boldsymbol{Ax} = \boldsymbol{b}$ と $\boldsymbol{A}^*\boldsymbol{x} = \boldsymbol{b}^*$ は等価であり，同じ解をもつ．<br>(1) 1 つの式 (行または列) に 0 でない定数を掛ける．<br>(2) 定数を掛けた 1 つの式を別の式に (から) 加える (引く)．<br>(3) 2 つの式を交換する． |
| 2 | $(n \times n)$ 行列と $(n \times m)$ 行列の積は $(n \times m)$ 行列である．<br>$\begin{bmatrix} a_{11} & a_{12} & \cdots & a_{1n} \\ a_{21} & a_{22} & \cdots & a_{2n} \\ \cdots & \cdots & \cdots & \cdots \\ a_{n1} & a_{n2} & \cdots & a_{nn} \end{bmatrix} \begin{bmatrix} b_{11} & b_{12} & \cdots & b_{1m} \\ b_{21} & b_{22} & \cdots & b_{2m} \\ \cdots & \cdots & \cdots & \cdots \\ b_{n1} & b_{n2} & \cdots & b_{nm} \end{bmatrix}$<br>$= \begin{bmatrix} \sum a_{1j}b_{j1} & \sum a_{1j}b_{j2} & \cdots & \sum a_{1j}b_{jm} \\ \sum a_{2j}b_{j1} & \sum a_{2j}b_{j2} & \cdots & \sum a_{2j}b_{jm} \\ \cdots & \cdots & \cdots & \cdots \\ \sum a_{nj}b_{j1} & \sum a_{nj}b_{j2} & \cdots & \sum a_{nj}b_{jm} \end{bmatrix}$ |
| 3 | 行列 $\boldsymbol{A}$ の**行列式** (determinant) は $\det A$ または $\lvert A \rvert$ で表す．<br>$\det\ A = \lvert A \rvert = \begin{vmatrix} a_{11} & a_{12} & \cdots & a_{1n} \\ a_{21} & a_{22} & \cdots & a_{2n} \\ \cdots & \cdots & \cdots & \cdots \\ a_{n1} & a_{n2} & \cdots & a_{nn} \end{vmatrix}$ |
| 4 | 行列の積は結合法則および分配法則を満たす．すなわち，<br>$\boldsymbol{A}(\boldsymbol{BC}) = (\boldsymbol{AB})\boldsymbol{C}, \qquad \boldsymbol{A}(\boldsymbol{B} + \boldsymbol{C}) = \boldsymbol{AB} + \boldsymbol{AC},$<br>$(\boldsymbol{A} + \boldsymbol{B})\boldsymbol{C} = \boldsymbol{AC} + \boldsymbol{BC}$<br>ただし，行列の積は可換ではなく，$\boldsymbol{AB} \neq \boldsymbol{BA}$． |
| 5 | 行列 $\boldsymbol{A}$ の**転置** (transpose) $\boldsymbol{A}^T$ は，本表 2 番の $\boldsymbol{A}$ を例にとれば，<br>$\boldsymbol{A}^T = \begin{bmatrix} a_{11} & a_{21} & \cdots & a_{n1} \\ a_{12} & a_{22} & \cdots & a_{n2} \\ \cdots & \cdots & \cdots & \cdots \\ a_{1n} & a_{2n} & \cdots & a_{nn} \end{bmatrix}$<br>もし，$\boldsymbol{A} = \boldsymbol{A}^T$ であれば**対称** (symmetric) であるという．<br>また，$(\boldsymbol{AB})^T = \boldsymbol{B}^T\boldsymbol{A}^T$ である． |
| 6 | 行列 $\boldsymbol{A}$ とその **逆行列** (inverse matrix) $\boldsymbol{A}^{-1}$ の積は単位行列 $\boldsymbol{I}$ である．<br>$\boldsymbol{AA}^{-1} = \boldsymbol{A}^{-1}\boldsymbol{A} = \boldsymbol{I}$ |

行列 $\boldsymbol{A}$ が **正則** (nonsingular)，すなわち $\boldsymbol{A}$ の行列式が 0 でなければ，$\boldsymbol{Ax} = \boldsymbol{b}$ の解は一意である．本章では，常にこの条件が成り立つものと仮定しているが，この特異性はプログラムでは常に検査の対象となる．

**1) Cramer** (クラメル) **の公式**　連立方程式 $\boldsymbol{Ax} = \boldsymbol{b}$ の解法としてよく知られる Cramer の公式は，係数行列 $\boldsymbol{A}$ の行列式 $|A|$ に対し，$\boldsymbol{A}$ の $i$ 列目を右辺ベクトル $\boldsymbol{b}$ で置き換えた行列式 $|A_i|$ をつくり，次式より解 $x_i$ を求める．

$$x_i = \frac{|A_i|}{|A|}, \qquad i = 0, 1, \ldots, n-1 \tag{4.4}$$

しかし，$n$ 元行列式の値を $n+1$ 回求めねばならず，Cramer の公式を用いて $n$ 元連立方程式を解く場合の乗算回数は $(n+1)n^3/3$ になる [7]．後に述べる効率的な計算法では乗除算の回数が約 $n^3/3$ であるから，通常の $n$ が数百から数千，実務的な問題では数十万となるような問題には Cramer の公式は非効率的であり，用いられることはない．

**2) 逆行列**　$\boldsymbol{A}$ が正則ならば逆行列 $\boldsymbol{A}^{-1}$ が存在するので，逆行列を求めて連立方程式を次式のようにして解ける．

$$\boldsymbol{x} = \boldsymbol{A}^{-1}\boldsymbol{b} \tag{4.5}$$

ここで，$\boldsymbol{A}^{-1} = \mathrm{Adj}(\boldsymbol{A})/|A|$ であり，$\mathrm{Adj}(\boldsymbol{A})$ は行列 $\boldsymbol{A}$ の随伴行列 (行列 $\boldsymbol{A}$ の第 $i$ 行と第 $j$ 列を除いた行列式に $(-1)^{i+j}$ を掛けて求められる余因子 $A_{ij}$ を要素とする余因子行列を転置したもの) である．$n$ 元連立方程式の逆行列を求める乗除算の回数は約 $4n^3/3$ となり [3]，やはり連立方程式の解法に用いられることはない．

実際の数値計算で用いられる解法は，以下に示すように，直接法と反復法に分類できる．対象とする問題の性質，必要とする記憶容量や計算速度，用いる計算機の性能などとも関係して，どの解法を用いるかが決められる．

**a) 直接法** (direct method)　行列を操作して最終的には上三角行列となるようにして解を求めるので，**消去法** (elimination method) とも呼ばれる．丸め誤差の影響がなければ，有限回の計算で正解が得られることになる．一般に元数が 1 万程度以下の場合の解法に用いることが多く，非零要素が多い，いわゆる **密行列** (dense matrix) の計算に用いられる．

**b) 反復法** (iterative method)　初期近似値を与えて適当に選んだアルゴリズムで反復計算を収束するまで実施する方法である．場合によっては発散したり，収束が極めて遅い場合もあるので，有限回の計算で正解が得られるとは限らない．しかし，解法が単純であり，記憶容量が少なくてすみ，丸め誤差の影響を受け難いという長所がある．**対角項** (diagonal term) が支配的で，零要素が多い**疎行列** (sparse matrix)，特に，非零要素が対角付近に帯状に集中する大規模行列の解法に向く．シミュレーションの問題の多くは，このような帯状の疎行列となる場合が多い．したがって，記憶容量の節約も大きな問題となる．

## 4.2 Gauss (ガウス) 消去法

直接法にも色々あるが，いずれの方法も基本的には **Gauss 消去法** (Gaussian elimination) に基礎をおいている．この方法には種々の変形があるが，係数行列データをすべて計算機の内部記憶に格納できるという意味で元数があまり大きくないならば，計算精度と計算量の点で最も優れた解法とされている．Gauss–Jordan (ジョルダン) 法 (掃き出し法) という対角行列に変形して解く方法もあるが，この乗除算の計算量は $n^3/2$ であり，特殊な目的以外には使われない．

### (1) 前進消去

$n$ 元連立方程式に対する Gauss 消去法の手順は次のとおりである．第 $k$ 列の消去が行われていることを示すために各要素に上付添字 $(k)$ を用いることにすれば，式 (4.1) は次のように書ける．

$$\begin{array}{ccccccccccc} a_{00}^{(0)}x_0 & + & a_{01}^{(0)}x_1 & + & \cdots & + & a_{0,n-1}^{(0)}x_{n-1} & = & b_0^{(0)} & & ① \\ a_{10}^{(0)}x_0 & + & a_{11}^{(0)}x_1 & + & \cdots & + & a_{1,n-1}^{(0)}x_{n-1} & = & b_1^{(0)} & & ② \\ \vdots & & \vdots & & & & \vdots & & \vdots & & \vdots \\ a_{n-1,0}^{(0)}x_0 & + & a_{n-1,1}^{(0)}x_1 & + & \cdots & + & a_{n-1,n-1}^{(0)}x_{n-1} & = & b_{n-1}^{(0)} & & ⓝ \end{array} \tag{4.6}$$

消去の第 1 段階では，上式の ② 以下の式から第 1 列 ($x_0$ を含む項) を消去する．そこで，$d = 1/a_{00}^{(0)}$ とおいて，① に

$$m_{10} = a_{10}^{(0)} \times d$$

を乗じて ② から引くと，② から $x_0$ を含む項が消えて

$$(a_{11}^{(0)} - m_{10}\,a_{01}^{(0)})x_1 + \cdots + (a_{1,n-1}^{(0)} - m_{10}\,a_{0,n-1}^{(0)})x_{n-1} = b_1^{(0)} - m_{10}\,b_0^{(0)}$$

となる．次に，① に

$$m_{20} = a_{20}^{(0)} \times d$$

を乗じて③ から引くと，③ の $x_0$ を含む項が消える．この操作を繰り返し，ⓝ の $x_0$ を含む項まで消去すると，式 (4.6) は次式のように変形される．

$$\begin{array}{rcrcccrcll} a_{00}^{(0)} x_0 & + & a_{01}^{(0)} x_1 & + & \cdots & + & a_{0,n-1}^{(0)} x_{n-1} & = & b_0^{(0)} & ① \\ & & a_{11}^{(1)} x_1 & + & \cdots & + & a_{1,n-1}^{(1)} x_{n-1} & = & b_1^{(1)} & ②' \\ & & \vdots & & & & \vdots & & \vdots & \\ & & a_{n-1,1}^{(1)} x_1 & + & \cdots & + & a_{n-1,n-1}^{(1)} x_{n-1} & = & b_{n-1}^{(1)} & ⓝ' \end{array} \tag{4.7}$$

ここで，$a_{ij}^{(1)}$, $b_i^{(1)}$ は次のような値である．

$$a_{ij}^{(1)} = a_{ij}^{(0)} - m_{i0}\, a_{0j}^{(0)}, \quad b_i^{(1)} = b_i^{(0)} - m_{i0}\, b_i^{(0)}$$

$$(i,\ j = 1, 2, \ldots, n-1)$$

なお，② 以降の式から $x_0$ を消去するのに用いた基礎式 ① を**ピボット式** (枢軸式 pivotal equation) と呼び，その最初の係数 (この場合は $a_{00}^{(0)}$) を**ピボット** (枢軸要素 pivot) という．$m_{ik}$ は**乗数** (multiplier) という．

次に，式 (4.7) の ③′ 以下の式から $x_1$ を含む項を消去して第 2 列の消去を行う．このための手順は，②′,…, ⓝ′ を新たに与えられた方程式と考えれば，第 1 列に対する消去の手順と全く同じである．以下同様にして，$x_2, x_3, \ldots, x_{n-2}$ を含む各列の消去を続ける．以上の消去過程を**前進消去** (forward elimination) と呼ぶ．

この前進消去の手順を Java プログラムに直ちに変換できるアルゴリズムの形にまとめると次のようになる．

**アルゴリズム 4.1　Gauss の前進消去法**

```
for (k = 0; k < n − 1; k ++){
    d_k = 1/a_kk^(k) ;
    for (i = k + 1; i < n; i ++){
        m_ik = a_ik^(k) × d_k ;
        for ( j = k + 1; j < n; j ++)  a_ij^(k+1) = a_ij^(k) − m_ik × a_kj^(k) ;
        b_i^(k+1) = b_i^(k) − m_ik × b_(k−1)^(k) ;
    }
}
```

以上の前進消去の結果，もとの方程式 (4.6) は次のような**上三角行列** (upper triangular matrix) $\boldsymbol{U}\,\{u_{ij}=0,\ (i>j)\}$ に変形される．

$$\boldsymbol{U}\boldsymbol{x}=\boldsymbol{b} \tag{4.8}$$

ここで，

$$\boldsymbol{U}=\begin{bmatrix} a_{00}^{(0)} & a_{01}^{(0)} & \cdots & a_{0,n-1}^{(0)} \\ & a_{11}^{(1)} & \cdots & a_{1,n-1}^{(1)} \\ & & \ddots & \vdots \\ & & & a_{n-1,n-1}^{(n-1)} \end{bmatrix},\quad \boldsymbol{b}=\begin{bmatrix} b_0^{(0)} \\ b_1^{(1)} \\ \vdots \\ b_{n-1}^{(n-1)} \end{bmatrix}$$

ただし，対角要素より下側の要素の値が 0 であることは自明であるから，上記の計算ではこの領域に対する計算は省かれる．

Gauss 消去法の計算では，$n$ 元連立方程式の係数行列ばかりか右辺列ベクトルの要素も同一の演算を受けて変化することに注意されたい．

## (2) 後退代入

前進消去により得られた方程式 (4.8) から解 $\boldsymbol{x}$ を求める手順は，末行から順に遡って解が求められるので，**後退代入** (backward substitution) と呼ばれ，式 (4.8) に対して，以下のようになる．

**アルゴリズム 4.2 Gauss の後退代入法**

$$x_{n-1} = b_{n-1}/a_{n-1,n-1}\ ;$$

for $(i=n-2;\ i>=0;\ i--)$ $x_i=\left(b_i-\sum_{j=i+1}^{n-1}a_{ij}\,x_j\right)\Big/a_{ii}\ ;$

**例題 4.1** 次の 3 元連立方程式の解を Gauss 消去法で求める．

$$\begin{aligned} 2x_0+3x_1-x_2 &= 5 \quad ① \\ 4x_0+4x_1-3x_2 &= 3 \quad ② \\ 2x_0-3x_1+x_2 &= -1 \quad ③ \end{aligned}$$

**(解)** 連立方程式を消去法によって解くにあたって，係数行列と右辺ベクトルを合わせて $3\times4$ の行列として表し，消去過程の様子を示すことにする．

$$
\left[\begin{array}{ccc|c}
\multicolumn{3}{c|}{\boldsymbol{A}} & \boldsymbol{b} \\
\hline
2 & 3 & -1 & 5 \\
4 & 4 & -3 & 3 \\
2 & -3 & 1 & -1
\end{array}\right]
\begin{array}{c} \\ ① \\ ② \\ ③ \end{array}
$$

① より $d = 1/2$，② より $m_{10} = 2$ であるから，① を 2 倍して ② から引き，また，$m_{20} = 1$ であるから ③ から ① を引くと，次式を得る．

$$
\left[\begin{array}{ccc|c}
2 & 3 & -1 & 5 \\
0 & -2 & -1 & -7 \\
0 & -6 & 2 & -6
\end{array}\right]
\begin{array}{c} ① \\ ②' \\ ③' \end{array}
$$

次に，$d = -1/2$，$m_{21} = 3$ により ②′ を 3 倍した式を ③′ より引けば，

$$
\left[\begin{array}{ccc|c}
2 & 3 & -1 & 5 \\
0 & -2 & -1 & -7 \\
0 & 0 & 5 & 15
\end{array}\right]
\begin{array}{c} ① \\ ②' \\ ③'' \end{array}
$$

このようにして得られた上三角行列は後退代入で解ける．すなわち，

③″ から，　$x_2 = 15/5 = 3$

②′ から，　$-2x_1 - 1x_2 = -7, \quad \therefore \ x_1 = (7 - 1 \times 3)/2 = 2$

①より，　$2x_0 + 3x_1 - x_2 = 5, \quad \therefore \ x_0 = (5 + 3 - 3 \times 2)/2 = 1$

ゆえに，$\boldsymbol{x} = [1, 2, 3]^T$

## (3) 演算回数

他の連立方程式の解法は，しばしば Gauss 消去法の計算回数と比較され，優劣が判定される．アルゴリズム 4.1 と 4.2 に基づく $n$ 元連立方程式に対する Gauss 消去法の演算回数は以下のようになる．

**表 4.2　Gauss 消去法の前進消去における演算回数**

| 消去列 | 除算 | 乗算 | 加減算 |
|---|---|---|---|
| 1 | 1 | $(n+1)(n-1)$ | $n(n-1)$ |
| 2 | 1 | $n(n-2)$ | $(n-1)(n-2)$ |
| ⋮ | ⋮ | ⋮ | ⋮ |
| $(n-1)$ | 1 | $3 \cdot 1$ | $2 \cdot 1$ |
| 計 | $(n-1)$ | $\sum_{k=2}^{n}(k^2-1)$ | $\sum_{k=2}^{n}k(k-1)$ |

ここで，$\displaystyle\sum_{k=1}^{n} k = \frac{n(n+1)}{2}$，　$\displaystyle\sum_{k=1}^{n} k^2 = \frac{n(n+1)(2n+1)}{6}$ であるから，

除算：$(n-1)$

乗算：$n^3/3 + n^2/2 - 5n/6$

加減：$(n^3 - n)/3$

同様に，後退代入の演算回数は，

除算： $n$

乗算： $1 + 2 + \cdots + (n - 1) = n(n - 1)/2$

加減： $2 + 3 + \cdots + n = (n - 1)(n + 2)/2$

合計すると，

除算： $2n - 1$

乗算： $n^3/3 + n^2 - 4n/3$

加減： $n^3/3 + n^2/2 + n/6 - 1$

大部分の計算機では，除算と乗算にかかる時間は加減算にかかる時間に比べてはるかに大きい．よって，大きな $n$ の場合，支配的な演算時間は乗算による $n^3/3$ 回といえる．

### (4) ピボット検査

前進消去の各段階で，対角要素 $a_{00}^{(0)}, a_{11}^{(1)}, \ldots, a_{kk}^{(k)}$ の 1 つが 0 であれば，アルゴリズム 4.1 の計算は続行できない．ピボットが 0 でなくとも，0 に非常に近い数であれば前進消去の段階で桁落ちが生じて乗数 $m_{ik}$ に大きな誤差を与え，引き続く計算で誤差が増幅される．そのため，計算ではピボットの絶対値がある値より小さいときはエラーとして処理する．

**★ Gauss 消去法による連立 1 次方程式の解析**　アルゴリズム 4.1, 4.2 による，N 元連立方程式に対する Java プログラム例を下に示す．第 2 章で述べた基本的な構成法に従い，固有の問題を解くための主要部を `solveGuass` メソッドにまとめてある．係数行列 $a_{ij}$ を格納する 2 次元配列 `a` は，行 15 で変数名の宣言と，代入を兼ねている．2 番目の添字 ($j$) が先に展開され，行ごとに中かっこでくくることに注意しよう．`Guass` メソッドでは，連立方程式の元数が大きい場合に加算時の誤差を減ずるため和をとる変数 (`sum`) のみを `double` 型として用いている．正常に計算が終了した場合は `status` 変数は 0 を返すが，ピボットの絶対値が `TINY` より小さいときは計算を中止し，エラーコード (`status=9`) を返す．

**Program 4.1**　Gauss 消去法による連立方程式の解析

```
1  /**   Gaussian elimination for systems of linear equations        */
2  import java.applet.Applet;
3  import java.awt.*;
4
5  public class GaussElim extends Applet{
6     int status;
```

```
    Graphics g;

    public void paint( Graphics g ){
       this.g = g;
       solveGauss();    //  Gauss 消去法を用いた個別の問題
    }
    void solveGauss(){
       //   データ入力 (例題 4.1 と同じ問題を解く)
       float[][] a = new float[][]{{ 2F, 3F, -1F }, { 4F, 4F, -3F },
                                    { 2F, -3F, 1F }};
       float[] b = new float[]{ 5F, 3F, -1F };
       int N = b.length;
       float[] x = new float[ N ];
       Gauss( a, b, x );      //  連立 1 次方程式を解く
       if( status == 0 ){
          for(int i=0; i<N; i++)
             g.drawString("i="+i+",    "+x[i],30,40+i*11);
       }
    }
    /**   Gauss 消去法による連立方程式の解析メソッド
          status 変数;  0: 正常,    9:異常
          入力   :  a[][]=係数行列,   b[]=右辺ベクトル,
          出力   :  x[]=方程式の解                          */
    void Gauss( float[][] a, float[] b, float[] x ){
       float  TINY = 1.0e-10F;    //  ピボットの最小許容値
       int    N = b.length;   status = 0;
       float multi, pivot, div;
       double sum;
       //     前進消去
       for(int k=0; k<N-1; k++){
          pivot = a[k][k];
          if( Math.abs(pivot) < TINY ){ status = 9;  break; }
          else{
             div = 1.0F/pivot;
             for( int i=k+1; i<N; i++){
                multi = a[i][k]*div;
                for(int j=k+1; j<N; j++) a[i][j] -= multi*a[k][j];
                b[i] -= multi*b[k];
             }
          }
       }
       if( Math.abs(a[N-1][N-1]) < TINY )  status = 9;
       if( status != 9 ){  //    後退代入
          x[N-1] = b[N-1]/a[N-1][N-1];
          for(int i=N-2; i>=0; i--){
             sum = b[i];
             for(int j=i+1; j<N; j++) sum -= a[i][j]*x[j];
             x[i] = (float)(sum/a[i][i]);
          }
       }else{
          g.drawString(">S_Gauss; Failed! the system is singular.",
                         20,30);
       }
    }
}
```

## 4.3 ピボット選択

ピボットが 0 の場合，前節の方法では計算できない．しかし，例えば，

$$\begin{bmatrix} 0 & 1 \\ 1 & 1 \end{bmatrix}\begin{bmatrix} x_0 \\ x_1 \end{bmatrix} = \begin{bmatrix} 1 \\ 2 \end{bmatrix}$$

の場合，2 行目と 1 行目を入れ換えると

$$\begin{bmatrix} 1 & 1 \\ 0 & 1 \end{bmatrix}\begin{bmatrix} x_0 \\ x_1 \end{bmatrix} = \begin{bmatrix} 2 \\ 1 \end{bmatrix}$$

のように係数行列は上三角行列になり，$\boldsymbol{x} = [1, 1]^T$ のように正解が得られる．つまり，行の入れ換えによりピボットが 0 の場合でも解ける場合がある．

### (1) 部分ピボット選択

ピボットが 0 や 0 に限りなく近い場合に生ずる問題を避けるには，上記のようにピボットの交換を行うのが効果的である．通常は，$k$ 列目の消去を行う際に，下位の各行の先頭要素 $a_{kk}^{(k)}, a_{k+1,k}^{(k)}, \ldots, a_{n-1,k}^{(k)}$ のうちで絶対値が最大の要素の行をピボット式として行を交換する．この方法を**部分ピボット選択** (partial pivoting) という．理想的には，第 $k$ 行以上の行と第 $k$ 列以上の列のすべての要素のうちから絶対値が最大の要素をピボットとして行または列を入れ替える**完全ピボット選択** (complete pivoting) も考えられる．ただし，この方法は計算量が多すぎるとして，用いられるのは稀である．

**例題 4.2**　例題 4.1 で与えた連立方程式を，部分ピボット選択により解く．

**(解)**　1 列目の要素の最大値を調べると ② が① より大きいので，② と ① を交換すると，

$$\left[\begin{array}{ccc|c} 4 & 4 & -3 & 3 \\ 2 & 3 & -1 & 5 \\ 2 & -3 & 1 & -1 \end{array}\right] \begin{array}{c} ② \\ ① \\ ③ \end{array} \rightarrow \left[\begin{array}{ccc|c} 4 & 4 & 3 & 3 \\ 0 & 1 & 0.5 & 3.5 \\ 0 & -5 & 2.5 & -2.5 \end{array}\right]$$

ついで，2 列目の要素の最大値を調べると，① と ③ の交換が必要になり，

$$\left[\begin{array}{ccc|c} 4 & 4 & -3 & 3 \\ 0 & -5 & 2.5 & -2.5 \\ 0 & 1 & 0.5 & 3.5 \end{array}\right] \begin{array}{c} ② \\ ③ \\ ① \end{array} \rightarrow \left[\begin{array}{ccc|c} 4 & 4 & 3 & 3 \\ 0 & -5 & 2.5 & -2.5 \\ 0 & 0 & 1 & 3 \end{array}\right]$$

のようになる．

### (2) ピボット行の交換処理

連立方程式の元数が大きいときは行の交換手続きは大変な作業量を要する．そこで実際の計算では，行の交換を行うことなく行の順序を記録しておき，逐次，ピボット行を選び計算を進めるようにする．

例えば，行の順番を示す整数型配列を $p_i$ で表すことにしよう．最初は $p_i$ の内容は与えられた式の順番である ($p_i = 0, 1, \ldots$) が，ピボット選択の結果，行 3 と 7 を入れ換える場合，$p_3 = 7$, $p_7 = 3$ とする．これにより，置換後の行の順番が $p_i$ により知り得るので，行の実際の置き換え操作は不用になる．上の例では，$p_i$ の内容が 2,3,1 の順に入れ換わる．

**★ 部分ピボット選択を行う Gauss 消去法による解析プログラム**　部分ピボット選択による Gauss 消去法のプログラム例を Program 4.2 に示す．ただし，Program 4.1 の行 12 までの部分とは，クラス名および個別の問題に関わる行 11 を除けば全く同じなので，行 13 以下を示す．

最近は，実数計算に 64 ビット長，すなわち `double` 型変数を用いた計算が標準的なので，以後，特別の場合を除き，`double` 型変数を用いることにする．また，このプログラムでは，2 次元配列の係数行列 $a_{ij}$ を元数 $N$ が大きな高速計算に向くように，1 次元配列 `a[N*i+j]` として用いている．2 次元配列では `a[i][j]` となるので，相互変換は容易であろう．配列 `a` には，行の順に要素を代入することになる．

ピボットの交換を記録する配列 `p[]` の初期値の代入を行 34，ピボットの検査は行 37～42，行の交換に相当する配列 `p[]` の入れ換えは行 44 で行っている．

**Program 4.2**　ピボット選択 Gauss 消去法による連立方程式の解析

```
13      void solvePivottedGauss(){
14         double[] a = new double[] {0.0, 1.0,   1.0, 1.0 };
15         double[] b = new double[] {1.0, 1.0 };
16         int N = b.length;
17         double[] x = new double [ N ];
18
19         PivotGauss( a, b, x );  // 連立 1 次方程式を解く
20         if( status == 0 ){
21            for(int i=0; i<N; i++)
22               g.drawString("i="+i+";  "+x[i],30,40+i*11);
23         }
24      }
25      /**  ピボット選択 Gauss 消去法による連立方程式の解析メソッド
26           status 変数 (エラーコード)：   0: 正常，   9:異常
27           入力   ： a[N × N]=係数行列， b[N]=右辺ベクトル
28           出力   ： x[N]=方程式の解                           */
```

```
    void PivotGauss( double[] a, double[] b, double[] x){
       double TINY = 1.0E-10;
       int  N = b.length, pk, pi, j=0;   status = 0;
       double pivot, multi, sum, max, aik;
       int[] p = new int [ N ];
       for(int i=0; i<N; i++) p[i] = i; // ピボット行の初期値設定

       for(int k=0; k<N-1; k++){         // ピボット検査
          pk = p[k];  max = 0.0;
          for(int i=k; i<N; i++){
             aik = Math.abs( a[N*p[i]+k] );
             if( aik > max ){ max = aik; j = i; }
          }
          if( max <= TINY ){ status = 9;  break; }
          if( j != k){         // ピボット交換
             p[k] = p[j];  p[j] = pk;  pk = p[k];
          }

          //     前進消去
          pivot = 1.0/a[N*pk+k];
          for(int i=k+1; i<N; i++){
             pi = p[i];
             multi = a[N*pi+k]*pivot;
             if( Math.abs( multi ) > TINY ){
                for(j=k+1; j<N; j++)
                   a[N*pi+j]=a[N*pi+j]-multi*a[N*pk+j];
                b[pi] = b[pi]-multi*b[pk];
             }else{  a[N*pi+k]=0.0; }
          }
       }
       // for(int i=0; i<N; i++) g.drawString(" p="+p[i], 30,100+i*11);
       if( Math.abs( a[N*p[N-1]+N-1] ) < TINY )  status = 9;
       if(status == 0 ){     //    後退代入
          x[N-1] = b[p[N-1]]/a[N*p[N-1]+N-1];
          for(int k=N-2; k>=0; k--){
          pk = p[k];    sum = b[pk];
             for(j=k+1; j<N; j++) sum -= a[N*pk+j]*x[j];
             x[k] = sum/a[N*pk+k];
          }
       }else{
          g.drawString(">PivotGauss, Failed! the system is singular. ",
                      30,21);
       }
    }
 }
```

**問題 4.1** 次の連立 1 次方程式の解を，ピボット選択なしの場合と，ありの場合とで解き，結果を比較せよ．

$$10^{-4}x_1 + x_2 = 0.99$$

$$x_1 + x_2 = 1$$

**問題 4.2**　次の連立1次方程式の解を，ピボット選択なしの場合と，ありの場合とで解き，結果を比較せよ．{ 正解は $[1, 1, 1, 1]^T$ }

$$\begin{bmatrix} 1.0000 & 0.9600 & 0.8400 & 0.6400 \\ 0.9600 & 0.9214 & 0.4406 & 0.2222 \\ 0.8400 & 0.4406 & 1.0000 & 0.3444 \\ 0.6400 & 0.2222 & 0.3444 & 1.0000 \end{bmatrix} \begin{bmatrix} x_0 \\ x_1 \\ x_2 \\ x_3 \end{bmatrix} = \begin{bmatrix} 3.4400 \\ 2.5442 \\ 2.6250 \\ 2.2066 \end{bmatrix}$$

## 4.4　LU 分解法

対角要素 $a_{ii}$ より上半分が $a_{ij} = 0\ (i < j)$ で下半分だけが非零となる行列を**下三角行列** (lower triangular matrix) といい，通常 $\boldsymbol{L}$ で表す．逆に，$a_{ij} = 0\ (i > j)$ となる行列 $\boldsymbol{U}$ は**上三角行列**である．

連立1次方程式 $\boldsymbol{Ax} = \boldsymbol{b}$ の係数 $\boldsymbol{A}$ が同じで，異なる右辺ベクトル $\boldsymbol{b}$ に対して解 $\boldsymbol{x}$ を求めたい場合も多い．このとき，毎回，Gauss 消去法を繰り返すのは無駄が多い．あらかじめ係数行列 $\boldsymbol{A}$ を，同じ元数の下三角行列 $\boldsymbol{L}$ と上三角行列 $\boldsymbol{U}$ に分解しておき，この行列を異なる $\boldsymbol{b}$ に対して再利用できるようにした効率的な解法が **LU 分解法** (factorization) である．

正則な $n$ 元連立方程式に対し $\boldsymbol{A} = \boldsymbol{LU}$ であるから，LU 分解法では，

$$\boldsymbol{LUx} = \boldsymbol{b} \tag{4.9}$$

の関係にある．ここで，

$$\boldsymbol{L} = \begin{bmatrix} l_{00} & 0 & \cdots & 0 \\ l_{10} & l_{11} & & \\ \vdots & \vdots & \ddots & \\ l_{n-1,0} & l_{n-1,1} & \cdots & l_{n-1,n-1} \end{bmatrix}, \quad \boldsymbol{U} = \begin{bmatrix} u_{00} & u_{01} & \cdots & u_{0,n-1} \\ & u_{11} & \cdots & u_{1,n-1} \\ & & \ddots & \vdots \\ & & & u_{n-1,n-1} \end{bmatrix}$$

このとき式 (4.9) を $\boldsymbol{L}(\boldsymbol{Ux}) = \boldsymbol{b}$ として，解は次のように2段階で求められる．

$$\boldsymbol{Ly} = \boldsymbol{b}, \tag{4.10a}$$

$$\boldsymbol{Ux} = \boldsymbol{y} \tag{4.10b}$$

すなわち，まず第1式から前進代入により $\boldsymbol{y}$ を求め，ついで得られた $\boldsymbol{y}$ を用いて後退代入により解 $\boldsymbol{x}$ が求まる．したがって，係数行列 $\boldsymbol{A}$ が $\boldsymbol{L}$ と $\boldsymbol{U}$ に分解できているときの $n$ 元連立1次方程式の解法は以下のようになる．

**アルゴリズム 4.3 $n$ 元連立方程式に対する LU 解法**

$y_0 = b_0 / l_{00}$ ;

for ( $i$=1; $i$<$n$; $i$++) $\quad y_i = \left( b_i - \sum_{j=0}^{i-1} l_{ij}\, y_j \right) \Big/ l_{ii}$ ;

$x_{n-1} = y_{n-1} / u_{n-1,n-1}$ ;

for ( $i$=$n$-2; $i$>=0; $i$--) $\quad x_i = \left( y_i - \sum_{j=i+1}^{n-1} u_{ij}\, x_j \right) \Big/ u_{ii}$ ;

LU に分解するには，$l_{kk} = 1$ ($k = 0, 1, \ldots, n-1$) の条件で求める **Doolittle** (ドゥーリトル) 法と，$u_{kk} = 1$ ($k = 0, 1, \ldots, n-1$) の条件で求める **Crout** (クラウト) 法がある．LU 分解法による $n$ 元連立方程式の乗除算の計算回数は，Gauss 消去法と同様であり，約 $n^3/3$ である[2]．

ここでは Crout 法に基づいた LU 分解法を示そう．$\boldsymbol{L}$ と $\boldsymbol{U}$ の積を行い，係数行列の該当する要素と比べると，

$$
\begin{array}{llll}
l_{00} = a_{00}, & l_{00}u_{01} = a_{01}, & \ldots, & l_{00}u_{0,n-1} = a_{0,n-1}, \\
l_{10} = a_{10}, & l_{10}u_{01} + l_{11} = a_{11}, & \ldots, & l_{10}u_{0,n-1} + l_{11}u_{1,n-1} = a_{1,n-1}, \\
\vdots & \vdots & & \vdots \\
l_{n-1,0} = a_{n-1,0}, & l_{n-1,0}u_{01} + l_{n-1,1} = a_{n-1,1}, & \ldots, & \ldots
\end{array}
$$

これらの式の第 1 列目から $\boldsymbol{L}$ 行列の 1 列目の要素の値が求まる ( $\boldsymbol{A}$ の第 1 列と同じ)．ついで，第 1 行の第 2 列以降は $l_{00}$ の値が既知 ($= a_{00}$) であるから $\boldsymbol{U}$ 行列の 1 行目の要素の値が定まる．ついで，第 2 列目の第 2 行以降は $l_{i1}$ ($i = 1, 2, \ldots, n-1$) 以外はすべて既知であるから，$\boldsymbol{L}$ 行列の第 2 列目要素の値が知れる．このように，$\boldsymbol{A}$ の左上部から，順次，図 4.1 に示す ①,②,③,... のように，$\boldsymbol{L}$ と $\boldsymbol{U}$ の要素の値を求めることができる．

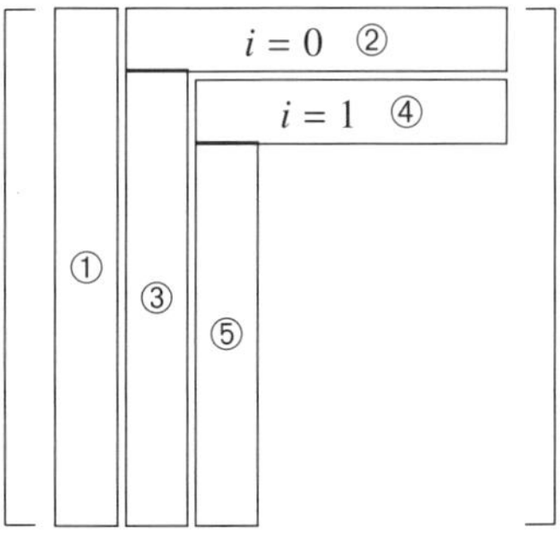

図 **4.1** **Crout** 法の計算順序

LU 分解では，$\boldsymbol{U}$ と $\boldsymbol{L}$ のいずれか一方の対角要素はすべて 1 であるから，この値を保存しておく必要はない．このため，$\boldsymbol{L}$ と $\boldsymbol{U}$ の各要素はともに元の $\boldsymbol{A}$ の記憶場所に保存し，記憶容量の節約を図る．

以上の Crout 法による LU 分解をアルゴリズムにまとめると以下のようになる．

**アルゴリズム 4.4　$n$ 元係数行列の LU 分解**

for ( $i$=0;  $i$<$n$;  $i$++){

　for ( $j$=$i$+1;  $j$<$n$;  $j$++)

$$u_{ij} = \left(a_{ij} - \sum_{k=0}^{i-1} l_{ik}\, u_{kj}\right) \Big/ l_{ii} \quad \left(\text{ただし } i=0 \text{ のとき } \sum = 0\right);$$

　for ( $j$=$i$+1;  $j$<$n$;  $j$++)　$l_{j,i+1} = a_{j,i+1} - \sum_{k=0}^{i} l_{jk}\, u_{k,i+1};$

}

**例題 4.3**　例題 4.1 で与えた連立方程式の係数行列を LU 分解する．

**(解)**　Crout 法に従えば，

$$l_{00} = a_{00}, \quad l_{10} = a_{10}, \quad l_{20} = a_{20} \text{ より } \{l_{i0}\} = [2, 4, 2],$$

$$u_{00} = 1, \quad l_{00}u_{01} = a_{01}, \quad l_{00}u_{02} = a_{02} \text{ より } \{u_{0i}\} = [1, 1.5, -0.5],$$

$$l_{10}u_{01} + l_{11} = a_{11}, \quad l_{20}u_{01} + l_{21} = a_{21} \text{ より } l_{i1} = \{-2, -6\},$$

$$l_{10}u_{02} + l_{11}u_{12} = a_{12} \text{ より } u_{12} = 0.5,$$

$$l_{20}u_{02} + l_{21}u_{12} + l_{22} = a_{22} \text{ より } l_{22} = 5$$

したがって，

$$\begin{bmatrix} 2 & 3 & -1 \\ 4 & 4 & -3 \\ 2 & -3 & 1 \end{bmatrix} = \begin{bmatrix} 2 & 0 & 0 \\ 4 & -2 & 0 \\ 2 & -6 & 5 \end{bmatrix} \begin{bmatrix} 1 & 1.5 & -0.5 \\ 0 & 1 & 0.5 \\ 0 & 0 & 1 \end{bmatrix}$$

**★ LU 分解による連立方程式の解析プログラム**　Crout 法により LU 分解を行い，連立方程式の解を求めるプログラム例を Program 4.3 に示す．基本的な構成法は Gauss 消去法の場合 (Program 4.1, 4.2) と同じとしてあるので，LU 分解とこれによる連立方程式の解析を行うメソッド部のみを示す．

LU 分解法では，係数行列 $\boldsymbol{A}$ を LU 分解してから解を求める場合と，すでに LU 分解された係数行列に対して異なる右辺ベクトル $\boldsymbol{b}$ に対する解を求める場合とがある．これを引数 `m` により変えて，`m=0` のときは LU 分解して解を求め，`m≠ 0` のときは LU 分解せずに，すでに分解済みの LU 行列を用いて解を求めるとする．

LU 分解した係数行列の値を知りたい場合のために，`writeTable` メソッドを用意した．係数値を小数点を含めて 7 桁に丸め，行ごとに書き出す (ただし，書き出せる行の要素数は，アプレット画面寸法が width= 600 の場合，10 個に限られる). 書き出す縦方向の座標位置は第 3 番目の引数でピクセル単位で指定する．

**Program 4.3** LU 分解による連立方程式の解析メソッド

```
/**     LU 分解法による連立方程式の解析メソッド
       status 変数；  0: 正常，    9:異常
       入力  ： a[]=係数行列，   b[]=右辺ベクトル，
       出力  ： x[]=方程式の解  m=0  LU 分解して求解，0 以外 LU 分解なし */
   void solveLU( double[] a, double[] b, double[] x, int m ){
      double TINY = 1.0E-10;
      int    N = b.length, k;  status = 0;
      double multi, pivot, sum;
      double[] y = new double [N];

      if( m == 0 ){       //  LU 分解
         out:
         for(int i=0; i<N-1; i++){
            for(int j=i+1; j<N; j++){
               pivot = a[N*i+i];
               if( Math.abs(pivot) < TINY ){ status = 9; break out;}
               multi = 1.0/pivot;
               sum = a[N*i+j];   k = 0;
               while( k < i ){
                  for(k=0; k<i; k++) sum -= a[N*i+k]*a[N*k+j];
                  k++;}
               }
               a[N*i+j] = sum*multi;
            }
            for(int j=i+1; j<N; j++){ // L 行列要素の計算
               sum = a[N*j+i+1];
               for(k=0; k<i+1; k++) sum -= a[N*j+k]*a[N*k+i+1];
               a[N*j+i+1] = sum;
            }
         }
      }
      if( status == 0 ){
         //     前進代入
         y[0] = b[0]/a[0];
         for(int i=1; i<N; i++){
            sum = b[i];
            for( int j=0; j<i; j++)  sum -= a[N*i+j]*y[j];
            y[i] = sum/a[N*i+i];
         }
         //    後退代入
         x[N-1] = y[N-1];
         for(int i=N-2; i>=0; i--){
            sum = y[i];
            for(int j=N-1; j>i; j--) sum -= a[N*i+j]*x[j];
            x[i] = sum;
         }
      }else{
         g.drawString(">solveLU; Failed! the system is singular.",
```

```
                          30,20);
        }
    }
    //  係数行列の値を行ごとに表形式で表示するメソッド
    void writeTable( double[] a, int N, int line ){
        String str;
        for(int k=0; k<N; k++){
            g.drawString("k="+k+";",1,line);
            for(int j=0; j<N; j++){
                str = new Double( a[N*k+j] ).toString()+"00000";
                g.drawString(str.substring(0,7),15+j*55,line);
            }
            line += 15;
        }
    }
```

ピボット選択の必要性はLU分解法でも変わらない．部分ピボット選択では，Gauss消去法の場合と同様，実際に行を交換しないで行を処理する順番を記憶する方式が効率的である．ピボットの検査は，図4.1から容易に知れるように，$\boldsymbol{L}$ 行列をつくるとき (①, ③, ⑤, ...) に行えばよいので，Gauss消去法での手法が適用できる．ピボット選択プログラムへの修正は読者の課題としておく．

**問題 4.3**　問題4.2で与えた連立方程式の係数行列をLU分解せよ．

**問題 4.4**　アルゴリズム4.3, 4.4における乗除算の計算回数を求めよ．

**問題 4.5**　部分ピボット選択のLU分解法のプログラムをつくれ．

## 4.5　Cholesky (コレスキー) 法

係数行列が対称な場合，次式を満たす下三角行列 $\boldsymbol{L}$ が存在する．

$$\boldsymbol{A} = \boldsymbol{L}\boldsymbol{L}^T \tag{4.11}$$

ここで $\boldsymbol{L}$ の対角要素は1ではない．計算手順は先のLU分解の計算において $u_{ki} = l_{jk}$ とおけばよく，上三角行列 $u_{ij}$ に対する計算は省略できるので，計算量はLU分解の約半分ですむ．この方法は **Cholesky 分解** (decomposition) と呼ばれ，解 $\boldsymbol{x}$ はGauss消去法と同様，後退代入で求められる．

**アルゴリズム 4.5 Cholesky 分解**

for ( $j$=0; $j$<$n$; $j$++){

$$u_{jj} = \left(a_{jj} - \sum_{k=0}^{j-1} l_{jk}^2\right)^{1/2} \quad \left(ただし\ j=0\ のとき\ \sum = 0\right);$$

for ( $i$=$j$+1; $i$<$n$; $i$++) $l_{ij} = \left(a_{ij} - \sum_{k=0}^{j-1} l_{jk}\, l_{ik}\right) \Big/ l_{ii}$ ;

}

計算では平方解を $n$ 回求め，この計算にやや時間がかかることに加え，係数行列が **正定値** (positive definite) でなければならない．正定値とは，任意の非零ベクトル $\boldsymbol{x}$ に対し，$\boldsymbol{x}^T \boldsymbol{A} \boldsymbol{x}$ の値 (スカラー量) が正の場合をいう．この制約を除き，一般の正則対称行列に適用できるように改良された次の方法が一般に用いられている．

対角要素以外が 0，すなわち，$a_{ij} = 0\ (i \neq j)$ となる正方行列を**対角行列** (diagonal matrix) といい，$\boldsymbol{D}$ で表す．その成分を簡単に $\boldsymbol{D} = \{d_i\}$ と書くこともある．このような $\boldsymbol{D}$ と，対角要素がすべて 1 の値をもつ下三角行列 $\boldsymbol{L}$ とにより，行列 $\boldsymbol{A}$ を

$$\boldsymbol{A} = \boldsymbol{L}\boldsymbol{D}\boldsymbol{L}^T \tag{4.12}$$

と分解する方法を **修正** (modified) **Cholesky 法**と呼ぶ．このとき，$\boldsymbol{L}\boldsymbol{D}\boldsymbol{L}^T\boldsymbol{x} = \boldsymbol{b}$ より，次式により解 $\boldsymbol{x}$ が後退代入で求められる．

$$①:\quad \boldsymbol{L}\boldsymbol{y} = \boldsymbol{b}, \tag{4.13a}$$

$$②:\quad (\boldsymbol{D}\boldsymbol{L}^T)\boldsymbol{x} = \boldsymbol{y} \tag{4.13b}$$

$\boldsymbol{D}\boldsymbol{L}^T$ の行ベクトルは，例えば $\boldsymbol{L}^T$ の行 $i$ の全要素に $\boldsymbol{D}$ の対角要素 $d_{ii}$ を単に乗じたものであり，容易に求められる．

対称行列 $\boldsymbol{L}\boldsymbol{D}\boldsymbol{L}^T$ の下三角行列部分の成分は次のようになる．

$$\begin{array}{lll} d_{00}, & & \\ d_{00}\, l_{10}, & d_{00}\, l_{10}^2 + d_{11}, & \\ d_{00}\, l_{20}, & d_{00}\, l_{10}\, l_{20} + d_{11}\, l_{21}, & d_{00}\, l_{20}^2 + d_{11}\, l_{21}^2 + d_{22}, \\ \cdots & \cdots & \cdots \end{array}$$

これより修正 Cholesky 分解のアルゴリズムは次のようになる．

**アルゴリズム 4.6　修正 Cholesky 分解**

for ( $j$=0 ; $j<n$ ; $j$++ ) {

$$d_{jj} = a_{jj} - \sum_{k=0}^{j-1} d_{kk}\, l_{jk}^{2}, \quad \left(\sum = 0 \text{ for } j=0\right);$$

for ( $i$=$j$+1; $i$<$n$ ; $i$++ ) $\displaystyle l_{ij} = \left(a_{ij} - \sum_{k=0}^{j-1} d_{kk}\, l_{ik}\, l_{jk}\right)\Big/ d_{jj}, \quad \left(\sum = 0 \text{ for } j=0\right);$

}

★ **修正 Cholesky 法による連立方程式の解析メソッド**　修正 Cholesky 法により解析するメソッドのプログラム例を Program 4.4 に示す．プログラムでは，$\boldsymbol{L}$ の対角要素 (= 1) は自明なものとして格納せずに用いて $\boldsymbol{L}$ の各要素を $\boldsymbol{A}$ の下三角行列にのみ格納し，$\boldsymbol{D}$ の対角要素を $\boldsymbol{A}$ の対角要素に格納している．つまり，$\boldsymbol{A}$ の対称性により，下三角行列部分のみを使用し，上三角行列に相当する部分は計算では使用していない．

**Program 4.4**　修正 Cholesky 法による連立方程式の解析メソッド

```
/*     修正 CHOLESKY 法による連立方程式の解析メソッド
       status 変数；  0: 正常，    9:異常
       入力  ： a[]=係数行列，   b[]=右辺ベクトル，
       出力  ： x[]=方程式の解     m=0  分解，0 以外 (分解なし) */
void Cholesky( double[] a, double[] b, double[] x, int m ){
   double TINY = 1.0E-10;
   int    N = b.length, i, k;  status = 0;
   double multi, sum;
   double[] y = new double [N];

   if( m == 0 ){   //  Modified CHOLESKY 分解
      for(int j=0; j<N; j++){
         sum = a[N*j+j]; k = 0;
         while( k < j ){
            sum -= a[N*k+k]*a[N*j+k]*a[N*j+k];
            k++;
         }
         a[N*j+j] = sum;
         if( Math.abs( sum ) < TINY ){ status = 9; break; }
         multi = 1.0/sum;
         for(i = j+1; i<N; i++){
            sum = a[N*i+j];  k = 0;
            while( k < j ){
               sum -= a[N*k+k]*a[N*j+k]*a[N*i+k];
               k++;
            }
            a[N*i+j] = sum*multi;
         }
      }
   }
```

```
31          if( status == 0 ){
32          //      前進代入
33             y[0] = b[0];
34             for(i=1; i<N; i++){
35                sum = b[i];
36                for( int j=0; j<i; j++)   sum -= a[N*i+j]*y[j];
37                y[i] = sum;
38             }
39          //      後退代入
40             x[N-1] = y[N-1]/a[N*N-1];
41             for( i=N-2; i>=0; i--){
42                sum = y[i]/a[N*i+i];
43                for(int j=N-1; j>i; j--)  sum -= a[N*j+i]*x[j];
44                x[i] = sum;
45             }
46          }else
47             g.drawString(">modCholesky; Failed! the system is singular.",
48                          30,20);
49       }
```

**問題 4.6** 次の連立方程式が正定値であることを示し，修正 Cholesky 法により解け (答. $x = [2, 1, 1]^T$).

$$\begin{bmatrix} 2 & 1 & 1 \\ 1 & 2 & 1 \\ 1 & 1 & 2 \end{bmatrix} \begin{bmatrix} x_0 \\ x_1 \\ x_2 \end{bmatrix} = \begin{bmatrix} 6 \\ 5 \\ 5 \end{bmatrix}$$

**問題 4.7** 修正 Cholesky 法の乗除算の回数を求めよ．

**問題 4.8** Program 4.4 をピボット選択による修正 Cholesky 法につくり変えよ．

**問題 4.9** Java では，2次元配列の第2添字に相当する要素数を一律に同じくとる必要はなく，変えられる．この方法を用いて下三角行列 $L$ 部分のみに相当する三角形状の配列を用意し，解析する修正 Cholesky 法のプログラムをつくれ．

## 4.6　3項連立方程式

　LU 分解法や修正 Cholesky 法は，微分方程式などを解く際によく現れる**帯行列** (band matrix) にも適用できる．その一例として **3 項行列** (tridiagonal matrix) を係数にもつ $n$ 元連立方程式を考えてみよう．3項行列は 3 重対角行列とも呼ばれる．係数行列 $A$ の要素を次のようにして表すことにする．

$$
\boldsymbol{A} = \begin{bmatrix} c_0 & r_0 & & & & & \\ l_1 & c_1 & r_1 & & & & \\ & l_2 & c_2 & r_2 & & & \\ & & \cdots & \cdots & \cdots & \cdots & \\ & & & & l_{n-2} & c_{n-2} & r_{n-2} \\ & & & & & l_{n-1} & c_{n-1} \end{bmatrix} \tag{4.14}
$$

Crout 法による LU 分解を適用すると，

$$
\boldsymbol{L} = \begin{bmatrix} \omega_0 & & & & \\ \beta_1 & \omega_1 & & & \\ & \beta_2 & \omega_2 & & \\ & & \cdots & & \\ & & \beta_{n-2} & \omega_{n-2} & \\ & & & \beta_{n-1} & \omega_{n-1} \end{bmatrix}, \qquad \boldsymbol{U} = \begin{bmatrix} 1 & \alpha_0 & & & \\ & 1 & \alpha_1 & & \\ & & 1 & \alpha_2 & \\ & & & \cdots & \\ & & & 1 & \alpha_{n-2} \\ & & & & 1 \end{bmatrix}
$$

であるから，積 $\boldsymbol{LU}$ は次の形をもつ．

$$
\boldsymbol{LU} = \begin{bmatrix} \omega_0 & \alpha_0\,\omega_0 & & & \\ \beta_1 & \alpha_0\beta_1 + \omega_1 & \alpha_1\,\omega_1 & & \\ & \beta_2 & \alpha_1\beta_2 + \omega_2 & \alpha_2\,\omega_2 & \\ & & \cdots & \cdots & \cdots \\ & & & \beta_{n-1} & \alpha_{n-2}\beta_{n-1} + \omega_{n-1} \end{bmatrix}
$$

よって次の漸化式により要素 $\beta_i$, $\omega_i$, $\alpha_i$ $(i = 1, 2, \ldots, n-2)$ が定まる．

$$
\begin{aligned}
& & \omega_0 &= c_0, & \alpha_0 &= r_0/\omega_0, \\
\beta_i &= l_i, & \omega_i &= c_i - \alpha_{i-1}\beta_i, & \alpha_i &= r_i/\omega_i, \\
\beta_{n-1} &= l_{n-1}, & \omega_{n-1} &= c_{n-1} - \alpha_{n-2}/\omega_{n-1}, & &
\end{aligned}
$$

この計算では，積と除算と減算の回数がそれぞれ $n$ 回であり，Gauss 消去法と比べ著しく効率的な計算法となる．このアルゴリズムを以下に示す．

**アルゴリズム 4.7　3 項連立方程式の LU 分解**

> $\omega_0 = c_0$ ;　$\alpha_0 = r_0/\omega_0$ ;
> for ( $i$=1; $i$<$n$-1; $i$++){　$\omega_i = c_i - \alpha_{i-1} l_i$;　$\alpha_i = r_i/\omega_i$ ; }
> $\omega_{n-1} = c_{n-1} - \alpha_{n-2}/\omega_{n-1}$ ;

前進消去と後退代入の手順は Gauss 消去法と同様である．すなわち，

$$
\begin{aligned}
y_0 &= b_0/\omega_0, & y_i &= (b_i - \beta_i\, y_{i-1})/\omega_i & &(i = 1,\ 2,\ \ldots,\ n-1) \\
x_n &= y_n, & x_i &= y_i - \alpha_i\, y_{i+1} & &(i = n-2,\ \ldots,\ 1,\ 0)
\end{aligned}
$$

0 要素が多い帯状疎行列の連立方程式の場合，元数が大きくなると，その係数行列に $n \times n$ の正方配列を用意するのは記憶容量が無駄であり，場合によっては無用で過大な計算を課すことにもなる．そこで，$\boldsymbol{A}$ のバンド幅が $m\ (\ll n)$ のとき，$n \times m$ の配列に係数を格納し，対称行列の場合にはさらにその片側のみを格納する非正方形帯行列の配列を用いて，記憶容量の低減化が図られる (図 4.2(a) 参照).

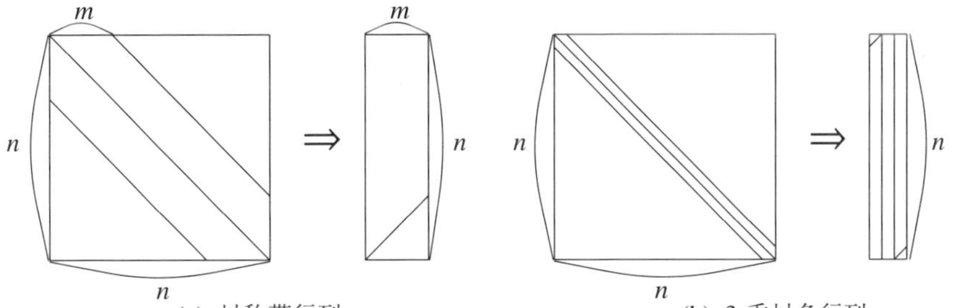


(a) 対称帯行列　　(b) 3 重対角行列

図 **4.2** 帯行列の記憶領域の節約

**★ $n$ 元 3 項方程式に対する LU 分解法による解析メソッド**　3 項連立方程式の場合は，3 つの要素だけによる帯行列となるので (図 4.2(b) 参照)，対角要素 (D) とその 1 つ上下に位置する対角要素 (U, L) を，それぞれ別の 1 次元配列に格納することにしよう．下側要素の第 1 要素，上側要素の末尾の要素はダミーとする．

LU 分解した結果もこれら配列に代入する．また，解を求めた後では一般に $\boldsymbol{b}$ の値は不用であるから解も $\boldsymbol{b}$ に代入する．$n$ 元 3 項方程式に対する解析メソッドのプログラム例を Program 4.5 に示す．

**Program 4.5** 3 項連立方程式の直接解法

```
/**     LU 分解法による 3 項連立方程式の解析メソッド
        status 変数；  0: 正常，    9:異常
        入力    : D[]=対角要素，   U[]=上側要素，   L[]=下側要素，
                  b[]=右辺ベクトル， m=0 (LU 分解), m!=0 (再計算)
        出力    : b[]=方程式の解                                      */
void Tridiagonal( double[] D, double[] U, double[] L,
                      double[] B, int m ){
    double  TINY = 1.0E-10D;
    int     N = D.length;  status = 0;
    for(int i=0; i<N; i++)
        if( Math.abs(D[i]) <= TINY ){ status=9;   break; }
    if( status == 0){
        if( m == 0 ){        //  LU 分解
            U[0] = U[0]/D[0];
            for(int i=1; i<N-1; i++){
```

```
                D[i] -= U[i-1]*L[i];
                U[i] /=D[i];
            }
            D[N-1] -= U[N-2]*L[N-1];
        }
        //     前進代入
        B[0] = B[0]/D[0];
        for(int i=1; i<N; i++)  B[i] = (B[i]-L[i]*B[i-1])/D[i];
        //     後退代入
        for(int i=N-2; i>=0; i--)  B[i] -=B[i+1]*U[i];
    }else
        g.drawString(">solveTridiag; Failed! illegal deta input.",
                          20,20);
  }
}
```

## 4.7 連立方程式の誤差と悪条件

### (1) 係数行列の正規化

部分ピボット選択では，方程式の 1 つに大きな定数が乗じられると，ピボットの選択の仕方が変化する．このため，各行ごとに，要素の絶対値の最大値をそろえる，例えば，最大値が 1 となるように正規化した上で，直接法の計算を行うのがよい．

例えば，次の行列

$$\begin{bmatrix} 1 & 1 \\ 0.0001 & 0.1 \end{bmatrix} \begin{bmatrix} x_0 \\ x_1 \end{bmatrix} = \begin{bmatrix} 2 \\ 1 \end{bmatrix} \tag{4.15}$$

では，乗数は 0.0001 であるが，2 番目の式全体に 100000 を掛けると，

$$\begin{bmatrix} 1 & 1 \\ 10 & 10000 \end{bmatrix} \begin{bmatrix} x_0 \\ x_1 \end{bmatrix} = \begin{bmatrix} 2 \\ 100000 \end{bmatrix}$$

この場合，行は交換され，乗数は 10 となる．この乗数による計算は理論的には解に影響しないが，実際の計算では消去過程で丸め誤差により結果が変わってくる．

式 (4.15) の各行の要素の最大値を 1 に正規化すると

$$\begin{bmatrix} 1 & 1 \\ 0.001 & 1 \end{bmatrix} \begin{bmatrix} x_0 \\ x_1 \end{bmatrix} = \begin{bmatrix} 2 \\ 10 \end{bmatrix}$$

### (2) 解の残差

連立方程式 $\boldsymbol{Ax} = \boldsymbol{b}$ の解は，丸めや桁落ちのために誤差を含む．解の精度を確か

める最も自然な方法は，この解がもとの式を満たしているかどうかを調べることであろう．例えば，$\boldsymbol{Ax} = \boldsymbol{b}$ の近似解を $\boldsymbol{x}^{(1)}$ とすると，解がもとの式を満たしているかどうかの尺度として，**残差** (residual) $\boldsymbol{r}$

$$\boldsymbol{r} = \boldsymbol{Ax}^{(1)} - \boldsymbol{b} \tag{4.16}$$

を求め，$\boldsymbol{r} = 0$ であれば $\boldsymbol{x}^{(1)}$ が厳密解であり，$\boldsymbol{r}$ が小さければ $\boldsymbol{x}^{(1)}$ がよい近似であると判断できよう．

一例として，次の連立方程式

$$\begin{aligned} 0.24x_0 + 0.36x_1 + 0.12x_2 &= 0.65 \\ 0.12x_0 + 0.16x_1 + 0.24x_2 &= 0.15 \\ 0.16x_0 + 0.21x_1 + 0.26x_2 &= 0.23 \end{aligned} \tag{4.17}$$

の解の近似値として，$x_0^{(1)} = -1.21$, $x_1^{(1)} = 2.83$, $x_2^{(1)} = -0.66$ を得たとする．残差は

$$\begin{aligned} r_1 &= 0.24x_0^{(1)} + 0.36x_1^{(1)} + 0.12x_2^{(1)} - 0.65 = -0.0008 \\ r_2 &= 0.12x_0^{(1)} + 0.16x_1^{(1)} + 0.24x_2^{(1)} - 0.15 = -0.0008 \\ r_3 &= 0.16x_0^{(1)} + 0.21x_1^{(1)} + 0.26x_2^{(1)} - 0.23 = -0.0009 \end{aligned}$$

であり，小数点 2 桁までの近似解の精度は，この残差を見る限り正しいと言えそうである．しかし，式 (4.17) の各式を 100 倍して残差を求めれば残差も 100 倍になるので，残差が解の桁数の精度まで保証する指標とはならない．ピボット選択をしたときとしないときの計算結果の誤差を比較する場合など，丸めや桁落ち誤差の蓄積が主因となる誤差の相対的評価には利用できる．

### (3) 悪条件

連立方程式の係数のわずかな変化に対して解が大きく変わる場合を**悪条件** (ill-conditioned) という．悪条件の連立方程式は，計算途上で丸め誤差がわずかに混入しただけで，解が大きく変動する可能性があり，精度よく解くのが難しいといえる．

例えば，次の 2 元連立方程式

$$\begin{aligned} x_0 + x_1 &= 2 \\ x_0 + 1.01x_1 &= 2.01 \end{aligned} \tag{4.18}$$

の厳密解は $x_0 = x_1 = 1$ であることは容易に知れる．この式の係数が

$$\begin{aligned} x_0 + x_1 &= 2 \\ 1.001x_0 + x_1 &= 2.01 \end{aligned}$$

のようにわずか 1% 変化した場合，解は $x_0 = 10$, $x_1 = -8$ と 10 倍もの変化を受

ける．

連立方程式 $\boldsymbol{Ax} = \boldsymbol{b}$ が悪条件であるかどうかは係数行列の性質に大きく依存し，ピボットが0に近い場合や，消去の段階でピボットの有効数字に桁落ちがあるような場合に生じやすい．

条件の悪さを定量的に表すには，次に定義される**条件数** (condition number) cond($\boldsymbol{A}$) により行われ，この値が大きい場合に悪条件になることが知られている．

$$\mathrm{cond}(\boldsymbol{A}) = \| \boldsymbol{A} \| \| \boldsymbol{A}^{-1} \| \tag{4.19}$$

ここで，$\| \boldsymbol{A} \|$ は行列 $\boldsymbol{A}$ の**ノルム** (norm) である．ベクトル $\boldsymbol{x}$ のノルムを

$$\| \boldsymbol{x} \|_p = \left( \sum_{i=1}^{n} | x_i |^p \right)^{1/p}, \quad 1 \leqq p \leqq \infty$$

と定義し[*1]，行列のノルムをそのベクトル・ノルムを用いて

$$\| \boldsymbol{A} \| \equiv \max_{x \neq 0} \frac{\| \boldsymbol{Ax} \|}{\| \boldsymbol{x} \|} \tag{4.20}$$

と定義する．一般によく用いられる行列のノルムは表4.3に示す3種である．

行列のノルムには

$$\| \boldsymbol{PQ} \| \leqq \| \boldsymbol{P} \| \| \boldsymbol{Q} \|$$

なる性質があるので，cond($\boldsymbol{A}$) $\geqq \boldsymbol{I}$ となり，単位行列 $\boldsymbol{I}$ のノルムは上記の定義より1であるから，式(4.19)で定義される条件数はつねに1以上の値をとる．

式(4.18)の場合，$\| \boldsymbol{A} \|_1$ のノルムによる条件数は

$$\kappa = \| \boldsymbol{A} \|_1 \| \boldsymbol{A}^{-1} \|_1 = 2.01 \times 201 = 404.01$$

であり，cond($\boldsymbol{A}$) $\gg 1$ である．

**表4.3　行列のノルムの定義**

| $p$ の値 | $\| \boldsymbol{A} \|$ の値 | 注 |
|---|---|---|
| $p = 1$ | $\| \boldsymbol{A} \|_1 = \max_j \sum_{i=0}^{n-1} \| a_{ij} \|$ | 各列の絶対和のうちの最大値 |
| $p = 2$ | $\| \boldsymbol{A} \|_2 = \max_{x \neq 0} \frac{\boldsymbol{x}^T \boldsymbol{A}^T \boldsymbol{Ax}}{\boldsymbol{x}^T \boldsymbol{x}}$ | $\boldsymbol{A}^T \boldsymbol{A}$ の最大固有値の平方根として与えられ，スペクトル・ノルムと呼ばれる |
| $p = \infty$ | $\| \boldsymbol{A} \|_\infty = \max_i \sum_{j=0}^{n-1} \| a_{ij} \|$ | ただし，$\max_i \| x_i \| = 1$ としておき，各行の成分の絶対和のうちの最大値 |

[*1] $p = 2$ の場合を，特に，ユークリッド・ノルムという．

元数が大きい行列の $\| A^{-1} \|$ の評価は必ずしも容易ではない．しかし，行列のノルムに $\| A \|_2$ を用いる場合は条件数が $A^T A$ の固有値の最大値と最小値の比の平方根となり，扱いやすくなる．とくに，正値対称行列の場合は，条件数が $A$ の最大固有値と最小固有値の比となる[9]ことが示されている．

## (4) 反復による精度改善

連立方程式，$Ax = b$，の数値解 $x^{(1)}$ をもとの式に代入して残差が大きいときは，解の丸め誤差がかなり大きい可能性がある．$x^{(1)}$ の厳密解 $x$ からの誤差を $e$ で表せば，

$$e = x^{(1)} - x$$

上式に $A$ を左から乗ずると，

$$Ae = A(x^{(1)} - x) = Ax^{(1)} - b$$

よって，残差に対する式 (4.16) を用いれば残差 $r^{(1)}$ と誤差の関係は，

$$Ae = r^{(1)} \tag{4.21}$$

これより残差 $r^{(1)}$ により上式を解いて $e$ に対する計算値 $e^{(1)}$ が得られ，次式により解 $x^{(1)}$ のよりよい近似値 $x^{(2)}$ が得られる．

$$x^{(2)} = x^{(1)} - e^{(1)} \tag{4.22}$$

このような計算を 1～2 回反復することにより解の精度はかなり改善できる．ただし，悪条件の場合，それ以上行っても解の精度が改善されることはなく，かえって誤差が拡大することがある．

**問題 4.10**　式 (4.17) に対し，小数点以下 5 桁まで計算して，4 回までの反復計算により解の精度改善効果を調べよ．

**問題 4.11**　連立方程式の係数行列が次式で与えられている．

$$A = \begin{bmatrix} 5 & 6 & 7 \\ 6 & 5 & 7 \\ 7 & 5 & 6 \end{bmatrix}$$

右辺ベクトルが $b_0 = [18, 17, 18]^T$，$b_1 = [17, 17, 17]^T$，$b_2 = [18.2, 17.2, 18.2]^T$ の場合を計算し，解の変化を調べよ．

## 4.8 行列式と逆行列

正方行列 $\boldsymbol{A}$ の **行列式** の値 $|\boldsymbol{A}|$ は，Gauss 消去法を用いた場合は上三角行列の対角項 $u_{ii}$ の積として，LU 分解法で Crout 法を用いた場合は下三角行列 $\boldsymbol{L}$ の対角項 $l_{ii}$ の積として与えられる．ピボットを選択した場合には，ピボットの交換ごとに行列式の符号が反転するから，交換回数を $m$ とすると，$n$ 元行列式の場合，Crout 法では次式で求められる．

$$|A| = (-1)^m l_{00}\, l_{11} \cdots l_{n-1,n-1} \tag{4.23}$$

一方，連立方程式の解を $\boldsymbol{x} = \boldsymbol{A}^{-1}\boldsymbol{b}$ のようにして，**逆行列** $\boldsymbol{A}^{-1}$ を計算してから求める方法は，前述のようにその解法に Gauss 消去法や LU 分解法を用いた方が効率的であるから，逆行列を単独で必要とする場合は実際にはかなり少ない．よって，逆行列の求め方については簡単な記述にとどめ，具体的方法については練習問題として残しておく．

$\boldsymbol{A}$ の逆行列を $\boldsymbol{X}$ とすれば，

$$\boldsymbol{AX} = \boldsymbol{I} \tag{4.24}$$

であるから，$\boldsymbol{A}$ を LU 分解すれば ($\boldsymbol{A} = \boldsymbol{LU}$)，$\boldsymbol{LY} = \boldsymbol{I}$ として行列 $\boldsymbol{Y}$ を求め，ついで $\boldsymbol{UX} = \boldsymbol{Y}$ より $\boldsymbol{X}$ が求められる．この際，$\boldsymbol{I}$ の列ごとに 該当する列の $\boldsymbol{Y}$, $\boldsymbol{X}$ を求めればよいことに留意すれば，$\boldsymbol{A}$ の LU 分解は一度だけですみ，後は分解した LU 成分が再利用できる．ただし，ピボット選択をする場合には $\boldsymbol{X}$ の要素も交換が必要なことに注意する．

**問題 4.12**　Program 4.3 をもとにして，正方行列 $\boldsymbol{A}$ の行列式の値と逆行列を求めるプログラムにつくりかえよ．

## 4.9 反復法

連立方程式の元数が大きく，係数のほとんどが 0 であるような疎な係数行列をもつとき，反復法はかなり威力を発揮する．直接法で問題となりがちな丸め誤差が，反復法では計算過程で次第に減少するという長所もある．一方，反復計算は有限回で打切らざるを得ないから，打切り誤差に注意を払う必要がある．

$n$ 元連立方程式 $\boldsymbol{A}\boldsymbol{x} = \boldsymbol{b}$ において，左辺の対角項以外の項を右辺に移項すると，

$$
\begin{aligned}
a_{00}\, x_0 &= -(a_{01}x_1 + a_{02}x_2 + \cdots + a_{0,n-1}x_{n-1}) + b_0 \\
a_{11}\, x_1 &= -(a_{10}x_0 + a_{12}x_2 + \cdots + a_{1,n-1}x_{n-1}) + b_1 \\
&\vdots \\
a_{n-1,n-1}x_{n-1} &= -(a_{n-1,0}x_0 + a_{n-1,1}x_1 + \cdots + a_{n-1,n-2}x_{n-2}) + b_{n-1}
\end{aligned}
\tag{4.25}
$$

のように変形できる．この式は行列表現を用いると次のように表すことができる．

$$
\boldsymbol{D}\boldsymbol{x} = \boldsymbol{B}\boldsymbol{x} + \boldsymbol{b} \tag{4.26}
$$

ここで，$\boldsymbol{D}$ は $\boldsymbol{A}$ の対角要素だけを抜き出した対角行列であり，$\boldsymbol{B}$ は $\boldsymbol{A}$ から対角要素のみを抜きさり符合を反転させた行列である．

反復法の一般的な手順は，ある適当に定めた初期値 $\boldsymbol{x}^{(0)}$ からはじめて，

$$
\boldsymbol{D}\boldsymbol{x}^{(k+1)} = \boldsymbol{B}\boldsymbol{x}^{(k)} + \boldsymbol{b}, \quad (k = 0, 1, \ldots) \tag{4.27}
$$

の漸化式により近似解の系列 $\{\boldsymbol{x}^{(k)}\}$ を計算することである．$\boldsymbol{B}$ は反復行列と呼ばれる．どのような初期値 $\boldsymbol{x}^{(0)}$ に対しても，上式による反復過程によって得られた解の系列 $\{\boldsymbol{x}^{(k)}\}$ が厳密解に収束するならば，この反復解法は収束するという．収束の判定には，式 (2.4) または (2.5) で述べた方法による．

### (1) 線形反復法

上式をそのまま漸化式として用いる方法を**線形反復法** (linear iteration) あるいは **Jacob** (ヤコビ) **法**という．

線形反復法のアルゴリズムは以下のようになる．

**アルゴリズム 4.8 線形反復法**

for ( $i=0$; $i<n$; $i$++) $\quad x_i^{(0)} = b_i/d_{ii}$ ;
$k=1$;
while ( $|x_i^{(k)} - x_i^{(k-1)}| > \varepsilon$ || $k <$ Max ){
　　for ( $i=0$; $i<n$; $i$++) $\quad x_i^{(k+1)} = \left(b_i + \sum_{j=0, j\neq i}^{n-1} B_{ij}\, x_j^{(k)}\right)\Big/ d_{ii}$ ;
　　$k$++;
}

線形反復法の収束は後述の方法に比べて遅いので用いられることは少ないが，並列計算機向きの方法として見直されている．ただし，どのような連立方程式でも解けるというわけではない．

線形反復法が収束するための条件は，詳細には立ち入らないが，係数行列 $\boldsymbol{A}$ が正定値であり，反復行列 $\boldsymbol{B}$ の絶対値最大の固有値 (スペクトル半径という) が 1 より小さい場合である[3][11]．これより，**対角優位** (diagonally dominant)

$$|a_{ii}| > \sum_{j=0, j\neq i}^{n-1} |a_{ij}|, \qquad (i = 0, 1, \ldots, n-1) \tag{4.28}$$

であるとき，収束が保証されている．スペクトル半径が小さいほど収束は速い．物理的な問題に対する偏微分方程式の離散化により得られる連立方程式の多くは上式の条件に適合している．

**例題 4.4**　次の連立方程式の解を線形反復法で求める．

$$\begin{aligned} 2x_0 - x_1 \qquad &= 1 \\ -x_0 + 2x_1 - x_2 &= 0 \\ -x_1 + 2x_2 &= 1 \end{aligned}$$

**(解)**　連立方程式は対角優位であり，漸化式は，

$$x_0^{(k+1)} = (1 + x_1^{(k)})/2,$$
$$x_1^{(k+1)} = (x_0^{(k)} + x_2^{(k)})/2,$$
$$x_2^{(k+1)} = (1 + x_1^{(k)})/2$$

のように表せるので，初期値を $x_0 = x_1 = x_2 = 0$ として反復計算すると，解は $x_0 = x_1 = x_2 = 1$ に収束していく．

変数の代表値として $x_0$ をとり，その誤差 $(1 - x_0)$ を対数で縦軸に，横軸に反復計算回数 $k$ をとって，誤差の減衰状況を図 4.3 に示す．図には後述の他の反復法による結果も併記してあるが，収束条件を相対誤差で $\varepsilon = 10^{-6}$ とすると，38 回の反復計算を要し，収束は遅い．

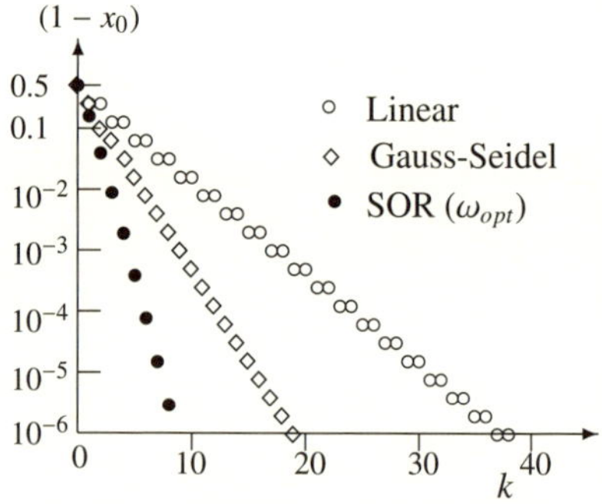


**図 4.3**　反復法による誤差の減衰

与えられた式の順序を変えると収束しないことに注意したい．

★ **線形反復法による解析メソッド** $n$ 元連立方程式に対する線形反復法による解析メソッドの例を Program 4.6 に示す．最大反復回数は `Max`，収束判定の許容誤差は `TOL` であり，式 (4.26) に相当する反復計算は行 17～22 で行い，収束判定は行 26 で相対誤差により行っている．

**Program 4.6** 線形反復法による連立方程式の解析メソッド

```
1  /**  線形反復法による連立方程式の解析メソッド
2          status 変数；  0: 正常，    9:異常
3          入力    : a[]=係数行列，   b[]=右辺ベクトル，
4          出力    : x[]=方程式の解                        */
5    void iterYacobi(  double[] a, double[] b, double[] x ){
6       int    Max=100, N = b.length, i, j, k = 0;  status = 0;
7       double sum, TOL = 0.5E-6, TINY = 1.0E-10;
8       double[] oldx = new double[N];
9       boolean flag = true;
10      for(i=0; i<N; i++){   //  入力データのチェック
11         k = N*i+i;
12         if( Math.abs(a[k]) <= TINY ){ status = 9;  break;}
13      }
14      if( status == 0 ){
15         for(i=0; i<N; i++) oldx[i]=b[i]/a[N*i+i];
16         while( flag ){     //  反復計算
17            for(i=0; i<N; i++){
18               sum = b[i];
19               for(j=0; j<i; j++)   sum -= a[N*i+j]*oldx[j];
20               for(j=i+1; j<N; j++) sum -= a[N*i+j]*oldx[j];
21               x[i] = sum/a[N*i+i];
22            }
23            g.drawString("k="+k+";  x0="+x[0],30,60+11*k);
24            status = 0;
25            for(i=0; i<N; i++){
26               if( Math.abs(x[i]-oldx[i]) > TOL*Math.abs(x[i])){
27                  status = 9;  break;
28               }
29            }
30            if( status==0 || k>Max )  flag = false;
31            k++;
32            for(i=0; i<N; i++) oldx[i] = x[i];
33         }
34      }else g.drawString(">iterYacobi; Failed! illegal deta input."
35                            ,20,20);
36   }
```

## (2) Gauss – Seidel (ザイデル) 法

線形反復法を改良して，各要素の計算においてその段階までに更新された新しい近似解を用いて次の要素を計算する反復解法が Gauss–Seidel 法である．

**アルゴリズム 4.9　Gauss–Seidel 法**

$k=1$
while ( $|x_i^{(k)} - x_i^{(k-1)}| > \varepsilon$ || $k <$ Max ){
　for ( $i=0$; $i<n$; $i$++){

$$x_i^{(k+1)} = \left\{ \left( b_i - \sum_{j=0}^{i-1} a_{ij}\, x_j^{(k+1)} \right) + \left( b_i - \sum_{j=i+1}^{n-1} a_{ij}\, x_j^{(k)} \right) \right\} \Big/ a_{ii}; \tag{4.29}$$

　}
　$k$++;
}

Gauss–Seidel 法は，係数行列が対称で正定値な場合，または対角優位な場合は収束が保証されている[11]．

Gauss–Seidel 法の収束の速さは線形反復法より速く，1/2 程度の反復回数で収束する．例題 4.4 に対しては 20 回の反復計算で収束する (図 4.3 参照).

## (3) SOR 法

Gauss–Seidel 法で得られた値 $\tilde{x}_j^{(k+1)}$ と前段階の値 $x_j^{(k)}$ との差を修正量として，これにある係数 $\omega$ を乗じて収束を加速させる方法

$$x_j^{(k+1)} = x_j^{(k)} + \omega(\tilde{x}_j^{(k+1)} - x_j^{(k)}) \tag{4.30}$$

を一般に **緩和法**といい，$\omega$ を**緩和係数** (relaxation factor) という．係数行列が対称で正定値の場合，$0<\omega<2$ であれば収束が保証されている．$\omega=1$ の場合は Gauss–Seidel 法に一致する．普通，$1<\omega<2$ として，Gauss–Seidel 法から得られる修正量に対し過大な修正量を与えて収束を加速させるので，この方法を **SOR 法 (逐次過大緩和法)** (successive over-relaxation) という．発散の傾向がある問題には $\omega<1$ にとる．この場合を SUR 法 (逐次過小緩和法) という．

**アルゴリズム 4.10　SOR 法**

$k=1$;
while ( $|x_i^{(k)} - x_i^{(k-1)}| > 0$ || $k <$ Max ){
　for ( $i=0$; $i<n$; $i$++ ){
　　Gauss–Seidel 法による解 $\tilde{x}_j^{(k+1)}$ を求める．
　　$x_j^{(k+1)} = x_j^{(k)} + \omega\,( \tilde{x}_j^{(k+1)} - x_j^{(k)} )$
　}
　$k$++;
}

収束の速さは適切な緩和係数を選ぶことができれば Gauss–Seidel 法よりも格段に速い．しかし過大な値を用いるとかえって遅くなり，速さは緩和係数に大きく依存する．係数行列 $\boldsymbol{A}$ が正定値なブロック 3 重対角行列 { 式 (10.55)} ならば，その線形反復法の係数行列 $\boldsymbol{B}$ のスペクトル半径 $\rho$ より，$\omega$ の最適値 $\omega_{opt}$ は

$$\omega_{opt} = \frac{2}{1 + \sqrt{1 - \rho^2}} \tag{4.31}$$

で与えられる[13] ことが知られている．ただし，大規模行列に対して $\omega_{opt}$ を求めることは容易ではないので，普通，試行錯誤的に決めることが多い．

先の例題 4.4 の係数行列に対する $\omega$ の最適値は，上式より約 1.18 である．同じ初期値と収束条件でこの値を用いた SOR 法によれば，図 4.3 に示したように，10 回で収束し，Gauss–Seidel 法の半分の回数で収束する．

## (4) 共役勾配法

反復解法でありながら，理論的には消去法のように有限回の演算で厳密解が計算できる方法に，**共役勾配法** (**CG** **法**とも呼ばれる) (conjugate gradient method) がある．自然科学分野で現れる行列は，疎な正定値対称係数行列となる場合が多く，このような大規模問題の有力な反復解法として，近年，適用が進んでいる．

この方法は，連立方程式 $\boldsymbol{A}\boldsymbol{x} = \boldsymbol{b}$ の初期ベクトル $\boldsymbol{x}^{(0)}$ を与え，

$$\boldsymbol{x}^{(k+1)} = \boldsymbol{x}^{(k)} + \alpha^{(k)}\boldsymbol{p}^{(k)} \tag{4.32}$$

により解の予測値の更新を行うもので，$\alpha^{(k)}$ を修正係数，$\boldsymbol{p}^{(k)}$ を方向修正ベクトルという．$\alpha^{(k)}$ と $\boldsymbol{p}^{(k)}$ を適切に選ぶために，$\boldsymbol{x}$ の汎関数

$$\Pi(\boldsymbol{x}) = \frac{1}{2}\boldsymbol{x}^T\boldsymbol{A}\boldsymbol{x} - \boldsymbol{x}^T\boldsymbol{b} \tag{4.33}$$

の最小化問題として，$\boldsymbol{x}^{(k)}$ を用いて $\Pi(\boldsymbol{x}^{(k+1)})$ を決定していくのが基本的な考えである．ここでは，汎関数の詳細[9] には立ち入らず，計算法のみを示しておこう．

式 (4.32) を式 (4.33) に代入すると，

$$\begin{aligned}\Pi(\boldsymbol{x}^{(k+1)}) &= \frac{1}{2}(\boldsymbol{x}^{(k)} + \alpha^{(k)}\boldsymbol{p}^{(k)})^T\boldsymbol{A}(\boldsymbol{x}^{(k)} + \alpha^{(k)}\boldsymbol{p}^{(k)}) - (\boldsymbol{x}^{(k)} + \alpha^{(k)}\boldsymbol{p}^{(k)})^T\boldsymbol{b} \\ &= \frac{1}{2}(\boldsymbol{x}^{(k)})^T\boldsymbol{A}\boldsymbol{x}^{(k)} - (\boldsymbol{x}^{(k)})^T\boldsymbol{b} - \alpha^{(k)}(\boldsymbol{p}^{(k)})^T(\boldsymbol{b} - \boldsymbol{A}\boldsymbol{x}^{(k)}) \\ &\quad + \frac{1}{2}(\alpha^{(k)})^2(\boldsymbol{p}^{(k)})^T\boldsymbol{A}\boldsymbol{p}^{(k)}\end{aligned} \tag{4.34}$$

となる．$\boldsymbol{A}$ が正定値であるとき，上式は正の係数をもつ $\alpha^{(k)}$ に関する 2 次式とみ

なせるので，この汎関数を最小化するには

$$\alpha^{(k)} = \frac{(\boldsymbol{p}^{(k)})^T \boldsymbol{r}^{(k)}}{(\boldsymbol{p}^{(k)})^T \boldsymbol{A}\boldsymbol{p}^{(k)}} \tag{4.35}$$

である．ここに，$\boldsymbol{r}$ は

$$\boldsymbol{r}^{(k)} = \boldsymbol{b} - \boldsymbol{A}\boldsymbol{x}^{(k)} \tag{4.36}$$

であり，残差ベクトルである．したがって，式 (4.32) より，

$$\boldsymbol{r}^{(k+1)} = \boldsymbol{r}^{(k)} - \alpha^{(k)}\boldsymbol{A}\boldsymbol{p}^{(k)} \tag{4.37}$$

である．

次に，$\boldsymbol{p}$ については，$\boldsymbol{p}^{(k)}$ が $\boldsymbol{A}\boldsymbol{p}$ と共役となる ($\boldsymbol{p}^T\boldsymbol{A}\boldsymbol{p} = 0,\ i \neq j$)，すなわち，

$$(\boldsymbol{p}^{(k+1)})^T \boldsymbol{A}\boldsymbol{p}^{(k)} = 0 \tag{4.38}$$

のように選ぶ．こうするために，

$$\boldsymbol{p}^{(0)} = \boldsymbol{r}^{(0)} \tag{4.39}$$

$$\boldsymbol{p}^{(k+1)} = \boldsymbol{r}^{(k+1)} - \beta^{(k)}\boldsymbol{p}^{(k)} \tag{4.40}$$

と仮定すれば，式 (4.38) により

$$(\boldsymbol{p}^{(k+1)})^T \boldsymbol{A}\boldsymbol{p}^{(k)} = (\boldsymbol{r}^{(k+1)})^T \boldsymbol{A}\boldsymbol{p}^{(k)} - \beta^{(k)}(\boldsymbol{p}^{(k)})^T \boldsymbol{A}\boldsymbol{p}^{(k)} = 0$$

であるから，$\beta^{(k)}$ を次のようにして定められる．

$$\beta^{(k)} = \frac{(\boldsymbol{r}^{(k+1)})^T \boldsymbol{A}\boldsymbol{p}^{(k)}}{(\boldsymbol{p}^{(k)})^T \boldsymbol{A}\boldsymbol{p}^{(k)}} \tag{4.41}$$

以上により，丸め誤差がなければ残差ベクトル $\boldsymbol{r}$ の直交性 ($\boldsymbol{r}^T\boldsymbol{r} = 0,\ i \neq j$) により，理論上 $n$ 回の反復計算で収束する．

共役勾配法の計算手順は以下のようになる．

1. 任意の初期ベクトル $\boldsymbol{x}^{(0)}$ を与え，式 (4.36) より残差 $\boldsymbol{r}^{(0)}$ を計算し，式 (4.39) より方向ベクトルを $\boldsymbol{p}^{(0)} = \boldsymbol{r}^{(0)}$ とおく．
2. 修正係数 $\alpha^{(k)}$ を式 (4.35) より求める．
3. 反復解 $\boldsymbol{x}^{(k+1)}$ を式 (4.32) により更新する．
4. 更新した解に対する残差ベクトル $\boldsymbol{r}^{(k+1)}$ を，式 (4.37) より計算する．
5. 方向修正ベクトルの修正係数 $\beta^{(k)}$ を式 (4.41) より求める．
6. 方向修正ベクトル $\boldsymbol{p}^{(k+1)}$ を式 (4.40) より計算する．

7. 収束判定を行い，収束していない場合は手順 (2)〜(6) を繰り返す．収束条件にはユークリッド・ノルム ($\|\boldsymbol{r}\|_2 = \sqrt{\boldsymbol{r}^T\boldsymbol{r}}$) が利用できる．

$$\frac{\|\boldsymbol{r}\|_2}{\|\boldsymbol{b}\|_2} \leqq \varepsilon$$

共役勾配法の長所は，上で見たように，主要な計算が行列とベクトルの積という簡単な操作で行え，SOR 法のように適切な緩和係数を推定する必要がないことである．また，共役勾配法の収束の速さは行列の固有値分布に大きく依存するので，適当な**前処理** (preconditioning) によって固有値を密集 (クラスタリング) させることにより，収束を加速させることができる．

ここでは，前処理として簡単でよく用いられる**スケーリング** (scaling) の手法[9]について述べておく．これは，行列 $A$ の対角項のみを取り出した対角行列 $\boldsymbol{D}$ を用い，連立方程式を次の方程式を解く問題に置き換える．

$$\begin{aligned} \boldsymbol{D}^{-\frac{1}{2}}\boldsymbol{A}\boldsymbol{D}^{-\frac{1}{2}}\boldsymbol{y} &= \boldsymbol{D}^{-\frac{1}{2}}\boldsymbol{b}, \\ \boldsymbol{x} &= \boldsymbol{D}^{-\frac{1}{2}}\boldsymbol{y} \end{aligned} \tag{4.42}$$

ここに，$\boldsymbol{D}^{-\frac{1}{2}} = 1/\sqrt{a_{ii}}$ である．この処理によって，対角要素はすべて 1，非対角要素は $a_{ij}/\sqrt{a_{ii}a_{jj}}$ となり，正値対称性をくずさずに条件数を小さくできる．

大規模な帯状疎行列に対しては，Cholesky 分解において，特定の要素を常に強制的に 0 においてしまう不完全 Cholesky 法 (incomplete Cholesky decomposition) を前処理に用いた共役勾配法 (ICCG 法)[10]がよく用いられている．非零要素のみを用いての少ない記憶容量で計算できる利点がある．

**例題 4.5**　例題 4.4 の問題を CG 法で解く

**(解)**　初期ベクトル $\boldsymbol{x}^{(0)}$ を $\boldsymbol{x}^{(0)} = [0.5, 0.5, 0.5]^T$ とする．

1. より，$\boldsymbol{r}^{(0)} = [0.5, 0, 0.5]^T$，$\boldsymbol{p}^{(0)} = [0.5, 0, 0.5]^T$

2. より，$\alpha^{(0)} = 0.5$

3. より，$\boldsymbol{x}^{(1)} = [0.75, 0.5, 0.75]^T$

4. より，$\boldsymbol{r}^{(1)} = [0, 0.5, 0]^T$

5. より，$\beta^{(0)} = -0.5$

6. より，$\boldsymbol{p}^{(1)} = [0.25, 0.5, 0.25]^T$

7. より，判定量は 0.353553 であり，反復を繰り返すとわずか 2 回目で収束する．

★ **共役勾配法による解析メソッド**　$n$ 元連立方程式に対する共役勾配法による解析メソッドの例を Program 4.7 に示す．

**Program 4.7**　共役勾配法による連立方程式の解析メソッド

```
/**  共役勾配法による連立方程式の解析メソッド
     入力： A[] 係数行列，b[] 右辺ベクトル，x[] 初期近似値
     出力： x[] 解                                              */
void CGmethod( double[] A, double[] b, double[] x ){
   int N = b.length, i, k = 1, status =0, Max=100;
   double[] p = new double [N], pnew = new double[N];
   double[] r = new double [N], Ap = new double[N];
   double TOL=1.0E-10, alpha, beta, normb=0.0, error;
   boolean flag = true;
   //  入力データチェック (A=正定値行列？)
   Ap = Ax(A,x); alpha = aTb(Ap,x);
   if( alpha < 0 ){
      staus = 9;  flag = false;
      g.drawString(">solveCG; Failed! not positive definit matrix",
                        20,15);
   }
   //
   for(i=0; i<N; i++) normb = aTb( b, b );
   Ap = Ax( A, x );
   for( i=0; i<N; i++) r[i] = b[i]-Ap[i];
   for( i=0; i<N; i++) p[i] = r[i];
   //  反復計算
   while( flag ){
      //  修正係数αの計算
      Ap = Ax( A, p );
      alpha = aTb( p, r )/ aTb( p, Ap );
      //  反復解 x^{n+1} の計算
      for(i=0; i<N; i++) x[i] += alpha*p[i];
      //  残差係数βの計算
      for(i=0; i<N; i++) r[i] -= alpha*Ap[i];
      //  方向修正ベクトルの修正係数の計算
      beta = aTb( r, Ap )/aTb( p, Ap );
      //  方向修正ベクトルの計算
      for( i=0; i<N; i++) pnew[i] = r[i]-beta*p[i];
      //  収束判定
      error = Math.sqrt( aTb( r, r )/normb);
      g.drawString("k="+k+";  error="+error, 20, 70+11*k );
      if( error <= TOL )  flag = false;
      k++;
      if( k >= Max ){ status = 9; flag = false;}
      for(i=0; i<N; i++) p[i]=pnew[i];
   }
}
//    行列 A とベクトル x の積を計算するメソッド
double[] Ax( double[] A, double[] x ){
   int N = x.length, j;
   double[] y = new double[N];
   double sum;
```

```
        for( int i=0; i<N; i++){
            for( sum=0.0, j=0; j<N; j++) sum += A[N*i+j]*x[j];
            y[i] = sum;
        }
        return y;
    }
    //   a の転置ベクトルとベクトル b の積を計算するメソッド
    double aTb( double[] a, double[] b ){
        int N = x.length;
        double sum=0.0;
        for(int i=0; i<N; i++) sum += a[i]*b[i];
        return sum;
    }
```

**問題 4.13** 次の連立方程式を，Gauss-Seidel 法で，収束条件を $|x^{k+1} - x^{k}| \leqq 10^{-4}$ として求めよ．

$$-5x_0 + 2x_1 + 2x_2 = -8$$

$$3x_0 - 7x_1 + 2x_2 = -8$$

$$3x_0 + 4x_1 - 7x_2 = -11$$

**問題 4.14** 任意の元数の連立方程式を，任意の $\omega$ により解く SOR 法のプログラムをつくり，このプログラムを用いて問題 4.13 を解け．

**問題 4.15** $n$ 元連立方程式を CG 法で解く場合の反復 1 回あたりの乗除算の回数を求めよ．

**問題 4.16** Program4.7 を，前処理の式 (4.42) を組み込んだものに変更せよ．

# 第5章
# 固有値問題

建築物の耐震設計や自動車の騒音問題などの振動問題のように，物理系の動的問題を理解する上でそれらの数理モデルに対する固有値 (固有振動数) や固有ベクトル (固有振動モード) を求めることがしばしば必要になる．この種の問題は行列の **固有値問題** (eigenvalue problem) と呼ばれる．

## 5.1 固有値と固有ベクトル

$n$ 元正方行列 $\boldsymbol{A}$ が与えられたとき，次式

$$\boldsymbol{A}\boldsymbol{x} = \lambda \boldsymbol{x} \tag{5.1}$$

を満たす $\lambda$ (一般に複素数) とベクトル $\boldsymbol{x}\ (\neq 0)$ をそれぞれ $\boldsymbol{A}$ の **固有値** (eigenvalue), **固有ベクトル** (eigenvalue vector) といい，$\lambda$, $\boldsymbol{x}$ を求めることを固有値問題という．

単位行列 $\boldsymbol{I}$ を用いると，上式は次のように変形できる．

$$(\boldsymbol{A} - \lambda \boldsymbol{I})\boldsymbol{x} = 0 \tag{5.2}$$

上式が $\boldsymbol{x} \neq 0$ の解をもつには，次の場合に限られる．

$$\det(\boldsymbol{A} - \lambda \boldsymbol{I}) = \begin{vmatrix} a_{00} - \lambda & a_{01} & \cdots & a_{0,n-1} \\ a_{10} & a_{11} - \lambda & \cdots & a_{1,n-1} \\ \vdots & \vdots & \ddots & \vdots \\ a_{n-1,0} & a_{n-1,1} & \cdots & a_{n-1,n-1} - \lambda \end{vmatrix} = 0 \tag{5.3}$$

上式の行列式を $p(\lambda)$ とおいて展開すると，

$$p(\lambda) = \lambda^n + b_1 \lambda^{n-1} + \cdots + b_{n-2}\lambda + b_{n-1} = 0 \tag{5.4}$$

となる．この $\lambda$ の $n$ 次多項式 $p(\lambda)$ を **特性多項式** (characteristic polynomial) と呼ぶ．上式は Newton 法により解けるが，一般に，係数の変化に対して敏感であるから固有値問題の解法には賢明な方法とはいえず，別の方法が用いられる．

固有値問題に関する用語の定義と定理を表 5.1 にまとめておく．定理の証明につ

### ばね–質量系にみる振動

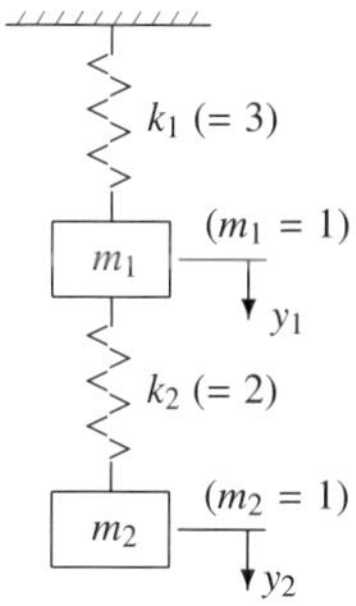


右図において，ばね 1 (ばね定数 $k_1 = 3$)，質点 1 (質量 $m_1 = 1$)，ばね 2 ($k_2 = 2$)，質点 2 (質量 $m_2 = 1$) が直列に結ばれている．各質点の鉛直方向の変位をそれぞれ $y_1(t), y_2(t)$ とすれば，運動は次の連立微分方程式で表される．

$$\begin{aligned} m_1\ddot{y}_1 &= -k_1 y_1 + k_2(y_2 - y_1) \\ m_2\ddot{y}_2 &= -k_2(y_2 - y_1) \end{aligned} \qquad ①$$

ただし，減衰はなく，ばねの質量は無視できるものとし，静釣合いのときは $y_1 = 0, y_1 = 0$ であるとする．$m_1, k_1$ 等に具体的数値を代入して式 ① を行列表記すると，

$$\begin{bmatrix} \ddot{y}_1 \\ \ddot{y}_2 \end{bmatrix} = \begin{bmatrix} -5 & 2 \\ 2 & -2 \end{bmatrix} \begin{bmatrix} y_1 \\ y_2 \end{bmatrix}, \quad \text{or} \quad \ddot{\boldsymbol{y}} = \boldsymbol{A}\boldsymbol{y} \qquad ②$$

上式は定数係数線形微分方程式であるから，特殊解は

$$\boldsymbol{y} = \boldsymbol{x}e^{\omega t} \qquad ③$$

である．これを式 ② の第 2 式に代入すると，

$$\omega^2 \boldsymbol{x}e^{\omega t} = \boldsymbol{A}\boldsymbol{x}e^{\omega t}, \quad \text{or} \quad \boldsymbol{A}\boldsymbol{x} = \lambda\boldsymbol{x} \quad (\lambda = \omega^2) \qquad ④$$

となり，$\lambda$ を固有値とする固有値問題となる．

上式は，$\det(\boldsymbol{A} - \lambda\boldsymbol{I}) = 0$ の場合にのみ，$\boldsymbol{x} \neq 0$ の非自明な解をもつから，

$$\begin{bmatrix} -5-\lambda & 2 \\ 2 & -2-\lambda \end{bmatrix} \boldsymbol{x} = 0 \quad \text{より} \quad (-5-\lambda)(-2-\lambda) - 4 = 0 \qquad ⑤$$

を解いて，$\lambda = -1, -6$ を得る．このとき $\omega$ は虚数であるから，式 ③ の解は周期関数であることが知れる ($e^{i\omega t} = \cos\omega t + i\sin\omega t$)．

これら固有値を式 ⑤ の第 1 式に代入すると，固有ベクトル $\boldsymbol{x}$ は，それぞれ

$$\begin{bmatrix} -4 & 2 \\ 2 & -1 \end{bmatrix} \begin{bmatrix} \alpha_1 \\ \beta_1 \end{bmatrix} = 0 \quad \text{および} \quad \begin{bmatrix} 1 & 2 \\ 2 & 4 \end{bmatrix} \begin{bmatrix} \alpha_2 \\ \beta_2 \end{bmatrix} = 0 \qquad ⑥$$

を満たす解である．これより，$2\alpha_1 = \beta_1$，$\alpha_2 = -2\beta_2$ を得る．

したがって，式 ③ の一般解は，固有ベクトルの最大値を 1 ととれば，

$$\begin{bmatrix} y_1 \\ y_2 \end{bmatrix} = c_1 \begin{bmatrix} 0.5 \\ 1 \end{bmatrix} e^{it} + c_2 \begin{bmatrix} -1 \\ 0.5 \end{bmatrix} e^{i\sqrt{6}t} \qquad ⑦$$

のように得られる．ここで，$c_1, c_2$ は初期条件により定まる定数である．

式 ⑦ は，この系に外力が作用しないときに現れる運動，すなわち，一定の振幅で振動を続け，増幅も減衰もしない振動を表す．この角振動数 $\omega$ がこの系の固有振動数，$\boldsymbol{x}$ が固有振動モードであり，$\boldsymbol{A}$ の固有値問題として解が与えられることがわかる．

表 5.1　固有値問題の定義と定理

| 番号 | 内容 |
|---|---|
| 定義1<br>ベクトルの<br>**1次独立** | $n$ 個のベクトル $\boldsymbol{x}_i$，定数 $c_i$ を用いた線形結合で，$\boldsymbol{x}_i = \sum_{j \neq i} c_j \boldsymbol{x}_j$ を満たす $c_j$ が存在しない場合を **1次独立** (linearly independent) という．このとき，$\boldsymbol{x}_i$ からなる行列式の値は 0 とはならない． |
| 定義2<br>**ベクトルの直交** | 1組のベクトル $(\boldsymbol{x}_i, \boldsymbol{x}_j)$ $(i \neq j)$ が $\boldsymbol{x}_i^T \boldsymbol{x}_j = 0$ (内積が 0) ならば **直交** (orthonormal) するという． |
| 定義3<br>**行列の直交** | 正方行列 $\boldsymbol{A}$ とその転置行列の積が単位行列 $\boldsymbol{I}$ に等しいとき<br>$\boldsymbol{A}^T \boldsymbol{A} = \boldsymbol{I}$<br>は直交するといい，$\boldsymbol{A}$ を**直交行列**という．このとき $\boldsymbol{A}^T = \boldsymbol{A}^{-1}$ であり，また $\boldsymbol{A}$ の行および列ベクトルも直交する． |
| 定義4<br>**行列の相似**<br>**(相似変換)** | 2つの正方行列 $\boldsymbol{A}, \boldsymbol{B}$ に対し，次式を満たす正則行列 $\boldsymbol{S}$<br>$\boldsymbol{S}^{-1} \boldsymbol{A} \boldsymbol{S} = \boldsymbol{B}$<br>が存在するとき，$\boldsymbol{A}$ と $\boldsymbol{B}$ は**相似** (similar) であるという．<br>また，$\boldsymbol{A}$ を $\boldsymbol{B}$ で表すことを**相似変換**という． |
| 定理1 | $\boldsymbol{x}$ が行列 $\boldsymbol{A}$ の固有ベクトルならば，その任意のスカラー $\alpha$ 倍した $\alpha \boldsymbol{x}$ も固有ベクトルである． |
| 定理2 | 行列 $\boldsymbol{A}$ が対角行列ならば，その対角要素 $a_{ii}$ は固有値であり，固有ベクトルは第 $i$ 要素が 1 で，他の要素はすべて 0 となる単位ベクトルである． |
| 定理3 | $\boldsymbol{A}$ と $\boldsymbol{B}$ が相似行列であり，$\lambda$ を $\boldsymbol{A}$ の固有値，$\boldsymbol{x}$ をそれに対する固有ベクトルとすると，$\boldsymbol{B}$ の固有値も $\lambda$ であり，対応する固有ベクトルは $\boldsymbol{S}^{-1} \boldsymbol{x}$ である． |
| 定理4 | $\boldsymbol{A}$ が対称行列 $(\boldsymbol{A} = \boldsymbol{A}^T)$ であれば，次式を満たす直交行列 $\boldsymbol{P}$<br>$\boldsymbol{P}^T \boldsymbol{A} \boldsymbol{P} = \boldsymbol{D}$<br>が存在する．ここで，$\boldsymbol{D}$ は $\boldsymbol{A}$ の固有値からなる対角行列である． |
| 定理4の系 | $\boldsymbol{A}$ が対称行列であれば，固有ベクトルは互いに直交し，1次独立である． |
| 定理5<br>**Gershgorin**<br>(ゲルシュゴリン)<br>の定理 | $n$ 元正方行列 $\boldsymbol{A}$ のすべての固有値は，中心を $a_{ii}$，半径 $r_i$ を次式で与えられる複素平面 $z$ における円 $C_i$ $(i = 0, 1, \ldots, n-1)$ の集合 $D$ の中に存在する．<br>$r_i = \sum_{j=0, j \neq i}^{n-1} \lvert a_{ij} \rvert, \quad C_i\,;\, \lvert z - a_{ii} \rvert \leqq \sum_{j=0, j \neq i}^{n-1} \lvert a_{ij} \rvert$ |

いては数学書を参照されたい．なお，固有ベクトルの表現法には，最大値を 1 と正規化した方式か，ユークリッド・ノルムとして表す方式のいずれかが用いられる．

自然科学に現れる正方行列 $\boldsymbol{A}$ の要素は実数で，かつ正定値 ($\boldsymbol{x}^T\boldsymbol{A}\boldsymbol{x} \geqq 0$) 対称 ($\boldsymbol{A} = \boldsymbol{A}^T$) な場合が多い．この場合，$\boldsymbol{A}$ の固有値はすべて実数であり，固有ベクトルは実ベクトルで互いに 1 次独立となる (表 5.1 の定理 4 の系)．これら固有ベクトルを並べた行列 $\boldsymbol{P}$

$$\boldsymbol{P} = [\boldsymbol{x}_0, \boldsymbol{x}_1, \ldots, \boldsymbol{x}_{n-1}] \tag{5.5}$$

をつくれば，$\boldsymbol{P}$ は直交行列であり (定義 3)，これを用いて $\boldsymbol{P}^T\boldsymbol{A}\boldsymbol{P}$ と相似変換すると，固有値を対角成分とする対角行列となる (定理 4)．相似変換によって固有値は変わらないから，対角化できないまでも相似変換により上三角行列に変換できれば，この対角要素が固有値を与える．これが固有値解析の基本的な考えである．

## 5.2 べき乗法

行列 $\boldsymbol{A}$ の固有値または固有ベクトルを 1 つだけ値を求めたいときに，**べき乗法** (power method) と呼ばれる簡単な反復法が利用できる．

### (1) 最大固有値を求めるべき乗法

$n$ 元正方行列 $\boldsymbol{A}$ の要素がすべて実数で対称であり，$n$ 個の固有値と固有ベクトルの組 $(\lambda_i, \boldsymbol{x}_i)$ において，$|\lambda_0| > |\lambda_1| \geqq |\lambda_2| \geqq \cdots \geqq |\lambda_{n-1}|$ であり，固有ベクトル $\boldsymbol{x}_i$ の最大値が 1 に正規化されているとする．この $\{\boldsymbol{x}_i\}$ を用いて任意のベクトル $\boldsymbol{z}$ を次の形で表すことができる．

$$\boldsymbol{z} = c_0\boldsymbol{x}_0 + c_1\boldsymbol{x}_1 + \cdots + c_{n-1}\boldsymbol{x}_{n-1} \tag{5.6}$$

ただし $c_i$ ($i = 0, 1, \ldots, n-1$) は定数であるが，その全部が同時に 0 になることはないとする．$\boldsymbol{x}$ の初期値を適当に定め，上式の両辺に $\boldsymbol{A}$ を乗じると

$$\begin{aligned} \boldsymbol{A}\boldsymbol{z} &= c_0\boldsymbol{A}\boldsymbol{x}_0 + c_1\boldsymbol{A}\boldsymbol{x}_1 + \cdots + c_{n-1}\boldsymbol{A}\boldsymbol{x}_{n-1} \\ &= c_0\lambda_0\boldsymbol{x}_0 + c_1\lambda_1\boldsymbol{x}_1 + \cdots + c_{n-1}\lambda_{n-1}\boldsymbol{x}_{n-1} \end{aligned} \tag{5.7}$$

となる．この計算を繰り返し $\boldsymbol{A}$ を $k$ 回乗じると

$$\boldsymbol{A}^k\boldsymbol{z} = c_0\lambda_0^k\boldsymbol{x}_0 + c_1\lambda_1^k\boldsymbol{x}_1 + \cdots + c_{n-1}\lambda_{n-1}^k\boldsymbol{x}_{n-1}$$

$$= \lambda_0^{\,k}\left\{c_0\boldsymbol{x}_0 + c_1\left(\frac{\lambda_1}{\lambda_0}\right)^k\boldsymbol{x}_1 + \cdots + c_{n-1}\left(\frac{\lambda_{n-1}}{\lambda_0}\right)^k\boldsymbol{x}_{n-1}\right\} \tag{5.8}$$

となり，$k$ を大きくしていくと，$\lambda_0$ が最大固有値であることから，上式の $\{\,\}$ 内は $\boldsymbol{x}_0$ の項以外は 0 に漸近し，$\boldsymbol{A}^k\boldsymbol{z}$ は $c_0\lambda_0^{\,k}\boldsymbol{x}_0$ に近づく．したがって，$\boldsymbol{A}^{k+1}\boldsymbol{z}$ と $\boldsymbol{A}^k\boldsymbol{z}$ のベクトルの第1項の比は最大固有値 $\lambda_0$ に漸近することになる．この原理を用いたのがべき乗法であり，そのアルゴリズムは以下のようになる．

**アルゴリズム 5.1　最大固有値を求めるべき乗法**

最大要素が 1 である任意のベクトルを $\boldsymbol{x}^{(0)}$，$k=0$ とおく．

do{　$\boldsymbol{y}^{(k+1)} = \boldsymbol{A}\boldsymbol{x}^{(k)}$ ;

　$y_i^{(k+1)}$ の最大値を $\mu^{(k+1)}$ とする

　$\boldsymbol{x}^{(k+1)} = \dfrac{\boldsymbol{y}^{(k+1)}}{\mu^{(k+1)}}$;　$k$++;

}while(|$\mu^{(k+1)} - \mu^{(k)}$| > $\varepsilon$ || $k$<MAX)

$\lambda_0 = \mu^{(k+1)}$;　$\boldsymbol{x}_0 = \boldsymbol{x}^{(k+1)}$;

**例題 5.1**　$\boldsymbol{A} = \begin{bmatrix} 2 & -1 & 0 \\ -1 & 2 & -1 \\ 0 & -1 & 2 \end{bmatrix}$ の最大固有値とその固有ベクトルを求める．

**(解)**　初期値を $\boldsymbol{x}^{(0)} = (0, 1, 0)^T$ として始めると，

$$\boldsymbol{y}^{(1)} = \boldsymbol{A}\boldsymbol{x}^{(0)} = \begin{bmatrix} 2 & -1 & 0 \\ -1 & 2 & -1 \\ 0 & -1 & 2 \end{bmatrix}\begin{bmatrix} 0 \\ 1 \\ 0 \end{bmatrix} = \begin{bmatrix} -1 \\ 2 \\ -1 \end{bmatrix}, \quad \mu^{(1)} = 2$$

$$\boldsymbol{x}^{(1)} = \frac{\boldsymbol{y}^{(1)}}{\mu^{(1)}} = \begin{bmatrix} -1 \\ 2 \\ -1 \end{bmatrix}/2 = \begin{bmatrix} -1/2 \\ 1 \\ -1/2 \end{bmatrix},$$

ついで，

$$\boldsymbol{y}^{(2)} = \boldsymbol{A}\boldsymbol{x}^{(1)} = [-2, 3, -2]^T, \quad \boldsymbol{x}^{(2)} = \boldsymbol{y}^{(2)}/\mu^{(2)} = [-2/3, 1, -2/3]^T$$

収束するまでの計算経過を表 5.2 に示す．最大固有値 $\lambda_0$ は 3.414，固有ベクトル $\boldsymbol{x}$ は $[-0.7071, 1, -0.7071]^T$ のように得られる．

表 **5.2** べき乗法の反復計算

| $k$ | $\{\,\boldsymbol{y}^{(k)}\,\}^T$ | | | $\mu^{(k)}$ | $\{\,\boldsymbol{x}^{(k)}\,\}^T$ | | |
|---|---|---|---|---|---|---|---|
| 0 | | | | | 0 | 1 | 0 |
| 1 | − 1 | 2 | − 1 | 2 | − 1/2 | 1 | − 1/2 |
| 2 | − 2 | 3 | − 2 | 3 | − 2/3 | 1 | − 2/3 |
| 3 | − 7/3 | 10/3 | − 7/3 | 10/3 | − 0.7000 | 1 | − 0.7000 |
| 4 | − 2.4000 | 3.4000 | − 2.4000 | 3.4000 | − 0.7059 | 1 | − 0.7059 |
| 5 | − 2.4118 | 3.4118 | − 2.4118 | 3.4118 | − 0.7069 | 1 | − 0.7069 |
| 6 | − 2.4138 | 3.4138 | − 2.4138 | 3.4138 | − 0.7071 | 1 | − 0.7071 |
| 7 | − 2.4142 | 3.4142 | − 2.4141 | 3.4142 | − 0.7071 | 1 | − 0.7071 |

★ べき乗法のプログラム　行列 a に対する最大固有値をべき乗法で求めるプログラム例を Program 5.1 に示す．

プログラム構成法は 2.3 節での方法に準拠しており，行列 $\boldsymbol{A}$ の各要素 $a_{ij}$ は要素番号を $N*i+j$ ($N=$ 元数) とする 1 次元配列 **mat** に，固有ベクトルの初期値 **eVec** とともに，**solveMaxIgenV** メソッドで数値を入力している．

べき乗法による解析メソッド **power** では，**mat,eVec** を引数とし，収束条件，固有値の許容相対誤差 **TOL**，反復回数の最大値 **MAX** を与え，求めた固有値 **lambda** を戻り値とし，固有ベクトルの値は **eVec** に代入している．なお，反復の初期の段階では $\boldsymbol{y}^{(k)}$ と $\boldsymbol{y}^{(k+1)}$ の最大値をとる要素が異なり，収束判定を誤る可能性もあるので，最大値をとる要素番号を **maxi** と **oldi** に記録し，比較している．

**Program 5.1**　べき乗法による最大固有値と固有ベクトルの計算

```
/*  Program to obtain the maximum eigenvalue by power method      */
import java.applet.Applet;
import java.awt.*;

public class Power extends Applet{
   int status;
   Graphics g;
   public void paint( Graphics g ){
      this.g = g;
      solveMaxIgenV();
   }
   void solveMaxIgenV(){    //  最大固有値を求める問題
      double[] mat = new double[]{ 2,-1, 0, -1, 2, -1,  0, -1, 2 };
      double[] eVec= new double[]{ 0.0, 1.0, 0.0}; // 初期値
      int N = eVec.length;
      double lambda = power( mat, eVec, N );
      if( status == 0 ){
         g.drawString("lambda="+lambda, 20, 20 );
         for(int i=0; i<N; i++)
            g.drawString(""+(float)eVec[i], 20+80*i, 30 );
```

```
        }
    }
    /**    べき乗法による解析メソッド
           入力：  a[N × N]:係数行列, x[N]:固有ベクトル, N:元数    */
    double power( double[] a, double[] x, int N ){
        boolean flag = true;
        int i, j, maxi=0, oldi=0, line = 60, MAX=200, k=1;
        double lambda, maxmu=0.0, oldmu=0.0, sum, TOL=1.0E-7;
        double[] y = new double [N];
        status = 0;
        while( flag ){   //  反復計算
            for(i=0; i<N; i++){
                for(sum=0.0, j=0; j<N; j++) sum += a[N*i+j]*x[j];
                y[i] = sum;
            }
            oldmu = maxmu;   oldi = maxi;
            for(maxmu=0.0, i=0; i<N; i++){
                if(Math.abs(y[i])>Math.abs(maxmu)){
                      maxmu=y[i]; maxi=i; }
            }
            for(i=0; i<N; i++) x[i] = y[i]/maxmu;
            if(Math.abs(maxmu-oldmu)<=Math.abs(maxmu)*TOL &&
                maxi == oldi){ status = 0;  flag = false;
            }else{             status = 9; }
            if( k > MAX ){     status = 5;  flag = false; }
            g.drawString(">Power iter="+k+";   lambda="+maxmu,30,lNo);
                 30,60+11*k);
            k++;  lNo += 12;
        }
        if(status==5)
            g.drawString(">power: not converged after iteration n="
                              +MAX,20,lNo);
        if(status==9) g.drawString(">power: not converged", 20,lNo );
        return maxmu;
    }
}
```

### (2) 収束の加速法

べき乗法では，式 (5.8) より $|\lambda_1/\lambda_0|$ の値が小さいほど収束が速いことがわかる．したがってあらかじめ $\lambda_0$, $\lambda_1$ の近似値が知れている場合には，原点を $p$ (= 定数) だけ移動した修正行列 $\boldsymbol{B}$

$$\boldsymbol{B} = \boldsymbol{A} - p\boldsymbol{I} \tag{5.9}$$

により $|\lambda_1/\lambda_0|$ の値を小さくできれば，収束は飛躍的に向上する．実際には固有値の値が前もって分からない場合が多いが，べき乗法を数回適用してみるだけで収束が速いか遅いかはすぐ分かる．特に行列 $\boldsymbol{A}$ の対角項がすべて 0 に近いような場合には，べき乗法では $\mu^{(k)}$ が 2 つの値を繰り返して反復するだけで収束しない場合が

あり，原点の移動は大変効果的である．

$p$ だけ原点移動した行列では，

$$\boldsymbol{Bx} = (\boldsymbol{A} - p\boldsymbol{I})\boldsymbol{x} = \boldsymbol{Ax} - p\boldsymbol{x} = \lambda\boldsymbol{x} - p\boldsymbol{x} = (\lambda - p)\boldsymbol{x} = \lambda^*\boldsymbol{x}$$

より，$\boldsymbol{B}$ の固有値 $\lambda^*$ が求められれば，行列 $\boldsymbol{A}$ の固有値 $\lambda$ は

$$\lambda = \lambda^* + p \tag{5.10}$$

である．$\boldsymbol{B}$ の固有ベクトルは行列 $\boldsymbol{A}$ のそれと同じである．

一例として，次の行列をもとに，原点移動の効果を見てみよう．

$$\boldsymbol{A}=\begin{bmatrix} 4 & -6 & 5 \\ -6 & 3 & 4 \\ 5 & 4 & -3 \end{bmatrix} \tag{5.11}$$

この行列の固有値は約 9.622, 3.498, − 9.120 である．べき乗法による収束の速さは $|\lambda_1/\lambda_0| = 9.120/9.622 \fallingdotseq 0.95$ に支配され，表 5.3 に示すように，収束はかなり遅い．収束条件を相対誤差 $\varepsilon = 10^{-6}$ とした場合，収束に要する反復回数は 268 回である．

**表 5.3　行列 (5.11) のべき乗法による反復過程**

| $k$ | $\{\boldsymbol{y}^{(k)}\}^T$ | | | $\mu^{(k)}$ | $\{\boldsymbol{x}^{(k)}\}^T$ | | |
|---|---|---|---|---|---|---|---|
| 0 | | | | | 1 | 0 | 0 |
| 1 | 4 | − 6 | 5 | − 6 | − 0.6667 | 1 | − 0.8333 |
| 2 | − 12.8333 | 3.6667 | 3.1667 | − 12.8333 | 1 | − 0.2857 | − 0.2468 |
| 3 | 4.4805 | − 7.8442 | 4.5974 | − 7.8442 | − 0.5712 | 1 | − 0.5861 |
| 4 | − 11.2152 | 4.0828 | 2.9023 | − 11.2152 | 1 | − 0.3640 | − 0.2588 |
| 5 | 4.8903 | − 8.1273 | 4.3202 | − 8.1273 | − 0.6017 | 1 | − 0.5316 |
| 6 | − 11.0647 | 4.4840 | 2.5861 | − 11.0647 | 1 | − 0.4053 | − 0.2337 |
| ⋮ | | ⋮ | | ⋮ | | ⋮ | |
| 268 | 9.6219 | − 7.9348 | 1.2970 | 9.6219 | 1 | − 0.8247 | 0.1348 |

**表 5.4　原点移動によるべき乗法による反復過程**

| $k$ | $\{\boldsymbol{y}^{(k)}\}^T$ | | | $\mu^{(k)}$ | $\{\boldsymbol{x}^{(k)}\}^T$ | | |
|---|---|---|---|---|---|---|---|
| 0 | | | | | 1 | 0 | 0 |
| 1 | 7 | − 6 | 5 | 7 | 1 | − 0.8571 | 0.7143 |
| 2 | 15.7143 | − 8.2857 | 1.5714 | 15.7143 | 1 | − 0.5273 | 0.1 |
| 3 | 10.6636 | − 8.7636 | 2.8909 | 10.6636 | 1 | − 0.8218 | 0.2711 |
| 4 | 13.2864 | − 9.8465 | 1.7123 | 13.2864 | 1 | − 0.7411 | 0.1289 |
| 5 | 12.0911 | − 9.9310 | 2.0356 | 12.0911 | 1 | − 0.8213 | 0.1683 |
| ⋮ | | ⋮ | | ⋮ | | ⋮ | |
| 19 | 12.6219 | − 10.4087 | 1.7014 | 12.6219 | 1 | − 0.8247 | 0.1348 |
| 20 | 12.6219 | − 10.4088 | 1.7014 | 12.6219 | 1 | − 0.8247 | 0.1348 |

そこで，$p = -3$ として原点移動してみよう．このとき，式 (5.9) より，

$$\boldsymbol{B} = \boldsymbol{A} - (-3)\boldsymbol{I} = \begin{bmatrix} 7 & -6 & 5 \\ -6 & 6 & 4 \\ 5 & 4 & 0 \end{bmatrix}$$

この原点移動による行列 $\boldsymbol{B}$ の固有値は約 12.622, 6.498, −6.120 となる．この結果，$|\lambda_1/\lambda_0| = 6.498/12.622 \fallingdotseq 0.51$ となり，収束は表 5.4 に示すように，わずか 20 回で収

束する．最大固有値は式 (5.10) より $\lambda_0 = 12.6219 + (-3) = 9.6219$ が得られる．

## (3) 逆べき乗法

最大固有値とは別に最小固有値 $\lambda_{n-1}$ も知りたい場合が多い．この場合，$\boldsymbol{Ax} = \lambda\boldsymbol{x}$ に左から $\boldsymbol{A}^{-1}$ を乗ずれば，

$$\boldsymbol{x} = \lambda\boldsymbol{A}^{-1}\boldsymbol{x} \quad \text{すなわち} \quad \boldsymbol{A}^{-1}\boldsymbol{x} = \frac{1}{\lambda}\boldsymbol{x} \tag{5.12}$$

したがって，$\boldsymbol{A}^{-1}$ にべき乗法を適用すれば最大固有値 $\lambda^* (= 1/\lambda_{n-1})$ が得られ，最小固有値 $\lambda_{n-1}$ とこれに対応する固有ベクトル $\boldsymbol{x}_{n-1}$ が求まる．具体的手法は次の項で述べる．

## (4) 与えられた値に近い固有値を求める逆べき乗法

上述の方法は，与えられた値 $p$ に最も近い $\boldsymbol{A}$ の固有値 $\lambda_p$ を求める方法にも拡張できる．$\lambda_p$ は単解とし，この固有ベクトルを $\hat{\boldsymbol{x}}$ とする．式 (5.9)(5.12) より $\boldsymbol{B} = \boldsymbol{A} - p\boldsymbol{I}$ の固有値 $(\lambda_p - p)$ が最小，すなわち，$\boldsymbol{B}$ の逆行列に対して最大固有値 $\lambda_0 \{= 1/(\lambda_p - p)\}$ を求めれば，求める固有値 $\lambda_p$ は $1/\lambda_0 + p$ で与えられ，固有ベクトルは $\boldsymbol{B}$，すなわち $\boldsymbol{A}$ の値と変わらない. また，$p = 0$ と置けば，前述の最小固有値を求める問題に帰着する．

実際の計算では，逆行列を計算しないですむように LU 分解法を用いて計算するのが効率的である．すなわち，べき乗法による計算

$$\boldsymbol{y}^{(k+1)} = \boldsymbol{B}^{-1}\boldsymbol{x}^{(k)},$$

$$\boldsymbol{x}^{(k+1)} = \boldsymbol{y}^{(k+1)}/\mu^{(k+1)}$$

の代わりに，連立方程式

$$\boldsymbol{B}\,\boldsymbol{y}^{(k+1)} = \boldsymbol{x}^{(k)}$$

の $\boldsymbol{B}$ の LU 成分を求め，これにより求めた解 $\boldsymbol{y}^{(k+1)}$ にべき乗法を適用する．

$$\boldsymbol{x}^{(k+1)} = \boldsymbol{y}^{(k+1)}/\mu^{(k+1)}$$

Gerschgorin の定理 (表 5.1 の定理 5) を用いると固有値の存在領域が予測できるので，上述の方法を用いて全固有値と固有ベクトルを求めることもできる．

例えば，式 (5.11) の行列は実係数であるから，図 5.1 に示すように，実軸上の 4, 3, −3 に中心をもつ半径 11, 10, 9 の円内に固有値があり，$-12 \leqq \lambda \leqq 15$ の範囲内にあると予測できる．

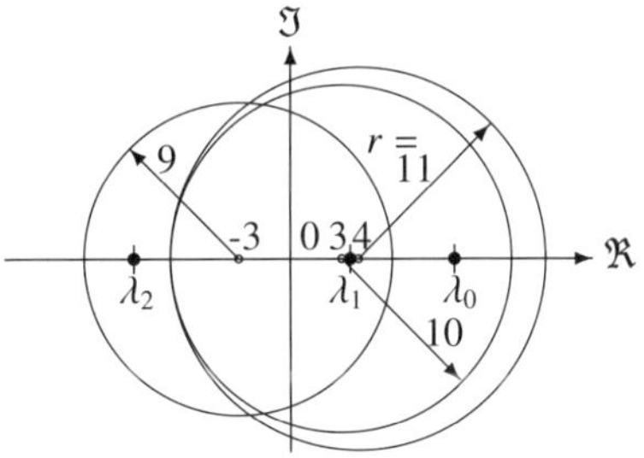


図 **5.1** 式 **(5.11)** の固有値の存在範囲

**問題 5.1** 次の行列の最大固有値 $\lambda_0$ とその固有ベクトル $\boldsymbol{x}_0$ をべき乗法で，小数点以下 4 桁まで求めよ．

$$\boldsymbol{A} = \begin{bmatrix} 3 & 0 & 1 \\ 0 & 3 & 2 \\ 1 & 2 & 3 \end{bmatrix}$$

**問題 5.2** 前問の行列 $\boldsymbol{A}$ に対し，0.8 に最も近い固有値を求めよ．

**問題 5.3** 行列 $\boldsymbol{A}$ と定数 $p$ が与えられ，$p$ に最も近い固有値を求めるプログラムをつくれ．

## 5.3 Jacobi (ヤコビ) 法

行列 $\boldsymbol{A}$ が対称であれば，$\boldsymbol{A}^{(0)} = \boldsymbol{A}$ として直交行列 $\boldsymbol{R}$ による相似変換を繰り返す

$$\boldsymbol{A}^{(k+1)} = (\boldsymbol{R}^{(k)})^T \boldsymbol{A}^{(k)} \boldsymbol{R}^{(k)}, \qquad (k = 0, 1, \ldots) \tag{5.13}$$

ことにより，すなわち

$$\widehat{\boldsymbol{P}} = \boldsymbol{R}^{(0)} \boldsymbol{R}^{(1)} \cdots \boldsymbol{R}^{(k)} \tag{5.14}$$

によって，$\widehat{\boldsymbol{P}}^T \boldsymbol{A} \widehat{\boldsymbol{P}}$ $(= \boldsymbol{D})$ と対角行列に変換 (定理 4) していく方法を **Jacobi 法** (Jacobi's method) という．固有値は相似変換では変わらない (定理 3) から，このようにして反復的に定めた対角行列の対角要素が求める固有値である (定理 2).

また，$\widehat{\boldsymbol{P}}^T \boldsymbol{A} \widehat{\boldsymbol{P}} = \boldsymbol{D}$ に左から $\widehat{\boldsymbol{P}}$ を乗ずると，$\boldsymbol{A}\widehat{\boldsymbol{P}} = \widehat{\boldsymbol{P}}\boldsymbol{D}$ となるから，$\boldsymbol{A}$ の固有値 $\lambda_j$ に対する固有ベクトルは行列 $\widehat{\boldsymbol{P}}$ の $j$ 列目の列ベクトルとして与えられることが

知れる．直交行列 $\boldsymbol{R}$ として，後述の回転行列を用いる場合は，各列ベクトルのユークリッド・ノルムが 1 になるように正規化されていることに留意したい．

直交行列 $\boldsymbol{R}$ の決め方は，Jacobi 法では，非対角要素の中で最も大きいものから 1 つづつ消去していくように定めるのが一般的である．最大要素の探索に相当な計算量を要するとして，行番号の順に 1 行づつ，左から右へ一律に要素を消去していく (要素の値が小さければパスさせる) 簡略法 (巡回 Jacobi 法) も用いられる．

直交行列 $\boldsymbol{R}$ の例として，まず最も簡単な $2 \times 2$ 行列の場合を見ておこう．$\boldsymbol{A}$ を

$$\boldsymbol{A} = \begin{bmatrix} a_{00} & a_{01} \\ a_{10} & a_{11} \end{bmatrix}, \quad \text{ただし} \quad a_{01} = a_{10}$$

のように表す．直交行列に平面図形を回転させる行列 $\boldsymbol{R}$

$$\boldsymbol{R} = \begin{bmatrix} \cos\theta & -\sin\theta \\ \sin\theta & \cos\theta \end{bmatrix}$$

を用いて $\boldsymbol{R}^T\boldsymbol{A}\boldsymbol{R}$ を求めると，

$$\boldsymbol{R}^T\boldsymbol{A}\boldsymbol{R} = \begin{bmatrix} \cos\theta & \sin\theta \\ -\sin\theta & \cos\theta \end{bmatrix} \begin{bmatrix} a_{00} & a_{01} \\ a_{10} & a_{11} \end{bmatrix} \begin{bmatrix} \cos\theta & -\sin\theta \\ \sin\theta & \cos\theta \end{bmatrix}$$

$$= \begin{bmatrix} a_{00}C^2 + 2a_{01}CS + a_{11}S^2 & (a_{11} - a_{00})CS + a_{01}(C^2 - S^2) \\ (a_{11} - a_{00})CS + a_{01}(C^2 - S^2) & a_{00}S^2 - 2a_{01}CS + a_{11}C^2 \end{bmatrix}$$

を得る．ここで，$C, S$ は $\cos\theta, \sin\theta$ の略記号である．この行列が対角行列になるような $\theta$ の値は，$(a_{11} - a_{00})CS + a_{01}(C^2 - S^2) = 0$ より，$a_{00} \neq a_{11}$ ならば，

$$\tan 2\theta = \frac{2a_{01}}{(a_{00} - a_{11})} \quad \longrightarrow \quad \theta = \frac{1}{2}\tan^{-1}\frac{2a_{01}}{a_{00} - a_{11}}$$

$a_{00} = a_{11}$ のときは $\theta = \pi/4$ である．この変換によって，対角要素が固有値を，$\boldsymbol{R}$ の列ベクトルが固有ベクトルを与える．

**固有値と固有ベクトルの幾何学的意味**

行列 $\boldsymbol{A}$ に任意のベクトル $\boldsymbol{p}$ を乗じれば，$\boldsymbol{A}\boldsymbol{p} = \boldsymbol{q}$ のように，一般には $\boldsymbol{p} \neq \alpha\boldsymbol{q}$ ($\alpha$ は定数) のようなベクトルに変換される．ところが，行列 $\boldsymbol{A}$ には特別なベクトル (固有ベクトル)$\boldsymbol{x}$ があり，この特別なベクトルは変換 $\boldsymbol{A}$ によって向きを変えずに，大きさのみを $\lambda$ 倍にする ($\boldsymbol{A}\boldsymbol{x} = \lambda\boldsymbol{x}$).

このように，行列 $\boldsymbol{A}$ による変換でも向きが変わらないベクトル方向は $\boldsymbol{A}$ に固有なもので，$\boldsymbol{A}$ を変えない限り不変である．与えられた $\boldsymbol{A}$ に対し，方向が変わらないベクトルが固有ベクトル，倍率が固有値であるともいえる．

**例題 5.2** 次の行列の固有値を Jacobi 法で求める．

$$\boldsymbol{A} = \begin{bmatrix} 10 & 3 & 2 \\ 3 & 5 & 1 \\ 2 & 1 & 0 \end{bmatrix}$$

計算は小数点以下 5 桁まで正しく計算する．ただし，簡単のため，収束条件は 0.001 とし，これより小さい成分の値は 0 とする．

**(解)** $\boldsymbol{A}$ の成分の中で対角線より上側にある最大のものは $a_{01}$ であるから，

$$\boldsymbol{R}_{01} = \begin{bmatrix} \cos\theta & -\sin\theta & 0 \\ \sin\theta & \cos\theta & 0 \\ 0 & 0 & 1 \end{bmatrix}, \quad \theta = \frac{1}{2}\frac{2a_{01}}{a_{00} - a_{11}} = \frac{1}{2}\frac{2 \times 3}{10 - 5} = 0.43803$$

よって，$\sin\theta = 0.42416$, $\cos\theta = 0.90559$ となる．これにより，

$$(\boldsymbol{R}^{(0)})^T \boldsymbol{A}^{(0)} = \begin{bmatrix} 0.90559 & 0.42416 & 0 \\ -0.42416 & 0.90559 & 0 \\ 0 & 0 & 1 \end{bmatrix} \begin{bmatrix} 10 & 3 & 2 \\ 3 & 5 & 1 \\ 2 & 1 & 0 \end{bmatrix}$$

$$= \begin{bmatrix} 10.32838 & 4.83757 & 2.23534 \\ -1.52483 & 3.25547 & 0.05727 \\ 2 & 1 & 0 \end{bmatrix}$$

および，

$$(\boldsymbol{R}^{(0)})^T \boldsymbol{A}^{(0)} \boldsymbol{R}^{(0)} = \begin{bmatrix} 10.32838 & 4.83757 & 2.23534 \\ -1.52483 & 3.25547 & 0.05727 \\ 2 & 1 & 0 \end{bmatrix} \begin{bmatrix} 0.90559 & -0.42416 & 0 \\ 0.42416 & 0.90559 & 0 \\ 0 & 0 & 1 \end{bmatrix}$$

$$= \begin{bmatrix} 11.40518 & 0 & 2.23534 \\ 0 & 3.59487 & 0.05727 \\ 2.23534 & 0.05727 & 0 \end{bmatrix}$$

ここで，$a_{01}$ と $a_{10}$ の成分が 0 でなくなったことに注意しよう．

次に成分 $a_{02}$ に関して，$\theta = \dfrac{1}{2}\tan^{-1}\left(\dfrac{2a_{02}}{a_{00} - a_{22}}\right) = 0.18679$ より，

$$\boldsymbol{R}^{(1)} = \begin{bmatrix} 0.98261 & 0 & -0.18571 \\ 0 & 1 & 0 \\ 0.18571 & 0 & 0.98261 \end{bmatrix}$$

$$\boldsymbol{A}^{(1)} = \begin{bmatrix} 11.82777 & 0.01064 & 0 \\ 0.01064 & 3.59489 & 0.05627 \\ 0 & 0.05627 & -0.42246 \end{bmatrix}$$

ついで，非対角成分の最大値 $a_{12}$ に関して，$\theta = \dfrac{1}{2}\tan^{-1}\left(\dfrac{2a_{12}}{a_{11} - a_{22}}\right) = 0.01401$ より，

$$\boldsymbol{R}^{(2)} = \begin{bmatrix} 1 & 0 & 0 \\ 0 & 0.99990 & -0.01401 \\ 0 & 0.01401 & 0.99990 \end{bmatrix}$$

$$\boldsymbol{A}^{(2)} = \begin{bmatrix} 11.82777 & 0.01064 & 0 \\ 0.01064 & 3.59569 & 0 \\ 0 & 0 & -0.42325 \end{bmatrix}$$

ついで，成分 $a_{01}$ に関して，$\theta = \dfrac{1}{2}\tan^{-1}\left(\dfrac{2a_{01}}{a_{00} - a_{11}}\right) = 0.00129$ より，

$$\boldsymbol{R}^{(3)} = \begin{bmatrix} 1 & -0.00129 & 0 \\ 0.00129 & 1 & 0 \\ 0 & 0 & 1 \end{bmatrix}$$

$$\boldsymbol{A}^{(3)} = \begin{bmatrix} 11.82780 & 0 & 0 \\ 0 & 3.59567 & 0 \\ 0 & 0 & -0.42325 \end{bmatrix}$$

これによって行列 $\boldsymbol{A}$ の対角化が終了し，対角要素が固有値である．収束条件を 0.0001 としても 5 回の計算で収束する．確認されたい．

固有ベクトルは，変換順に後から掛けた逐次変換行列の積

$$\widehat{\boldsymbol{R}} = \begin{bmatrix} 0.90559 & -0.42416 & 0 \\ 0.42416 & 0.90559 & 0 \\ 0 & 0 & 1 \end{bmatrix}\begin{bmatrix} 0.98261 & 0 & -0.18571 \\ 0 & 1 & 0 \\ 0.18571 & 0 & 0.98261 \end{bmatrix}$$

$$\times\begin{bmatrix} 1 & 0 & 0 \\ 0 & 099990 & -0.01401 \\ 0 & 0.01401 & 0.99990 \end{bmatrix}\begin{bmatrix} 1 & -0.00129 & 0 \\ 0.00129 & 1 & 0 \\ 0 & 0 & 1 \end{bmatrix}$$

$$= \begin{bmatrix} 0.88929 & -0.42762 & -0.16222 \\ 0.41795 & 0.90386 & -0.09145 \\ 0.18573 & 0.01226 & 0.98251 \end{bmatrix}$$

より，この 1 列目の値が固有値 11.8278 に対する固有ベクトルであり，2 列目が 3.5957，3 列目が − 0.4233 の固有値に対する固有ベクトルである．

上述の考えを一般的な $n$ 元対称行列 $\boldsymbol{A}$ に対する固有値解析に拡張しよう．この場合にも，直交行列 $\boldsymbol{R}_{ij}$ として同様な平面回転行列を用いる．消去したい非対角項を $a_{ij}$ とすると，$\boldsymbol{R}_{ij}$ の対角項は 1 であり，列 $i$, $j$ と，行 $i$, $j$ の交差要素に平面回転成分を入れる．すなわち，

$$
\begin{array}{cccccccccccc}
 & & & & i\text{列} & & & & j\text{列} & & & \\
\end{array}
$$

$$
\boldsymbol{R}_{ij} = \left[\begin{array}{cccccccccccc}
1 & 0 & \cdots & 0 & 0 & 0 & \cdots & 0 & 0 & 0 & \cdots & 0 \\
0 & 1 & \cdots & & 0 & & & & 0 & & & \\
 & & \ddots & & \vdots & & & & \vdots & & & \\
0 & & & 1 & 0 & & & & 0 & & & \\
0 & 0 & \cdots & 0 & \cos\theta & 0 & \cdots & 0 & -\sin\theta & 0 & \cdots & 0 \\
 & & & & 0 & 1 & & & 0 & & & \\
 & & & & \vdots & & \ddots & & \vdots & & & \\
 & & & & 0 & & & 1 & 0 & & & \\
 & & \cdots & & \sin\theta & & \cdots & & \cos\theta & & \cdots & \\
 & & & & 0 & & & & 0 & 1 & & \\
 & & & & \vdots & & & & \vdots & & \ddots & \\
 & & & & 0 & & & & 0 & & & 1
\end{array}\right]
\begin{array}{l}
 \\ \\ \\ \\ i\text{行} \\ \\ \\ \\ j\text{行} \\ \\ \\ \\
\end{array}
$$

この場合も，$\theta$ は次のように決められる．

$$
\theta = \begin{cases} \dfrac{\pi}{4} & \text{for} \quad a_{ii} = a_{jj} \\ \dfrac{1}{2}\tan^{-1}\dfrac{2a_{ij}}{a_{ii} - a_{jj}} & \text{for} \quad a_{ii} \neq a_{jj} \end{cases} \tag{5.15}
$$

$a_{ij}$ の最大値の探索には，行列の対称性により，上三角領域のみを考えればよい．また，この最大値がある許容値を下回るようになれば計算終了である．

この $\theta$ を用いて $\boldsymbol{R}^T\boldsymbol{A}\boldsymbol{R}$ を計算する際，$\boldsymbol{R}$ の形を思い起こすと行列の積の全計算を行う必要がないことが知れよう．まず行列 $\boldsymbol{A}$ に前から $\boldsymbol{R}_{ij}^T$ を掛けるとすると，その行列の $i$ 行と $j$ 行の要素だけが影響を受けるから，変換後の要素 $a_{ij}^*$ は

$$
\begin{aligned}
a_{ik}^* &= \phantom{-}a_{ik}\cos\theta + a_{jk}\sin\theta \quad (k = 0, 1, \ldots, n-1) \\
a_{jk}^* &= -a_{ik}\sin\theta + a_{jk}\cos\theta \quad (k = 0, 1, \ldots, n-1)
\end{aligned}
$$

となる (第 2 式の右辺第 1 項 $a_{ik}$ は変換前の値であることに注意).

同様に，行列 $\boldsymbol{A}$ に後から $\boldsymbol{R}_{ij}$ を掛けると，その行列の $i$ 列と $j$ 列の要素だけが影響を受ける．よって，全体として，変化するのは $i, j$ の行と列のみであり，

$$
\begin{aligned}
a_{ii}^* &= a_{ii}\cos^2\theta + 2a_{ij}\cos\theta\sin\theta + a_{jj}\sin^2\theta, \\
a_{jj}^* &= a_{ii}\sin^2\theta - 2a_{ij}\cos\theta\sin\theta + a_{jj}\cos^2\theta, \\
a_{ij}^* &= a_{ji}^* = 0, \\
a_{ik}^* &= a_{ki}^* = \ a_{ik}\cos\theta + a_{jk}\sin\theta, \quad (\,k = 0, 1, \ldots, n-1,\ \ k \neq i,\ j\,)
\end{aligned}
$$

$$a_{jk}^* = a_{kj}^* = -a_{ik}\sin\theta + a_{jk}\cos\theta, \quad (k = 0, 1, \ldots, n-1,\ k \neq i,\ j)$$

$\boldsymbol{R}_{ij}$ による相似変換で非対角要素の 2 乗和が $2(a_{ij})^2$ だけ減少することが知られており，上述の変換を繰り返すことにより非対角要素は 0 に収束していく．しかし，Jacobi 法の計算量は多く，元数が多い場合は収束するまでに相当数の反復計算を必要とするため，普通，10 数元程度までの行列にしか用いられない．

以上の Jacobi 法のアルゴリズムをまとめると以下のようになる．

**アルゴリズム 5.2　Jacobi 法による固有値解法**

入力 ： 初期値 (行列 $\boldsymbol{A}$，単位行列 $\boldsymbol{X}$)，最大反復回数 (MAX)，$k$=1 ；
while ($|a_{ij}| > \varepsilon$ || $k$ < MAX){
　　対角線より上側で，要素 $|a_{ij}|$ の最大値を探索 ；
　　$\theta$ を計算 ；
　　回転行列 $\boldsymbol{R}_{ij}$ を構成 ；
　　相似変換 $\boldsymbol{A}^{(k+1)} = (\boldsymbol{R}^{(k)})^T \boldsymbol{A}^{(k)} \boldsymbol{R}^{(k)}$ を計算 ；
　　固有ベクトル $\boldsymbol{X}^{(k+1)} = \boldsymbol{X}^{(k)} \boldsymbol{R}^{(k)}$ を計算 ；
　　$k$++;
}

★ **Jacobi 法による固有値解析メソッド**　アルゴリズム 5.2 に基づくプログラム例を以下に示す．先のべき乗法と同様な構成であり，行 12 以降を示してある．

$a_{ii}, a_{jj}$ は修正前の値を別の式で用いるから，修正前に別の変数に保存しておく必要がある．また, 計算中に配列を参照する回数を減らす効果もあるので, $a_{ii}, a_{ij}, a_{jj}$ も別の変数に置き換えている．固有ベクトルには，初期値として単位行列を与え，これに回転行列を後から乗ずることより変化する列要素だけに値を代入している．

**Program 5.2**　Jacobi 法による固有値解析メソッド

```
12    void solveIgenvalue(){
13       double[] mat = new double[]{10, 3, 2,  3, 5, 1,  2, 1, 0 };
14       int N = 3;
15       double[]  eVec = new double[ N*N ];
16       Jacobi( mat, eVec, N );
17       int  i0 = 15,  j0 = 20;
18       if( status == 0 ){
19          for(int i=0; i<N; i++){
20             g.drawString("lambda"+i+"="+(float)mat[N*i+i],10,j0);
```

```
         j0 +=12;
         for(int j=0; j<N; j++){
            g.drawString(""+(float)eVec[N*j+i]+",",i0,j0);
            i0 +=85;
         }
         j0 += 15; i0=15;
      }
   }
}
/**   Jacobi 法による固有値解析メソッド
        戻り値： エラーコード ( 0: 正常,   9: 未収束 )
        入出力： a[N×N]=係数行列,  固有値を対角項に出力
        出力  ： x[N×N]=固有ベクトル                          */
void Jacobi( double[] a, double[] x, int N ){
   double  PI = Math.PI, TOL = 1.0E-7, TINY = 1.0E-10;
   int ip=0, jp=0, k, iter=0, status=0, jNo=20+27*N, MAX=200;
   double amax, theta, co, si, w;
   double aii, aij, ajj, aik, ajk;
   //   固有ベクトルの初期値設定
   for(int i=0; i<N; i++){
      for(int j=0; j<N; j++){
         if( i == j ) x[N*i+j]=1.0;  else  x[N*i+j]=0.0;
      }
   }
   //  反復計算
   boolean flag = true;
   while( flag ){
      //   非対角要素の最大値探索
      for( amax=0.0, k=0; k<N-1; k++){
         for(int m=k+1; m<N; m++){
            w = Math.abs( a[N*k+m] );
            if( w > amax ) {  ip = k;  jp = m;  amax = w; }
         }
      }
      //  収束判定
      if( amax <= TOL ){  status = 0;  flag = false; }
      if( iter >= MAX ){  status = 9;  flag = false; }
      aii = a[N*ip+ip];  aij = a[N*ip+jp];  ajj = a[N*jp+jp];
      //   回転角度計算
      if( Math.abs( aii-ajj ) < TOL ){
         theta = 0.25*PI*aij/Math.abs( aij );
      }else{
         theta = 0.5*Math.atan(2.0*aij/(aii-ajj));
      }
      co = Math.cos( theta );  si = Math.sin( theta );
      //  相似行列の計算
      for( k=0; k<N; k++){
         if( k != ip && k != jp ){
            aik = a[N*ip+k];  ajk = a[N*jp+k];
            w = aik*co+ajk*si;  a[N*ip+k] = w;  a[N*k+ip] = w;
            w = -aik*si+ajk*co; a[N*jp+k] = w;  a[N*k+jp] = w;
         }
      }
      a[N*ip+ip] = aii*co*co+(2.0*aij*co+ajj*si)*si;
      a[N*jp+jp] = aii*si*si-(2.0*aij*si-ajj*co)*co;
```

```
76              a[N*ip+jp] = 0.0;  a[N*jp+ip] = 0.0;
77              // 固有ベクトルの計算
78              for(k=0; k<N; k++){
79                  w = x[N*k+ip];
80                  x[N*k+ip] = w*co+x[N*k+jp]*si;
81                  x[N*k+jp] =-w*si+x[N*k+jp]*co;
82              }
83              iter++;   jNo += 12;
84              /* g.drawString(">Jacobi:  k="+iter+";  residual="+
85                   (float)amax,20,jNo);      */
86          }
87      }
88  }
```

例題 5.2 で与えた問題に適用した固有値と対応する固有ベクトルの出力を以下に示す.

```
lambda0=11.827601
    0.8892873,   0.41794667,   0.18571146,
lambda1=3.5956497
   -0.42761853,  0.9038581,   0.0135221975,
lambda2=-0.42325142
   -0.16220526, -0.09143878,  0.9825113,
```

## 5.4 QR法

大規模行列では Jacobi 法によって対角行列に変換していくための計算量は相当量にのぼる．一方，相似変換によって上三角行列に変換できれば，固有値が対角成分として得られるので，そのための効率的な計算法が課題となる．有限回で，直接，上三角行列に変換するのは不可能に近いので，まず前処理として，対角項の 2 つ下から下方の項がすべて 0 となる上 Hessenberg (ヘッセンベルグ) 行列($i > j+1$ のとき $a_{ij} = 0$) に相似変換し，ついで上三角行列に反復的に相似変換する 2 段階の方法がとられる．この第 1 段の変換に用いられる方法が **Householder** (ハウスホルダー) 法である．行列 $A$ が対称ならば，この変換は 3 重対角行列を与える．

### (1) Householder 法

2 つのベクトル $x, y$ が, $x \neq y$ かつ $\|x\| = \|y\|$ のとき

$$u = \frac{x-y}{\|x-y\|} \tag{5.16}$$

をつくり，

$$H = I - 2uu^T \tag{5.17}$$

としたとき，$\boldsymbol{H}$ は対称な直交行列であり，

$$\boldsymbol{Hx} = \boldsymbol{y} \tag{5.18}$$

のように $\boldsymbol{x}$ を $\boldsymbol{y}$ に変換できる．この変換を鏡像変換[*1]という．とくに，ベクトル $\boldsymbol{x} = [x_0, x_1, \ldots, x_{n-1}]^T$ を $\boldsymbol{y} = [-\sigma, 0, \ldots, 0]^T$ に変換する行列は，

$$\boldsymbol{v} \equiv \boldsymbol{x} - \boldsymbol{y} = [x_0 + \sigma, x_1, \ldots, x_{n-1}]^T \tag{5.19}$$

として

$$\boldsymbol{u} = \frac{\boldsymbol{v}}{\|\boldsymbol{v}\|}, \quad \|\boldsymbol{v}\| = \sqrt{2\sigma(x_0 + \sigma)} \tag{5.20}$$

を用いると，式 (5.17) で表される．ここで $\sigma$ は $\|\boldsymbol{x}\| = \|\boldsymbol{y}\|$ であることから，

$$\sigma = \pm\left(\sum_{i=0}^{n-1} |x_i|^2\right)^{1/2}$$

となる．$\sigma$ の符号は式 (5.19)(5.20) における計算に桁落ちが生じないように，$x_0$ と同じ符号にとる．

上記の変換を用いると，$n$ 元行列を上 Hessenberg 行列に変換できる．まず，$\boldsymbol{A}$ の第 1 列の第 3 行から第 $n$ 行までを 0 にする (図 5.2 参照) ため，第 1 列の 2 行目以降のベクトル $\boldsymbol{x}_1$

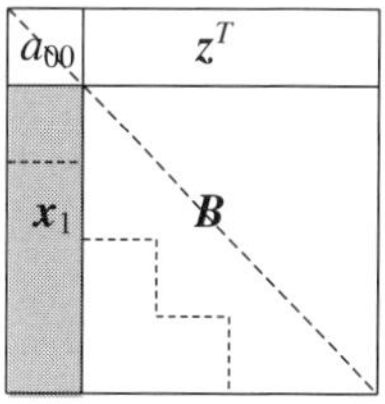


図 **5.2** 行列 $\boldsymbol{A}$ の要素

$$\boldsymbol{x}_1 = [\, a_{10}, a_{20}, \ldots, a_{n-1,0}\,]^T \tag{5.21}$$

をとる．このとき，

$$\boldsymbol{v} = [\, a_{10} + \sigma, a_{20}, \ldots, a_{n-1,0}\,]^T, \quad \sigma = \pm\left(\sum_{i=1}^{n-1} |a_{i0}|^2\right)^{1/2} \tag{5.22}$$

を用いて，

$$\boldsymbol{H}_1 = \boldsymbol{I} - \alpha \boldsymbol{v}\boldsymbol{v}^T, \quad \alpha = \frac{2}{\|\boldsymbol{v}\|^2} = \frac{1}{\sigma(a_{10} + \sigma)} \tag{5.23}$$

とする．この場合，行列

$$\boldsymbol{P}_1 = \left[\begin{array}{c|c} 1 & 0 \\ \hline 0 & \boldsymbol{H}_1 \end{array}\right] \tag{5.24}$$

も対称な直交行列であり，この性質 ($\boldsymbol{P}_1 = \boldsymbol{P}_1^{\,T}$) を利用して相似変換

[*1] 式 (5.18) により，$\boldsymbol{y}$ と $\boldsymbol{x}$ は，$\boldsymbol{u}$ を単位法線ベクトルとする平面に対して面対称の位置関係となる．

$$\boldsymbol{P}_1^T\boldsymbol{A}\boldsymbol{P}_1 = \boldsymbol{P}_1\left[\begin{array}{c|c} a_{00} & \boldsymbol{z}^T \\ \hline \boldsymbol{x}_1 & \boldsymbol{B} \end{array}\right]\boldsymbol{P}_1 = \left[\begin{array}{c|c} a_{00} & \boldsymbol{z}^T\boldsymbol{H}_1 \\ \hline \boldsymbol{H}_1\boldsymbol{x}_1 & \boldsymbol{H}_1\boldsymbol{B}\boldsymbol{H}_1 \end{array}\right] \tag{5.25}$$

を行うと，第1列の3行から$n$行までが0要素となる．

次に行列$\boldsymbol{A}$の右下の小行列$\boldsymbol{H}_1\boldsymbol{B}\boldsymbol{H}_1$に同様な変換を行う．このような変換においても$\boldsymbol{A}$の固有値は変化しない．以下，同様にして順次縮小していく右下小行列を変換していく．回が進むに従い，小行列の元数は減少し，$n-2$回の相似変換で上Hessenberg行列に変換できるので，極めて効率的な計算法といえる．

行列$\boldsymbol{A}$が対称ならば，$\boldsymbol{z}^T\boldsymbol{H}_1$は$(\boldsymbol{H}_1\boldsymbol{x}_1)^T$に等しく，$\boldsymbol{H}_1\boldsymbol{B}\boldsymbol{H}_1$の計算も対称性を利用して省力化できる．この場合，$\boldsymbol{HBH}$の具体的な計算は，

$$\begin{aligned}\boldsymbol{HBH} &= (\boldsymbol{I} - \alpha\boldsymbol{v}\boldsymbol{v}^T)\boldsymbol{B}(\boldsymbol{I} - \alpha\boldsymbol{v}\boldsymbol{v}^T) \\ &= \boldsymbol{B} - \alpha\boldsymbol{v}\boldsymbol{v}^T\boldsymbol{B} - (\boldsymbol{B}\alpha\boldsymbol{v} - \alpha\boldsymbol{v}\boldsymbol{v}^T\boldsymbol{B}\alpha\boldsymbol{v})\boldsymbol{v}^T \end{aligned} \tag{5.26}$$

ここで，

$$\boldsymbol{p} = \alpha\boldsymbol{B}\boldsymbol{v}, \quad r = \alpha\boldsymbol{p}^T\boldsymbol{v}, \quad \boldsymbol{q} = \boldsymbol{p} - r\boldsymbol{v}$$

とおけば，

$$\begin{aligned}\boldsymbol{HBH} &= \boldsymbol{B} - \boldsymbol{v}\boldsymbol{p}^T - (\boldsymbol{p} - \alpha\boldsymbol{v}\boldsymbol{p}^T\boldsymbol{v})\boldsymbol{v}^T \\ &= \boldsymbol{B} - \boldsymbol{v}\boldsymbol{p}^T - (\boldsymbol{p} - r\boldsymbol{v})\boldsymbol{v}^T \\ &= \boldsymbol{B} - \boldsymbol{v}\boldsymbol{p}^T - \boldsymbol{q}\boldsymbol{v}^T \end{aligned} \tag{5.27}$$

となり，行列の積の計算がベクトル積の計算で済ませられる．

$\boldsymbol{A}$が非対称の場合は，

$$\boldsymbol{HBH} = \boldsymbol{B} - \boldsymbol{v}\overline{\boldsymbol{p}}^T - \overline{\boldsymbol{q}}\boldsymbol{v}^T \tag{5.28}$$

ここで，$\overline{\boldsymbol{p}} = \alpha\boldsymbol{B}^T\boldsymbol{v}$, $\overline{\boldsymbol{q}} = \boldsymbol{p} - \overline{r}\boldsymbol{v}$, $\overline{r} = \alpha\overline{\boldsymbol{p}}^T\boldsymbol{v}$である．

以下では，非対称行列の場合にも適用できるように，式(5.28)を用いる．この$\boldsymbol{HBH}$の実際の計算は，式(5.25)により行列$\boldsymbol{A}$の右下部の該当小行列部分を用いて行えるので，式(5.28)の$\boldsymbol{B}$は$\boldsymbol{A}$と置き換えて，次のようにして行う．

**アルゴリズム 5.3 Householder 変換**

for ( $k=0$; $k<n-2$; $k$++){

$\boldsymbol{v} = [\,0, \ldots, 0, a_{k+1,k}, \ldots, a_{n-1,k}]^T$ ;

$\sigma_k = \sum_{i=k+1}^{n-1} |a_{ik}|^2$ ;

$a_{k+1,k} = a_{k+1,k} + \sigma$;　$\alpha = \dfrac{1}{\sigma * a_{k+1,k}}$;

式 (5.28) の $\boldsymbol{p}$, $\overline{\boldsymbol{p}}$, $\overline{k}$, $\overline{\boldsymbol{q}}$ を計算 ;

$\boldsymbol{A}_{k+1} = \boldsymbol{A}_k - \boldsymbol{v}\,\overline{\boldsymbol{p}}^T - \overline{\boldsymbol{q}}\boldsymbol{v}^T$ ;

}

★ **Householder 法による上 Hessenberg 行列への変換メソッド**　正方行列を 1 次元化した配列 a とその元数 N を引数として，Householder 変換により上 Hessenberg 行列に変換し，その係数を a (インスタンス変数) に戻すメソッドを以下に示す．

**Program 5.3** Householder 法による上 Hessenberg 行列への変換メソッド

```
/**     Householder 変換の関数プログラム
        入出力:  a[N × N]=係数行列, N=正方行列の次数            */
   void Householder( double a[], int N ){
      int  i, j;
      double sum, alpha, sigma, rb, TOL = 1.0E-7;
      double[] v = new double[N], p=new double[N], pb=new double[N];

      for(k=0; k<N-2; k++){
         for(i=0; i<k+1; i++)   v[i] = 0.0;
         for(i=k+1; i<N; i++)   v[i] = a[N*i+k];
         //   変換行列 H の構築
         for(sum=0.0, i=k+1; i<N; i++) sum += v[i]*v[i];
         sigma = Math.sqrt( sum );
         if( Math.abs( sum ) < TOL )  continue;
         if( v[k+1] < 0 ) sigma *= -1.0;
         v[k+1] += sigma;
         alpha= 1.0/(sigma*v[k+1]);
         //  相似変換
         for(i=0; i<N; i++){
            for(p[i] = 0.0, pb[i]=0.0, j=k+1; j<N; j++){
               p[i]  += alpha*a[N*i+j]*v[j];
               pb[i] += alpha*a[N*j+i]*v[j];
            }
         }
         for( rb=0.0, i=k+1; i<N; i++) rb += v[i]*pb[i];
         for(i=0; i<N; i++)  p[i] -= alpha*rb*v[i];
```

```
            for(i=0; i<N; i++){
                for(j=0; j<N;j++) a[N*i+j] -= (v[i]*pb[j]+p[i]*v[j]);
            }
        }
    }
```

## (2) QR 法

正則行列 $\boldsymbol{A}$ を直交行列 $\boldsymbol{Q}$ と上三角行列 $\boldsymbol{R}$ とに分解する **QR 分解**を利用して，上 Hessenberg 行列を反復的に上三角行列に収束させていく固有値解法を QR 法という．行列 $\boldsymbol{A}$ が非対称の場合にも有効な解法である．

$n$ 元行列 $\boldsymbol{A}$ の左から高々 $n-1$ 回の直交行列 $\boldsymbol{G}_0, \boldsymbol{G}_1, \ldots, \boldsymbol{G}_{n-2}$ を掛ける

$$\boldsymbol{G}_{n-2}\boldsymbol{G}_{n-3}\cdots\boldsymbol{G}_0\boldsymbol{A} = \boldsymbol{R} \tag{5.29}$$

と上三角行列 $\boldsymbol{R}$ に変換できる．$\boldsymbol{G}_{n-2}\boldsymbol{G}_{n-3}\cdots\boldsymbol{G}_0 = \boldsymbol{Q}^T$ とおくと，$\boldsymbol{Q}$ も直交行列

$$\boldsymbol{A} = \boldsymbol{Q}\boldsymbol{R} \tag{5.30}$$

となり，$\boldsymbol{A}$ は $\boldsymbol{Q}$ と $\boldsymbol{R}$ とに分解できる．

この QR 分解を用いてまず，$\boldsymbol{A}$ を $\boldsymbol{A}_0$ とおいて，これを QR 分解する．

$$\boldsymbol{A}_0 = \boldsymbol{Q}_0\boldsymbol{R}_0 \tag{5.31}$$

次に

$$\boldsymbol{A}_1 = \boldsymbol{R}_0\boldsymbol{Q}_0 \tag{5.32}$$

によって $\boldsymbol{A}_1$ をつくると，$\boldsymbol{A}_0$ と $\boldsymbol{A}_1$ は相似である．なぜなら

$$\boldsymbol{A}_1 = \boldsymbol{R}_0\boldsymbol{Q}_0 = \boldsymbol{Q}_0^T\boldsymbol{A}_0\boldsymbol{Q}_0 \tag{5.33}$$

が成り立ち，$\boldsymbol{A}_0$ が上 Hessenberg 行列なら $\boldsymbol{A}_1$ も上 Hessenberg 行列になる．一般に

$$\boldsymbol{A}_k = \boldsymbol{Q}_k\boldsymbol{R}_k \tag{5.34}$$

$$\boldsymbol{A}_{k+1} = \boldsymbol{R}_k\boldsymbol{Q}_k = \boldsymbol{Q}_k^T\boldsymbol{A}_k\boldsymbol{Q}_k = (\boldsymbol{Q}_k^T\boldsymbol{Q}_{k-1}^T\cdots\boldsymbol{Q}_0^T)\boldsymbol{A}_0(\boldsymbol{Q}_0\boldsymbol{Q}_2\cdots\boldsymbol{Q}_k) \tag{5.35}$$

によって相似な行列の列 $\{\boldsymbol{A}_{k+1}\}$ を計算すると，$k\to\infty$ のとき $\boldsymbol{A}_{k+1}$ は上三角行列に収束していく．$\boldsymbol{A}_{k+1}$ の対角要素が求める固有値である．0 要素が少ない行列の場合は，この反復計算にかなりの回数を要するが，上 Hessenberg 行列または三重対角行列の場合は，計算回数がかなり少なくてすむ解法として定評がある．

QR 分解に用いる直交行列 $\boldsymbol{G}$ としては，Jacobi 法で用いた回転行列の転置行列 (これを **Givens** (ギブンス) の行列という)

$$
\boldsymbol{G}_i = \begin{bmatrix} 1 & & & & & & \\ & 1 & & & & 0 & \\ & & \ddots & & & & \\ & & & \cos\theta_i & \sin\theta_i & & \\ & & & -\sin\theta_1 & \cos\theta_i & & \\ & & & & & \ddots & \\ & 0 & & & & 1 & \\ & & & & & & 1 \end{bmatrix}
\begin{matrix} \\ \\ \\ i\text{ 行} \\ i+1\text{ 行} \\ \\ \\ \\ \end{matrix}
$$

（列の位置：0 列，$i$ 列，$i+1$ 列）

がよく利用される．回転変換の $i$ 回目では，その上 Hessenberg 行列の要素 $a_{i+1,i}$ を 0 とするための条件から，変換後の要素を $a^*_{i+1,i}$ で表すと，

$$
a^*_{i+1,i} = -a_{ii}\sin\theta_i + a_{i+1,i}\cos\theta_i = 0
$$

を満たせばよい．これより，$\sin\theta_i, \cos\theta_i$

$$
\sin\theta_i = \frac{a_{i+1,i}}{a^*_{ii}}, \quad \cos\theta_i = \frac{a_{ii}}{a^*_{ii}}, \quad a^*_{ii} = \sqrt{a_{ii}^2 + a_{i+1,i}^2} \tag{5.36}
$$

が定まり，$\boldsymbol{G}_i$ の要素が求められる．この $\boldsymbol{G}_i$ を用いて $\boldsymbol{G}_i\boldsymbol{A}_i$ の計算を $i$ が 0 から $n-1$ まで行うと上三角行列に変換される．$\boldsymbol{G}_i\boldsymbol{A}_i$ の計算では $i$ 行と $i+1$ 行の要素だけが変わるから，次のように計算できる．

$$
\begin{aligned}
&a^*_{ij} = a_{ij}\cos\theta_1 + a_{i+1,j}\cos\theta_1 \quad (j = i+1, i+2, \ldots, n-1) \\
&a^*_{i+1,j} = a_{ij}\sin\theta_i + a^*_{i+1,j}\cos\theta_i \quad (j = i+1, i+2, \ldots, n-1) \\
&a^*_{ii} = \sqrt{a_{ii}^2 + a_{i+1,i}^2}, \quad a^*_{i+1,i} = 0
\end{aligned} \tag{5.37}
$$

このように，変換を $n-1$ 回行うと上三角行列 $\boldsymbol{R}$ と $\boldsymbol{Q}$ が得られる．すなわち，

$$
\boldsymbol{G}_{n-1}(\boldsymbol{G}_{n-2}(\cdots(\boldsymbol{G}_0\boldsymbol{A})\cdots)) = \boldsymbol{R}, \quad \boldsymbol{Q} = \boldsymbol{G}_0^T\boldsymbol{G}_1^T\cdots\boldsymbol{G}_{n-1}^T \tag{5.38}
$$

これらの計算では，$\boldsymbol{G}_i\boldsymbol{A}_i$ の値には $\boldsymbol{A}$ の配列，$\boldsymbol{Q}$ の値には $\boldsymbol{G}$ の配列が利用できる．

上記計算で得た $\boldsymbol{R}$ と $\boldsymbol{Q}$ とにより $\boldsymbol{A}_k$ を求めた段階で，十分小さな正の値 $\varepsilon$ に対し，$|a_{i,i-1}| < \varepsilon$ を満たす $i$ の最大値を $m$ とすると，右下の $(n-m)\times(n-m)$ の小行列は上三角行列に変換されたことになる．そのため，$\boldsymbol{A}_{k+1}$ を求める計算では $\boldsymbol{A}_k$ の左上の $m\times m$ の部分行列に対してのみ演算すればよい．

固有値を求めるべき乗法で述べたように，収束を加速するには原点の移動が効果的であり，QR 法でも変わらない．原点の移動量を $\mu$ とすると，

$$
\boldsymbol{A}_k - \mu_k\boldsymbol{I} = \boldsymbol{Q}_k\boldsymbol{R}_k \tag{5.39}
$$

$$\boldsymbol{A}_{k+1} = \boldsymbol{R}_k\boldsymbol{Q}_k + \mu_k\boldsymbol{I} \tag{5.40}$$

$\mu_k$ には，実数係数の場合，通常，$\boldsymbol{A}_k$ の $a_{m-1,m-1}$ の値を用いるのが実用的とされる．

以上により，上 Hessenberg 行列 $\boldsymbol{A}$ を上三角行列に相似変換する QR 法のアルゴリズムは次のようになる．

**アルゴリズム 5.4　上 Hessenberg 行列の QR 分解**

for( $m = N$; $m > 1$; $m$--){
　　while( $|a_{m,m-1}| > \varepsilon$ ){
　　　　原点移動；　Givens 行列の初期化;
　　　　for ( $i$=0; $i$<$m-1$; $i$++){　$\boldsymbol{R}_i = \boldsymbol{G}_i\boldsymbol{A}_i$；　$\boldsymbol{Q}_i = \boldsymbol{Q}_i\boldsymbol{G}_i^T$； }
　　　　$\boldsymbol{A}_{k+1} = \boldsymbol{R}_k\boldsymbol{Q}_k + \mu_k\boldsymbol{I}$；
　　}
　　$m$--;
}

収束した行列 $\boldsymbol{A}_{k+1}$ の対角項として求まる固有値の固有ベクトルを求めるには，5.2 節 (4) で述べた与えられた値に最も近い固有値を求める方法が利用される．

**★ QR 法による固有値解析関数プログラム**　前出の Householder 法メソッドにより変換した上 Hessenberg 行列を，上三角行列に変換する QR 法のメソッドは以下のようになる．a の対角項 a[N*i+i] ($i = 0, 1, \ldots, N-1$) が固有値を与える．

**Program 5.4**　QR 法による固有値解析メソッド

```
/**   QR 分解のメソッド
   入出力: a[N*N]=正方行列      N=正方行列の次数            */
void QRmethod( double a[], int N ){
   int i, j, k, m = N;
   double sum, aa, mu, sinx, cosx, TOL = 1.0E-7;
   double[] q = new double[N*N], w = new double[N];
   for( m=N; m>1; m--){
      while( Math.abs( a[N*(m-1)+m-2] )> TOL ){
         mu = a[N*(m-1)+(m-1)];                  //  原点移動
         for(i=0; i<m; i++) a[N*i+i]=a[N*i+i]-mu;
         for(i=0; i<m*m; i++)  q[i]=0.0;     //   Givens 行列
         for(i=0; i<m;   i++)  q[m*i+i]=1.0;
         for(i=0; i<m-1; i++){
            sum = a[N*i+i]*a[N*i+i]+a[N*(i+1)+i]*a[N*(i+1)+i];
            sum = Math.sqrt( sum );
            if( Math.abs( sum ) < TOL ){ sinx = 0.0; cosx = 0.0;
            }else{
               sinx=a[N*(i+1)+i]/sum;  cosx=a[N*i+i]/sum;
```

```
               }
               for(j=i+1; j<m; j++){           //  QR 分解
                  aa = a[N*i+j]*cosx+a[N*(i+1)+j]*sinx;
                  a[N*(i+1)+j] = -a[N*i+j]*sinx+a[N*(i+1)+j]*cosx;
                  a[N*i+j] = aa;
               }
               a[N*i+i] = sum;   a[N*(i+1)+i] = 0.0;
               for(j=0; j<m; j++){             //  直交行列 Q
                  aa = q[m*j+i]*cosx+q[m*j+i+1]*sinx;
                  q[m*j+i+1] = -q[m*j+i]*sinx+q[m*j+i+1]*cosx;
                  q[m*j+i] = aa;
               }
            }
            for(i=0; i<m; i++){                //  A_{k+1}
               for(j=i; j<m; j++) w[j]=a[N*i+j];
               for(j=0; j<m; j++){
                  for(sum=0.0, k=i; k<m; k++) sum += w[k]*q[m*k+j];
                  a[N*i+j] = sum;
               }
            }
            for(i=0; i<=m-1; i++) a[N*i+i] = a[N*i+i]+mu;
         }
      }
      m--;
   }
```

# 第6章 補間と近似

有限個の点列データが与えられ，これを滑らかにつないでその中間の点や外側の点を求めたいことがある．中間における値を求めることを **内挿** (interpolate) あるいは **補間**するといい，外側の点を求めるときは **外挿** (extrapolate) あるいは **補外**という．一方，与えられた点列に誤差を含んでいる場合の関数値を推定することは **近似** (data fitting) あるいは **データのあてはめ** (回帰分析ともいう) という．

## 6.1 多項式補間

### (1) Lagrange (ラグランジェ) 補間多項式

$n$ 個の離散点 $x_i$ $(i = 0, 1, \ldots, n-1)$ での関数値 $f_i$ $(i = 0, 1, \ldots, n-1)$ が与えられ，$x_i$ は $x_0 < x_1 < \cdots < x_{n-1}$ となるように順序付けられているとする．これらデータは丸め誤差を除いて正しいとして $f(x)$ を推定するとしよう．$f(x)$ には，最大 $n-1$ 次の多項式 $p(x)$

$$p(x) = a_{n-1}x^{n-1} + a_{n-2}x^{n-2} + \cdots + a_0 \tag{6.1}$$

を用いると一意に表すことができる．

上式で $p(x_i) = f_i$ とおけば，$n$ 個の未知係数 $a_0, a_1, \ldots, a_{n-1}$ に対して $n$ 個の線形方程式が得られ，この方程式はGauss 消去法などを用いて解ける．しかし，その係数行列は4.7 節で述べた悪条件となることが知られている．そのため，一般に，次のように表される Lagrange 補間多項式

$$p(x) = f_0 l_0(x) + f_1 l_1(x) + \cdots + f_{n-1} l_{n-1}(x) = \sum_{i=0}^{n-1} f_i\, l_i(x) \tag{6.2}$$

を用いて解かれる．ここで，関数 $l_i(x)$ は，それぞれ $n-1$ 次多項式であり，次の性質をもつ．

$$l_i(x_j) = \delta_{ij} = \begin{cases} 0 & (i \neq j) \\ 1 & (i = j) \end{cases} \tag{6.3}$$

ただし $\delta_{ij}$ は Kronecker (クロネッカ) のデルタ関数である．このように式 (6.2) は $n-1$ 次の多項式であり，$p(x_i) = f_i$ を満たす補間多項式である．

式 (6.3) の性質を満たすように式 (6.2) の $l_i(x)$ をきめるには，

$$L(x) = (x - x_0)(x - x_1)\cdots(x - x_{n-1}), \tag{6.4a}$$

$$g_i(x) = \frac{L(x)}{x - x_i}, \tag{6.4b}$$

$$l_i(x) = \frac{g_i(x)}{g_i(x_i)} = \prod_{j=0, j\neq i}^{n-1} \frac{x - x_i}{x_j - x_i} \tag{6.4c}$$

とする．このとき，$p(x)$ は次のように書ける．

$$p(x) = f_0\frac{g_0(x)}{g_0(x_0)} + f_1\frac{g_1(x)}{g_1(x_1)} + \cdots + f_{n-1}\frac{g_{n-1}(x)}{g_{n-1}(x_{n-1})} = \sum_{i=0}^{n-1} f_i\frac{g_i(x)}{g_i(x_i)} \tag{6.5}$$

上式が，任意の $i$ に対し $p(x_i) = f_i$ を満たすことは容易に確かめられよう．

簡単な例として，2 点 $(x_0, f_0), (x_1, f_1)$ が与えられるときは，$L(x) = (x - x_0)(x - x_1)$ より，

$$\frac{g_0(x)}{g_0(x_0)} = \frac{x - x_1}{x_0 - x_1}, \quad \frac{g_1(x)}{g_1(x_1)} = \frac{x - x_0}{x_1 - x_0}$$

であるから，

$$p(x) = \frac{x - x_1}{x_0 - x_1}f_0 + \frac{x - x_0}{x_1 - x_0}f_1 = \frac{f_1 - f_0}{(x_1 - x_0)}(x - x_0) + f_0 \tag{6.6}$$

となり，これは **線形補間** (linear interpolation) として知られる形にほかならない．

$n = 3$ の場合は，$L(x) = (x - x_0)(x - x_1)(x - x_2)$ より

$$p(x) = \frac{(x - x_1)(x - x_2)}{(x_0 - x_1)(x_0 - x_2)}f_0 + \frac{(x - x_0)(x - x_2)}{(x_1 - x_0)(x_1 - x_2)}f_1 + \frac{(x - x_0)(x - x_1)}{(x_2 - x_0)(x_2 - x_1)}f_2 \tag{6.7}$$

Lagrange 多項式による補間式 (6.4) のアルゴリズムは以下のようになる．

**アルゴリズム 6.1 Lagrange 多項式による補間法**

入力：補間座標 $x_{int}$, 点列データ $(x_i,\ f_i)\ (i{=}0,\ 1,\ \ldots,\ n-1)$;

$f_{int} = 0.0$;

for ( $i{=}0$; $i<n$; $i{+}{+}$ ){

$\quad l_i = \dfrac{g_i(x_{int})}{g_i(x_i)}$;

$\quad f_{int} = f_{int} + l_i f_i$;

}

**★ Lagrange 多項式による補間メソッド**　離散点座標 $x_i$，その関数値 $f_i$ と補間座標 `xint` を引数とし，補間値を戻し値とするプログラムは以下のようになる．

**Program 6.1**　Lagrange 多項式補間メソッド

```
/**       Lagrange polynomial interpolation
          入力； x[]; x 座標，    f[]; 関数値，    xint; 補間点       */
   double Lagrange( double[] x, double[] f, double xint ){
      double sum = 0.0, li, xi, xj;
      int    N = x.length;
      for( int i=0; i<N; i++){
         xi = x[i];  li = 1.0;
         for( int j=0; j<N; j++){
            if( i != j){  xj = x[j];  li = li*(xint-xj)/(xi-xj); }
         }
         sum += f[i]*li;
      }
      return sum;
   }
```

複数個の $x_k$ に対して Lagrange 補間値 $p(x_k)$ を求めるには，あらかじめ $f_i/g_i(x_i)$ を求めておいてから，次式により計算するのが効率的である．

$$p(x_k) = \sum_{i=0}^{n-1} g_i(x_k) \cdot \frac{f_i}{g_i(x_i)} \tag{6.8}$$

6 個の点列を通る 5 次の Lagrange 多項式による補間曲線を，図 6.1 に細線で示す．5 次多項式は 4 個の極値をもつから，補間曲線がこのように大きく波打つことが多い．したがって点列の個数 $n$ が大きいときには次数 $n-1$ の完全な補間多項式を用いることは避け，より低次の補間多項式を用いるべきである．補間関数の振動解の影響を避け，多項式の計算に掛かる大きな負担も軽減できる．その際，曲線の

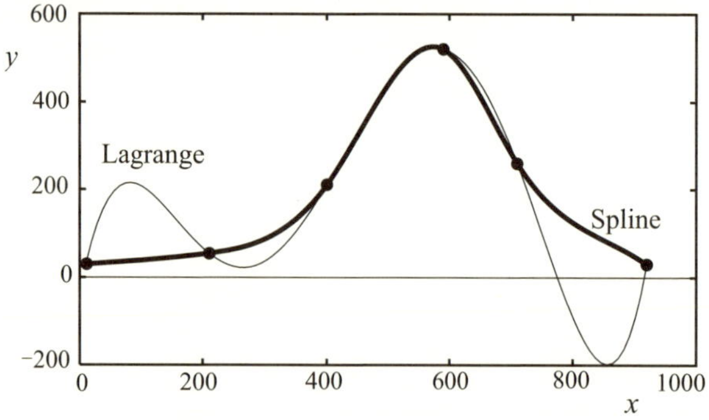


**図 6.1　Lagrange 補間曲線の例 (細線)**

波打ちはとくに曲線の両端点近傍で顕著になるので，補間は曲線の中央部に限定すべきである．後に述べるように，補間の誤差は入力データの間隔に大きく依存するので，図の場合，Lagrange 補間にはあきらかにデータの間隔が大きすぎる．図中に太線で示した曲線は次節で述べる 3 次スプライン補間の例であり，この場合にはデータ点数が少なくても波打ちの少ない滑らかな補間曲線を与える．

Lagrange 補間は外挿にも用いられるが，その精度は通常かなり悪いことを覚悟しなければならない．

**例題 6.1**　第 1 種楕円積分は次式で定義される．

$$K(i) = \int_0^{\pi/2} \frac{dx}{(1 - i^2 \sin^2 x)^{1/2}}$$

この積分値は数表から $K(1) = 1.5708$, $K(3) = 1.5719$, $K(5) = 1.5738$ である．$K(3.5)$ の値を 2 次の Lagrange 補間を用いて求める．

**(解)**　$i, K$ は式 (6.4) の $x, f$ に等しいから，$L(x) = (x-1)(x-3)(x-5)$ より，

$$\frac{g_0(3.5)}{g_0(1)} = \frac{(3.5-3)(3.5-5)}{(1-3)(1-5)} = \frac{-0.75}{8} = -0.09375$$

$$\frac{g_1(3.5)}{g_1(3)} = \frac{(3.5-1)(3.5-5)}{(3-1)(3-5)} = \frac{2.5 \times (-1.5)}{2 \times (-1)} = 0.9375$$

$$\frac{g_2(3.5)}{g_2(5)} = \frac{(3.5-1)(3.5-3)}{(5-1)(5-3)} = \frac{1.25}{8} = 0.15625$$

よって，

$$K(3.5) = -0.09375 \times 1.5708 + 0.9375 \times 1.5719 + 0.15625 \times 1.5738 = 1.5723$$

この結果は小数点以下 4 桁まで正しい．

**問題 6.1**　次表のように与えられた点列データから，適当な Lagrange 補間多項式を用いて，$x = 1.2$ の値を求めよ．

| $x$ | 0.0 | 0.5 | 1.0 | 1.5 | 2.0 |
|---|---|---|---|---|---|
| $f$ | 1.0000 | 1.6487 | 2.718 3 | 4.4817 | 7.3891 |

**問題 6.2**　任意に与えられた $n = 3$ または $n = 4$ の点列データをもとに，その始点と終点間を $N$ 等分した補間点における補間値を $n-1$ 次の Lagrange 多項式により求めるプログラムをつくり，端点近くで曲線が大きく波打つことを示せ．

### (2) 補間多項式の誤差

補間多項式による近似誤差の評価は，関数 $f(x)$ およびその導関数が知り得る場合には次式[11] により可能である．

$$\varepsilon = f(x) - p(x) = \frac{(x-x_0)(x-x_1)\cdots(x-x_{n-1})}{n!} f^{(n)}(\xi), \quad \xi \in (x_0, x_{n-1}) \tag{6.9}$$

上式は，一般的にデータとして与えられる関数値 $f(x)$ を用いて補間した場合の誤差評価には全く無力であるが，補間や数値微分における誤差評価を理論的に考察する場合などに重要な基礎となる．

**例題 6.2**　線形補間の誤差限界を求める．

**(解)**　点 $(x_0, f_0), (x_1, f_1)$ を通る線形補間多項式は，式 (6.6) より

$$p(x) = \frac{(x_1 - x)f_0 - (x_0 - x)f_1}{x_1 - x_0}$$

であるから，誤差 $\varepsilon$ は式 (6.9) より，

$$\varepsilon = f(x) - p(x) = \frac{(x-x_0)(x-x_1)}{2!} f''(\xi)$$

である．$|f''(\xi)| \leqq M$ であることが知れている場合，誤差は

$$\varepsilon \leqq \left| \frac{(x-x_0)(x-x_1)}{2} \right| M$$

と見積もれる．ここで，絶対値内の式の最大値が中央 $x = (x_0 + x_1)/2$ で生じるとすると，絶対値は $(x_1 - x_0)^2/4$ となるので，補間多項式の誤差範囲は次のようになる．

$$\varepsilon \leqq \frac{(x_1 - x_0)^2}{8} M$$

**例題 6.3**　等間隔 $h$ の点で与えられた 3 点の $\sin x$ の値をもとに，2 次補間多項式により補間した場合の誤差を見積もる．

**(解)**　誤差公式 (6.9) より，

$$\varepsilon = \frac{(x-x_0)(x-x_1)(x-x_2)}{3!} f^{(3)}(\xi) = \frac{\psi(x) f^{(3)}(\xi)}{3!}$$

簡単のため，$x_1 = 0, x_0 = -h, x_2 = h$ とすると，$\psi(x)$ は，

$$\psi(x) = (x-x_0)(x-x_1)(x-x_2) = x^3 - h^2 x$$

となる．$\psi(x)$ の最大値をとる $x$ の値は，$\psi'(x) = 0$ より $x = \pm h/\sqrt{3}$ であり，最大値は $2h^3/3\sqrt{3}$ である．また，$|f^{(3)}(\xi)| \leqq 1$ であるから，誤差は次式で与えられる．

$$\varepsilon \leqq \sqrt{3}h^3/27$$

したがって，小数点以下 7 桁の精度で補間したければ，$(\sqrt{3}h^3/27) < 5 \times 10^{-8}$

より，$h \doteqdot 0.01$ でなければならないことがわかる．一般に，高い精度の補間値を得るには，十分細かい刻みで関数値が与えられていることが必要である．

**問題 6.3** 等間隔 $h$ で与えられた関数 $f(x) = \sinh x$，$f(x) = x^{1/4}$，$f(x) = e^x \sin x$ の値に対する，2次の Lagrange 補間多項式による補間誤差を求めよ．

**問題 6.4** 問題 6.1 の数表を用い，$f(1.2)$ の値を求めよ．また，この数表は関数 $e^x$ に対するものであるとしてその誤差の範囲を求め，かつ，厳密な値と比較せよ．

## 6.2 3次スプライン補間

高次の Lagrange 補間多項式による補間曲線は波打つ欠点があり，これを避けるにはより低次の補間多項式を用いる必要がある．そのため全領域を補間するには領域を部分空間に分けて，それぞれの部分空間に対する補間式を用意しなければならないが，この部分曲線の接続点では導関数が不連続となり，滑らかな補間はできない．そこで，与えられた点と点の間を3次多項式で表し，接続点では1次および2次の導関数を滑らかに接続させる方法が考えられよう．1次と2次の導関数は曲線の接線と曲率に相当するので，感覚的に把握できる曲線の最高次数の滑らかさもつ曲線といえる．この曲線を**3次スプライン曲線** (cubic spline-fit curve) という．

**スプライン補間の由来**

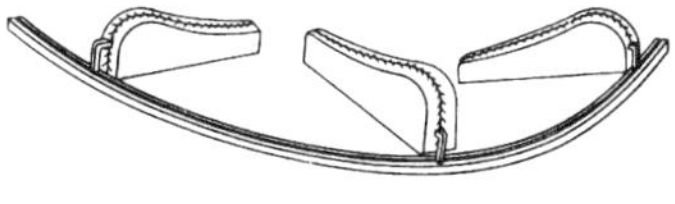

スプライン定規

スプライン補間は，製図に使われる曲線定規 – しなやかな弾力を有し矩形断面をもつ細長い棒 (spline batten)– の性質に由来している．この定規は与えられた点列を通るように重しを置いて固定し(左図)，棒に沿って鉛筆をなぞり滑らかな曲線を創成し，船の形状設計などに用いられた．このとき，棒の変形 (曲げ) エネルギーが各点での曲率の2乗を棒に沿って積分したものに比例していることから，この値が最小，すなわち，曲げによる変形のポテンシャルエネルギーが最小となるような無理のない滑らかな曲線となる．

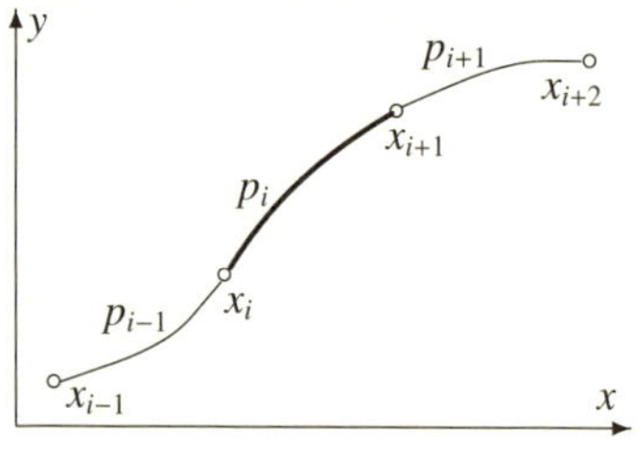


図 6.2　スプライン曲線セグメント

$n$ 個の点列 $(x_0, x_1, \ldots, x_{n-1})$ を通る 3 次スプライン曲線 (図 6.2 参照) の点列間における小曲線部分 (例えば，$x_i \leqq x \leqq x_{i+1}$ の区間) を **セグメント** (segment)，接続点 $(x_i)$ を**節点** (nodal point) という．各セグメントに対する曲線を決めるための条件は以下のようである．

(1) 各区間 $(x_i \leqq x \leqq x_{i+1})$ でのスプライン補間関数 $p_i(x)$ は 3 次式である．

(2) 各点 $x_i$ で $p''(x)$, $p'(x)$, $p(x)$ の値は連続であり，$p(x_i) = f_i$ である．

(3) 両端 $x_0$, $x_{n-1}$ では別途与える**端末条件** (end condition) を満たす．

曲線セグメント $(x_i \leqq x \leqq x_{i+1})$ に対する 3 次スプライン補間関数 $p_i(x)$ を

$$p_i(x) = a_i(x - x_i)^3 + b_i(x - x_i)^2 + c_i(x - x_i) + d_i, \quad (i = 0, 1, \ldots, n-2) \tag{6.10}$$

とする．節点 $x = x_i$, $x_{i+1}$ での値 $f_i, f_{i+1}$ は既知であるから，

$$f_i = d_i \tag{6.11a}$$

$$f_{i+1} = a_i h_i^3 + b_i h_i^2 + c_i h_i + d_i \tag{6.11b}$$

ここで，$h_i = x_{i+1} - x_i$ である．

条件 (2) を満たすために式 (6.10) の導関数

$$p_i'(x) = 3a_i(x - x_i)^2 + 2b_i(x - x_i) + c_i \tag{6.12a}$$

$$p_i''(x) = 6a_i(x - x_i) + 2b_i \tag{6.12b}$$

が必要になる．節点における微係数 $f_i'$ が仮に既知であるとすれば，

$$f_i' = c_i \tag{6.13a}$$

$$f_{i+1}' = 3a_i h_i^2 + 2b_i h_i + c_i \tag{6.13b}$$

であるから，式 (6.11)(6.13) より，未知係数は次のように定まる．

$$a_i = 2\frac{(f_i - f_{i+1})}{h_i^3} + \frac{f_i' + f_{i+1}'}{h_i^2} \tag{6.14a}$$

$$b_i = \frac{3(f_{i+1} - f_i)}{h_i^2} - \frac{2f_i' + f_{i+1}'}{h_i} \tag{6.14b}$$

$$c_i = f_i' \tag{6.14c}$$

$$d_i = f_i \tag{6.14d}$$

一方，節点における2次導関数の連続性を満たすため，$x=x_i$ で隣りあう曲線セグメントの2次微係数を等しく置く，すなわち，$p''_{i-1}(h_{i-1}) = p''_i(0)$ より，

$$6a_{i-1}h_{i-1} + 2b_{i-1} = 2b_i \tag{6.15}$$

上式に式(6.14)を代入すると次式が得られる．

$$h_i f'_{i-1} + 2(h_{i-1} + h_i)f'_i + h_{i-1}f'_{i+1}$$
$$= 3\frac{h_i}{h_{i-1}}(f_i - f_{i-1}) + 3\frac{h_{i-1}}{h_i}(f_{i+1} - f_i), \quad (1 \leqq i \leqq n-2) \tag{6.16}$$

ここで，$h_i$ の値は $\{x_i\}$ から前もって定まるので，未知数は $f'_{i-1}, f'_i, f'_{i+1}$ である．

全領域 $(x_0 \leqq x \leqq x_{n-1})$ に対しては，$n$ 個の未知数 $f'_i$ に対し $n-2$ 個の式があり，解くには式が2つ不足する．これは両端点における条件が不足しているからである．このため，人為的に端末条件を付与する必要があり，一般的に用いられる条件は以下の3種である．

**1) 自然条件**　両端点における2次微係数を0とする場合を自然条件という．曲線の端点に荷重や曲げが加わらない場合に相当する．$p''(x_0) = p''(x_{n-1}) = 0$ より，次の2条件式

$$2h_0 f'_0 + h_0 f'_1 = 3(f_1 - f_0) \tag{6.17a}$$

$$h_{n-2}f'_{n-2} + 2h_{n-2}f'_{n-1} = 3(f_{n-1} - f_{n-2}) \tag{6.17b}$$

が付与され，$n$ 元連立方程式を解く．

**2) 固定条件**　両端点における曲線の傾きを指定する場合を固定条件という．両端点における1次微係数 $p'(x_0) = \dot{p}_s$, $p'(x_{n-1}) = \dot{p}_e$ が指定

$$f'_0 = \dot{p}_s \tag{6.18a}$$

$$f'_{n-1} = \dot{p}_e \tag{6.18b}$$

される場合は条件式は不用となり，$n-2$ 元連立方程式を解く．

**3) 周期条件**　両端点における1次と2次微係数がそれぞれ等しい場合を周期条件という．$p''(x_0) = p''(x_{n-1})$ から $2b_0 = 6a_{n-2}h_{n-2} + 2b_{n-2}$ より，

$$3\frac{f_1-f_0}{h_0^2} - \frac{2f'_0+f'_1}{h_0} = 6\frac{f_{n-2} - f_{n-1}}{h_{n-2}^2} + 3\frac{f'_{n-2}+f'_{n-1}}{h_{n-2}} + 3\frac{f_{n-1}-f_{n-2}}{h_{n-2}^2} - \frac{2f'_{n-2}+f'_{n-1}}{h_{n-2}}$$

が得られる．$f'_0 = f'_{n-1}$ を考慮して変形すると，

$$2(h_0 + h_{n-2})f'_0 + h_{n-2}f'_1 + h_0 f'_{n-2} = 3\frac{h_{n-2}}{h_0}(f_1 - f_0) + 3\frac{h_0}{h_{n-2}}(f_{n-1} - f_{n-2}) \tag{6.19}$$

上式を式 (6.16) に追加した $n-1$ 元連立方程式を解く．

自然条件と固定条件の場合，式 (6.16) に条件式 (6.17)(6.18) を付与した形の $n$ 元行列の形で統一的に表すことができる．すなわち，

$$\begin{bmatrix} h_0^* & h_1^* & & & & \\ h_1 & 2(h_0+h_1) & h_0 & & & \\ & h_2 & 2(h_1+h_2) & h_1 & & \\ & & \cdots & \cdots & \cdots & \\ & & & h_{n-2} & 2(h_{n-3}+h_{n-2}) & h_{n-3} \\ & & & & h_{n-2}^* & h_{n-3}^* \end{bmatrix} \begin{bmatrix} f_0' \\ f_1' \\ f_2' \\ \vdots \\ f_{n-1}' \end{bmatrix}$$

$$= 3 \begin{bmatrix} f_0^* \\ (f_1-f_0)h_1/h_0 + (f_2-f_1)h_0/h_1 \\ (f_2-f_1)h_2/h_1 + (f_3-f_2)h_1/h_2 \\ \vdots \\ f_{n-1}^* \end{bmatrix} \tag{6.20}$$

ただし，$h_0^*, h_1^*, h_{n-3}^*, h_{n-2}^*$ および $f_0^*, f_{n-1}^*$ は端末条件 (6.17)(6.18) により与えられる定数である．

上式は 4.6 節で述べた 3 項連立方程式であり，$f_0', f_1', \ldots, f_{n-1}'$ は一意の解をもつ．周期条件の場合は連立方程式が 3 項方程式の形とならないが，Gauss 消去法などにより解くことができる．いずれの場合も，各区間ごとに式 (6.14) により係数 $a_i, b_i, c_i, d_i$ が定まり，任意の $x$ に対する補間はこの値がどの区間 $(i)$ に属するかを判断して，式 (6.10) により値を求める．ただし，スプライン補間はある 1 点のみの補間値を求めるというよりも，与えた多数の補間点に対する値を同時に求めるのに用いる場合が多い．

3 次スプライン補間の計算手順はアルゴリズム 6.2 のようになる．

**アルゴリズム 6.2　3 次スプライン補間**

入力： 点列データ $(x_i, y_i)$ $(i = 0, 1, \ldots, n-1)$，補間点座標 $x$

`step 1`： 境界条件に応じて連立方程式 (6.20) を構成して，$f_i'$ を求める

`step 2`： 区分的 3 次多項式の各係数を式 (6.14) より算出

`step 3`： 補間座標 $x$ がどの区分 $i$ に属するか判別

`step 4`： 該当区分の係数を用いた式 (6.10) により補間値を計算

スプライン補間関数を用いるとき，その計算過程で節点における 1 次導関数を求めており，かつ 2 次導関数をも求め得ることに留意されたい．実際に，節点における 1 次や 2 次微係数を求めるのにもよく利用される．

スプライン関数の精度解析によれば，領域 $x_0 \leqq x \leqq x_{n-1}$ に対し，$h \to 0$ につれて，$k$ 次微係数の補間誤差が次のように表される[12]．

$$\max|f^{(k)}(x) - p^{(k)}(x)| \leqq ch^{4-k}, \quad (k = 0, 1, 2) \tag{6.21}$$

ただし，$h = \max(h_i)$ であり，$c$ は $h$ に独立な定数である．補間 ($k = 0$) の場合の誤差は $h$ の 4 乗のオーダーであり，2 次の Lagrange 補間多項式の場合 (例題 6.3 参照) より精度が高い．

スプライン関数は形状設計の分野ばかりでなく，コンピューグラフィックスの分野でもよく利用されている．ただし，その分野で使われるスプライン関数は座標 $(x, f)$ を助変数 $t$ $(0 \leqq t \leqq 1)$ の関数として表している場合が多い．同じ $x$ の値に対し $f$ が 2 価となるような自由曲線を生成できるので有用であるが，微係数の値は $t$ に関する値であり，注意が必要である．

**例題 6.4**　3 点の座標 (1,3), (2,7), (3,5) で与えられる 3 次スプライン関数 $p(x)$ を求め，補間値 $p(2.2)$ を求める．ただし，端末条件は自然条件とする．

(解)　1 次導関数 $f'_i$ $(0 \leqq i \leqq 2)$ に関する連立方程式は，式 (6.17)(6.20) より，

$$\begin{bmatrix} 2 & 1 & 0 \\ 1 & 4 & 1 \\ 0 & 1 & 2 \end{bmatrix}\begin{bmatrix} f'_0 \\ f'_1 \\ f'_2 \end{bmatrix} = \begin{bmatrix} 12 \\ 6 \\ -6 \end{bmatrix}$$

これを解いて，

$$f'_0 = 5.5, \quad f'_1 = 1.0, \quad f'_2 = -3.5$$

を得る．

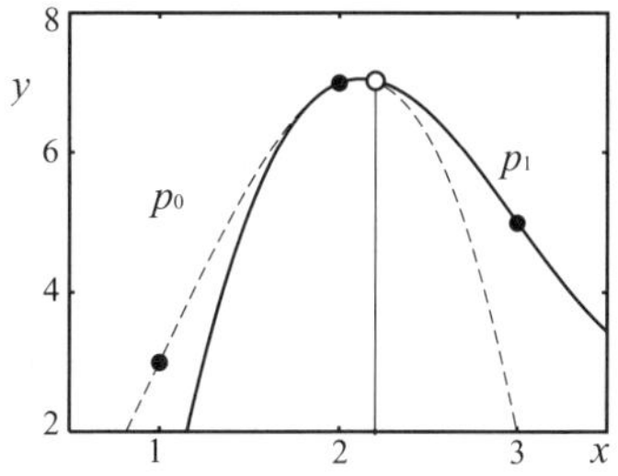


図 **6.3**　例題 **6.4** の曲線

これらの値を式 (6.14) に用い，スプライン関数の係数を求めると右表のようになる．

| $i$ | $a_i$ | $b_i$ | $c_i$ | $d_i$ |
|---|---|---|---|---|
| 0 | − 1.5 | 0 | 5.5 | 3 |
| 1 | 1.5 | − 4.5 | 1.0 | 7 |

したがって，補間関数は，

$$p_0(x) = -1.5(x-1)^3 + 5.5(x-1) + 3$$

$$p_1(x) = 1.5(x-2)^3 - 4.5(x-2)^2 + (x-2) + 7$$

で表される．また，$x = 2.2$ の区間 $i$ は 1 にあるから，

$$p_1(2.2) = 1.5(2.2-2)^3 - 4.5(2.2-2)^2 + (2.2-2) + 7 = 7.032$$

図 6.3 は，補間関数 $p_0(x)$, $p_1(x)$ の曲線をそれぞれ破線と実線で示す．

**問題 6.5**　自由条件に対する 3 次スプライン関数の，式 (6.20) における定数 $h_0^*$, $h_1^*$, $h_{n-3}^*$, $h_{n-2}^*$, $f_0^*$, $f_{n-1}^*$ を求めよ．

**問題 6.6**　問題 6.1 を 3 次スプライン補間により解き，結果を比較せよ．

**★ 3 次スプライン補間のプログラム**　3 次スプライン補間のプログラム例を Program 6.2 に示す．スプライン補間の計算結果をグラフ出力して補間状態を確認できるようにしてある．

スプライン補間の計算は `spline` メソッドで行い，節点の座標値 `x`，`y` と補間点 (複数) の座標 `xint` を与え，この点の補間値 (`yint`) を求める．その際，端末条件として，自然条件あるいは固定条件を始点および終点でそれぞれ別個に付与できるように，第 5 引数 (`bcs`)，第 7 引数 (`bce`) に整数 0 を渡した場合は自然条件，1 の場合は固定条件として計算する．固定条件の場合はその 1 次導関数の値 (`yds,yde`) を第 6，第 8 引数で受け渡す．自然条件の場合は `yds,yde` の値は無用なので，これに適当な値を代入しておけばよい．節点での 1 次導関数が知りたければ，末尾の引数 `yda` に計算結果が出力される．3 項連立方程式を解くプログラム (`Tridiagonal`) は第 4 章で与えたものと同じである．

上記 `spline` メソッドを用いた計算は，`drawSpline` メソッドで呼び出して実行しており，始点と終点の間を `Nint-1` 等分した座標 (`xint`) と具体的な境界条件を入力として与える．このプログラムでは境界条件を 2 種に変えてその結果を色を変えて出力させている．

本プログラムからは，いわゆるオブジェクト指向プログラミングによっている．グラフ出力用のメソッドは第 2 章で述べた Program 2.4 の行 53 以下のものから主に構成されているが，これらを別クラスとして分離してある．これについては後に詳述するが，この方式は本章以降のすべてのプログラムで踏襲する．

**Program 6.2** 3次スプライン補間プログラム

```
/**      cubic spline interpolation                                */
import java.applet.Applet;
import java.awt.*;

public class Spline extends Applet{
   GraphTools gt;   //  グラフ描画用ツールオブジェクト名を宣言
   Image img;       //  描画する裏画面用イメージ名を宣言
   Graphics bg;     //  裏画面描画用グラフィックスオブジェクト名宣言

   public void init(){     // 初期化メソッド
      int width  = getSize().width,  height = getSize().height;
      img = createImage( width, height ); //  裏画面生成
      bg = img.getGraphics();              //  裏画面用グラフィックス
      gt = new GraphTools( width, height, bg ); // グラフツール生成
   }
   public void paint(Graphics g){      // メインルーチン
      drawSpline();                    // スプラインの計算と表示
      g.drawImage( img, 0, 0, this );  // 裏画面を表画面に複写
   }
   //  スプライン補間関数の計算と描画
   private void drawSpline(){
      //  節点の座標 ( x0, y0 )
      double[] x0 = {10.0, 210.0, 400.0, 590.0, 710.0, 920.0};
      double[] y0 = {30.0, 55.0,  210.0, 520.0, 260.0, 30.0};
      double[] ydash  = new double [x0.length ]; // 1次微係数の値
      //  補間に関するデータ
      int Nint = 100;    //  補間点の数
      double[] intX = new double [Nint], intY = new double [Nint];
      //  補間点の x 座標計算を計算
      double dx = (x0[x0.length-1]-x0[0])/(double)(Nint-1);
      for(int i=0; i<Nint; i++) intX[i] = x0[0]+dx*(double)i;
      //  描画範囲の指定  (xmin,ymin) から (xmax,ymax) の範囲
      double[] range={ 0.0, 1000.0, 0.0, 600.0 };
      gt.viewPort( 0, 0, false, range );
      gt.drawAxis("x", 5, "y", 6 );     // 座標軸の表示
      gt.plotPoints( x0, y0, Color.blue );         //
      //  曲線の両端点を自由条件とした場合
      spline( x0, y0, intX, intY, 0, 0.0, 0, 0.0, ydash );
      gt.plotData( intX, intY, Color.red, null ); // データプロット
      //  曲線の両端点を固定条件とした場合
      spline( x0, y0, intX, intY, 1, 2.0, 1, -2.0, ydash );
      gt.plotData( intX, intY, Color.blue, null );
   }
   /**    =====   3次スプライン補間  =====
      入力  bcs,bce; 始点と終点の境界条件を指定 ( 0=自然, 1=固定)
            yds,yde; 始点と終点の1次導関数 (固定条件の場合に入力)
            x[],y[]; 節点座標,     xint[]; 補間点の x 座標
      出力  yint[];  補間点の y 座標,  yda[]; 節点の1次導関数        */
   public void spline( double[] x, double[] y, double[] xint,
                  double[] yint, int bcs, double yds, int bce,
                  double yde, double[] yda){
```

```
        int N = x.length,  No = xint.length;
        double[] a = new double [N], b = new double [N];
        double[] c = new double [N], h = new double [N];
        int i, j;
        double ai, bi, ci, di, dx;
        //
        for(i=0; i<N-1; i++)   h[i]=x[i+1]-x[i];
        // 始点の端末条件の代入
        a[0] = 0.0;
        if( bcs == 0 ){        // 自由条件の場合
           b[0] = 2.0*h[0];
           c[0] = h[0];
           yda[0] = 3.0*(y[1]-y[0]);
        }else if(bcs == 1){  // 固定条件の場合
           b[0] = 1.0;
           c[0] = 0.0;
           yda[0] = yds;
        }
        // 中間節点の係数
        for(i=1; i<N-1; i++){
           a[i] = h[i];
           b[i] = 2.0*(h[i-1]+h[i]);
           c[i] = h[i-1];
           yda[i] = 3.0*((y[i]-y[i-1])*h[i]/h[i-1]
                         +(y[i+1]-y[i])*h[i-1]/h[i]);
        }
        // 終点の端末条件の代入
        c[N-1] = 0.0;
        if( bce == 0 ){         // 自由条件
           a[N-1] = h[N-2];
           b[N-1] = 2.0*h[N-2];
           yda[N-1] = 3.0*(y[N-1]-y[N-2]);
        }else if( bce == 1 ){  // 固定条件
           a[N-1] = 0.0;
           b[N-1] = 1.0;
           yda[N-1] = yde;
        }
        // 3項方程式を解く
        Tridiagonal( b, c, a, yda, 0 );
        // 補間値 (出力) の計算
        for(j=0,i=0; i<N-1; i++){
           ai = (2.0*(y[i]-y[i+1])/h[i]+yda[i]+yda[i+1])/(h[i]*h[i]);
           bi = (3.0*(y[i+1]-y[i])/h[i]-2.0*yda[i]-yda[i+1])/h[i];
           ci = yda[i];
           di = y[i];
           while( xint[j] < x[i+1] ){
              dx = xint[j]-x[i];
              yint[j] = dx*(dx*(dx*ai+bi)+ci)+di;
              if ( j < No ) j++;
           }
        yint[No-1] = y[N-1];
    }
    public void Tridiagonal(double[] D,double[] U, double[] L,
             double[] B, int m ){
```

```
  ⋮          ( Program 4.5 の 3 項方程式の解法メソッドを使用 )
134 }
135 // === データのグラフィック出力のための共用各種メソッドを含むクラス ===
136 class GraphTools{
137    //  ビューポート変換用変数
138    private int Width, Height, Nxmin, Nymin;
139    private float xmin, xmax, ymin, ymax, rx, ry;
140    private Graphics g;
141    private float sx=0.75f, sy=0.75f; // 描画領域周囲の空白部の割合
142    //  コンストラクタ (クラスの初期化)
143    public GraphTools( int width, int height, Graphics g ){
144       Width = width;  Height = height;  this.g = g;
145    }
146    public void viewPort( int Nup, int Nbot, boolean aspect,
147                          double[] range ){
148       xmin = (float)range[0];  xmax = (float)range[1];
149       ymin = (float)range[2];  ymax = (float)range[3];
150       transView( Nup, Nbot, aspect );
151    }
  ⋮          ( Program 2.4 の行 56 以降のグラフ出力用各種メソッドを含む )
```

上記プログラムの出力結果を図 6.4 に示す．自然条件に対する結果は赤線で，固定条件は青色で表示される．

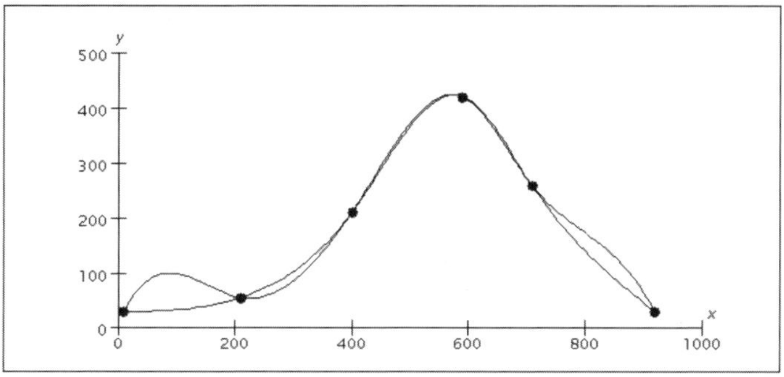


図 **6.4　Program 6.2** の出力結果

**オブジェクト指向プログラミング**　上記プログラムには，2 章で紹介したプログラムに比べて大きな変更点が 2 点ある．

1 つは，裏画面の使用である．第 9 章でシミュレーションを動的なアニメーションとして表示するように拡張するが，その際，目の前の表画面に描画する方式では画面のちらつきが避け難い．これを避けるには，いったん裏画面に描画しておき，これを表画面に一括複写する方式 (ダブルバッファリング) が有効である．このため，行 7,8，および行 12,13 が必要になり，行 18 で表画面に複写している．

2つ目は，**オブジェクト指向プログラミング**の採用である．グラフィックス用の各種メソッドは第2章で述べたものと全く同じものを使用しているが，これらをプログラムごとにコピーして用いると誤操作で内容が変わってしまったりする恐れもあり，むしろブラックボックスとして別プログラム，すなわち別クラスにしておき，共用する方が安全で，便利である．この部分を，1つのパッケージプログラムとしてPCの特定ディレクトリにおき，これを利用する形態もあるが，別のPCで利用する際に間違いなく可搬できるように，ここでは，同じプログラムに含める方式をとることにする．前記プログラムでは，グラフィック用の各種メソッドを行135以降の`GraphTools`というクラスに独立させてある．

別クラス (`GraphTools`) を利用するには，そのオブジェクト名を定義し (行6)，オブジェクトを生成 (行14) して行う．ここでは，オブジェクトの生成時に，その初期化も同時に行えるように，画面サイズと裏画面用グラフィックスを引き渡している．行34や35行での文頭の“gt...”は，`GraphicTools`クラスのメソッドを利用することを意味している．“bg”は，裏画面用のグラフィックス・パッケージである (行13) から，描画は裏画面に描かれる．

オブジェクト初期化用のメソッドはコンストラクタと呼ばれ，行143～145が該当し，戻り値のない形で定義される．行144末尾の“this.g”の“this”は実行中のオブジェクト，すなわち行140の“g”を意味し，引数をこの値に引き渡す．`GraphTools`の共用変数 (インスタンス変数) やメソッドには修飾子をつけてある．例えば，外部からのアクセスにより値が不用意に変わらないようにするため，アクセスを禁止する場合には，そのインスタンス変数に`private`修飾子をつける．修飾子を省略すると，`public`扱いとなり，外部からアクセスできる変数となる．

補間法には，他に，**Hermite** (エルミート) **補間**と呼ばれる方式がある．これはLagrange補間をより一般化して，離散点 $x_i$ における関数値 $f_i$ ばかりか，高次微係数 $f_i^{(k)}$ までも補間する方法である．関数値 $f_i$ と1次微係数 $f_i'$ が指定された場合，$n$ 個の $x_i$ 座標に対し，与えられる条件は全部で $2n$ 個であり，$2n-1$ 次のLagrange形多項式を用いて条件を満たすことになる[11]．

CAD関係で使うHermite補間は，通常，上記のような $n$ 個の点に対するものではなく，1つの曲線セグメントに対し，両端点で関数値と $k$ 次微係数までが与えられ，内部領域を補間するもので，$2k+1$ 次多項式を用いた補間である．

## 6.3 最小 2 乗近似

### (1) 線形パラメータの推定

実験などで得られた誤差を含む $n$ 組のデータ $(x_i, y_i)$ $(i=0, 1, \ldots, n-1)$ に対し，$y$ を定数係数 $a_0, a_1, \ldots, a_{m-1}$ と $x$ の既知の関数 $f_0(x), f_1(x), \ldots, f_{m-1}(x)$ の積からなる線形結合として，$y$ に対する近似式 $p(x)$ を次のように表したい場合がある．

$$p(x) = a_0 f_0(x) + a_1 f_1(x) + \cdots + a_{m-1} f_{m-1}(x) \tag{6.22}$$

ここで，係数が独立であるために，$n \geqq m$ でなければならない．上式を用いて，最も近似のよい係数 $a_0, a_1, \ldots, a_{m-1}$ を定めるには，**最小 2 乗法** (least square method) が広く利用されている．

**a) 線形関係の場合**　最も頻繁に用いられる最小 2 乗法は，図 6.5 に示すような，観測データが直線関係

$$p(x) = ax + b \tag{6.23}$$

にあるとみなされる場合であり，データに最もよく適合する $a, b$ を定める課題であろう．$x, y$ の関係が式 (6.23) で表せないまでも，変数変換によって 1 次式 $y^* = a^*x^* + b^*$ に変換できる場合は多い．例えば，

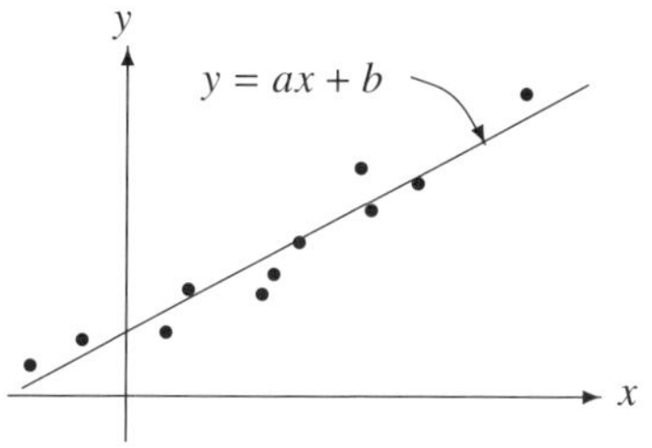


図 **6.5**　最小 **2** 乗法による直線の当てはめ

$$y = a(1/x) + b \quad (y^* = y, \quad x^* = 1/x),$$

$$y = 1/(ax + b) \quad (y^* = 1/y, \quad x^* = x),$$

$$y = x/(ax + b) \quad (y^* = x/y, \quad x^* = x),$$

$$y = ax^b \quad (y^* = \log y, \quad x^* = \log x),$$

$$y = ab^x, \quad \text{or} \quad y = ae^{bx} \quad (y^* = \log y, \quad x^* = x)$$

など，いずれも 1 次式の形となる．したがって，測定データをグラフにプロットして大まかな関係を把握するか，理論的に関係式を予測できる場合にはそれによって変数変換してデータをグラフ表示し，線形関係が確かめられれば最小 2 乗法により式 (6.23) の係数 $a, b$ を決めることができる．

データと近似式 (6.23) との残差 $r_i = y_i - p(x_i)$ の 2 乗和 $R$ が最小となるように定めるのが最小 2 乗法である．2 乗和 $R$ は，

$$R = \sum_{i=0}^{n-1} r_i^2 = \sum_{i=0}^{n-1} \{y_i - p(x_i)\}^2 = \sum_{i=0}^{n-1} \{y_i - (ax_i + b)\}^2 \tag{6.24}$$

であるから，上式の $a, b$ に関する極値をとれば $R$ を最小化する条件が定まり，

$$a \sum_{i=0}^{n-1} (x_i)^2 + b \sum_{i=0}^{n-1} x_i = \sum_{i=0}^{n-1} x_i y_i \tag{4.25a}$$

$$a \sum_{i=0}^{n-1} x_i + bn = \sum_{i=0}^{n-1} y_i \tag{4.25b}$$

を得る．これは Cramer の公式を用いて容易に解け，$a, b$ が求められる．すなわち，

$$a = \frac{n\widetilde{Y} - XY}{\varDelta}, \quad b = \frac{\widetilde{X}Y - X\widetilde{Y}}{\varDelta} \tag{6.26}$$

ただし，

$$X = \sum_{i=0}^{n-1} x_i, \quad \widetilde{X} = \sum_{i=0}^{n-1} x_i^2, \quad Y = \sum_{i=0}^{n-1} y_i, \quad \widetilde{Y} = \sum_{i=0}^{n-1} x_i y_i, \quad \varDelta = n\widetilde{X} - X^2$$

測定データが最小 2 乗法によって式 (6.23) で近似できたとしても，よく近似できずばらつきが大きい場合もあろう．この近似の度合いを表す尺度として相関関数 $s$ が用いられる．

$$s = \frac{\displaystyle\sum_{i=0}^{n-1} (x_i - \bar{x})(y_i - \bar{y})}{\left(\displaystyle\sum_{i=0}^{n-1} (x_i - \bar{x})^2\right)^{1/2} \left(\displaystyle\sum_{i=0}^{n-1} (y_i - \bar{y})^2\right)^{1/2}} \tag{6.27}$$

ここで，$\bar{x}, \bar{y}$ はそれぞれ $x_i$, $y_i$ の平均値である．$s$ が 1 または $-1$ に近いほど直線への近似が良好で，0 に近いほど直線からのばらつきが大になる．

**b) 多項式近似の場合**　データの組 $(x_i, y_i)$ $(i = 0, 1, \ldots, n-1)$ に対する近似式を $m$ 次多項式 $p(x)$ としよう．この場合，データ数 $n$ に対し $m$ 元連立方程式 $(m \leqq n)$ となる．これを行列表記すると，

$$\boldsymbol{p} = \boldsymbol{A}\boldsymbol{a} \tag{6.28}$$

ここで，$\boldsymbol{A}$ は $n \times m$ の行列，$\boldsymbol{a}$, $\boldsymbol{p}$ はそれぞれ $m$ と $n$ 元の列ベクトル

$$
\boldsymbol{A} = \begin{bmatrix} f_0(x_0) & f_1(x_0) & \cdots & f_{m-1}(x_0) \\ f_0(x_1) & f_1(x_1) & \cdots & f_{m-1}(x_1) \\ \vdots & \vdots & \ddots & \vdots \\ f_0(x_{n-1}) & f_1(x_{n-1}) & \cdots & f_{m-1}(x_{n-1}) \end{bmatrix}, \quad \boldsymbol{a} = \begin{bmatrix} a_0 \\ a_1 \\ \vdots \\ a_{m-1} \end{bmatrix}, \quad \boldsymbol{p} = \begin{bmatrix} p(x_0) \\ p(x_1) \\ \vdots \\ p(x_{n-1}) \end{bmatrix}
$$

である．残差 $\boldsymbol{r}$ は

$$
\boldsymbol{r} = \boldsymbol{y} - \boldsymbol{A}\boldsymbol{a} \tag{6.29}
$$

であるから，残差の 2 乗和 $\boldsymbol{R}$ は

$$
\boldsymbol{R} = \boldsymbol{r}^T\boldsymbol{r} = (\boldsymbol{y} - \boldsymbol{A}\boldsymbol{a})^T(\boldsymbol{y} - \boldsymbol{A}\boldsymbol{a}) \tag{6.30}
$$

と表せる．$\boldsymbol{R}$ を最小にする $\boldsymbol{a}$ は，$\boldsymbol{R}$ の $\boldsymbol{a}$ による導関数が 0 となるとき

$$
\frac{\partial R}{\partial \boldsymbol{a}} = -2\boldsymbol{A}^T(\boldsymbol{y} - \boldsymbol{A}\boldsymbol{a}) = 0 \tag{6.31}
$$

であるから，これより次式が得られる．

$$
(\boldsymbol{A}^T\boldsymbol{A})\boldsymbol{a} = \boldsymbol{A}^T\boldsymbol{y} \tag{6.32}
$$

上式は，$m$ 個の未知数 $\boldsymbol{a}$ に対して $m$ 個の方程式となり，$m \leqq n$ であれば一意の解を与える．実際の計算では $\boldsymbol{W} = \boldsymbol{A}^T\boldsymbol{A}$, $\boldsymbol{z} = \boldsymbol{A}^T\boldsymbol{y}$ とおくことにより $\boldsymbol{W}\boldsymbol{a} = \boldsymbol{z}$ を解く連立 1 次方程式の問題に帰着するので，これを解いて近似関数 $p(x)$ の係数 $a_0, a_1, \ldots, a_{n-1}$ が定まる．ただし，実用的な観点からは，2 次式，3 次式程度の近似式がほとんどであり，より高次式を用いることは稀である．

**例題 6.5**　下表に与えたデータに対し，2 次多項式の係数を最小 2 乗法により求める．

$$
p(x) = a_0 + a_1 x + a_2 x^2
$$

| $i$ | 0 | 1 | 2 | 3 | 4 | 5 |
|---|---|---|---|---|---|---|
| $x_i$ | 0.0 | 1.0 | 2.0 | 3.0 | 4.0 | 5.0 |
| $y_i$ | 1.0 | 3.0 | 5.0 | 5.0 | 2.0 | 0.0 |

**(解)**　最小 2 乗法を満たす連立方程式の係数 $\boldsymbol{W}$, $\boldsymbol{z}$ は，

$$
\boldsymbol{W} = \boldsymbol{A}^T\boldsymbol{A} = \begin{bmatrix} 1 & 1 & \cdots & 1 \\ x_0 & x_1 & \cdots & x_{n-1} \\ x_0^2 & x_1^2 & \cdots & x_{n-1}^2 \end{bmatrix} \begin{bmatrix} 1 & x_0 & x_0^2 \\ 1 & x_1 & x_1^2 \\ \vdots & \vdots & \vdots \\ 1 & x_{n-1} & x_{n-1}^2 \end{bmatrix}
$$

$$= \begin{bmatrix} n & \sum_i x_i & \sum_i x_i^2 \\ \sum_i x_i & \sum_i x_i^2 & \sum_i x_i^3 \\ \sum_i x_i^2 & \sum_i x_i^3 & \sum_i x_i^4 \end{bmatrix} = \begin{bmatrix} 6 & 15 & 55 \\ 15 & 55 & 225 \\ 55 & 225 & 979 \end{bmatrix}$$

$$\boldsymbol{z} = \boldsymbol{A}^T \boldsymbol{y} = \begin{bmatrix} \cdots & \cdots \\ \cdots & \cdots \\ \cdots & \cdots \end{bmatrix} \begin{bmatrix} y_0 \\ y_1 \\ \vdots \\ y_{n-1} \end{bmatrix} = \begin{bmatrix} \sum y_i \\ \sum x_i y_i \\ \sum x_i^2 y_i \end{bmatrix} = \begin{bmatrix} 16 \\ 36 \\ 100 \end{bmatrix}$$

$\boldsymbol{W}$ は対称であるから，$\boldsymbol{Wa} = \boldsymbol{z}$ を修正 Cholesky 法などで解いて，

$$\boldsymbol{a} = [\,0.8571 \quad 3.3429 \quad -0.7143\,]^T$$

を得る．したがって 2 次の最小 2 乗多項式は

$$p(x) = 0.857 + 3.34x - 0.714x^2$$

この式は，図 6.6 にデータとともに太線で示してあり，よい近似を与える．

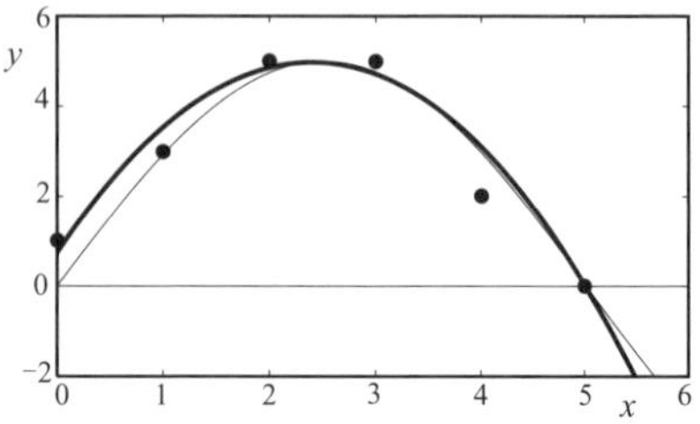


**図 6.6　例題 6.5 に対する 2 次多項式近似 (太線)**

**問題 6.7**　次の表に示すデータに対し，最小 2 乗法により，1 次および 2 次の多項式近似式を求め，グラフを描いて近似の度合いを確かめよ．

| $x$ | 0.0 | 0.1 | 0.2 | 0.3 | 0.4 | 0.5 |
|---|---|---|---|---|---|---|
| $f$ | 1.0000 | 1.2589 | 1.5849 | 1.9953 | 2.5119 | 3.1623 |

**c) 区分的多項式近似**　図 6.7(a) は，与えられた $n$ 組のデータ $(x_i, y_i)$, $(i = 0, 1, \ldots, n-1)$ を黒丸印で示す．このデータを折線で近似する関数 $p(x)$ を求めてみよう．

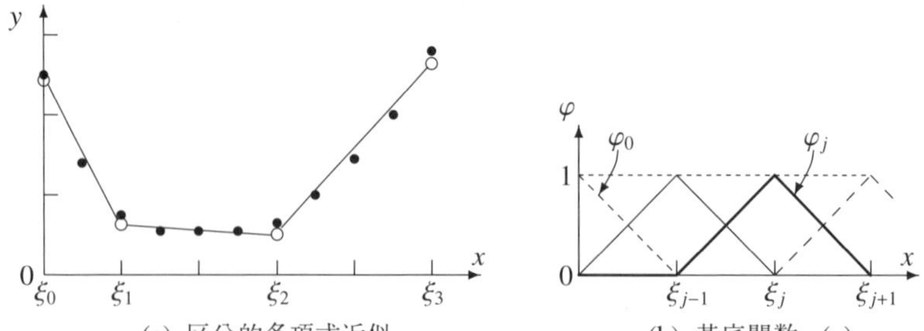


**図 6.7　区分的多項式近似**

図で，近似折れ線の交点の $x$ 座標を $\xi_0, \xi_1, \ldots, \xi_{m-1}$ とし，$m$ 個の直線を区分的近似多項式により表すとすれば，その最も簡単な近似式 $p(x)$ は次のように表せる．

$$p(x) = \sum_{j=0}^{m-1} f_j \varphi_j(x) \tag{6.33}$$

ここで，$f_j$ は $\xi_j$ に対する求める $y$ 座標，$\varphi_j$ は図 (b) に示すような区分的線形基底関数であり，次式で表される．

$$\varphi_j(x) = \begin{cases} 0 & (x \leqq \xi_{j-1}) \\ \dfrac{x - \xi_{j-1}}{\xi_j - \xi_{j-1}} & (\xi_{j-1} \leqq x \leqq \xi_j) \\ \dfrac{x - \xi_{j+1}}{\xi_j - \xi_{j+1}} & (\xi_j \leqq x \leqq \xi_{j+1}) \\ 0 & (\xi_{j+1} \leqq x) \end{cases}$$

残差 $y_i - p(x_i)$ の 2 乗和 $R$ を $f_j$ に関して最小化する条件より，$m$ 元連立方程式

$$\boldsymbol{A}\boldsymbol{f} = \boldsymbol{c} \tag{6.34}$$

が導かれ，これを解いて $f_j$ が得られる．ただし，$\boldsymbol{A}$ の要素 $a_{jk}$ と $\boldsymbol{c}$ の要素 $c_k$ は，

$$a_{jk} = \sum_{i=0}^{n-1} \varphi_j(x_i)\varphi_k(x_i), \quad c_k = \sum_{i=0}^{n-1} y_i \varphi_k(x_i) \qquad (j, k = 0, 1, \ldots, m-1)$$

で表される．

**問題 6.8** 図 6.7(a) のデータは下表で与えられる．

| $i$ | 0 | 1 | 2 | 3 | 4 | 5 | 6 | 7 | 8 | 9 | 10 |
|---|---|---|---|---|---|---|---|---|---|---|---|
| $x_0$ | 0.0 | 0.5 | 1.0 | 1.5 | 2.0 | 2.5 | 3.0 | 3.5 | 4.0 | 4.5 | 5.0 |
| $y_i$ | 2.50 | 1.40 | 0.75 | 0.55 | 0.55 | 0.55 | 0.65 | 1.00 | 1.45 | 2.00 | 2.80 |
| $\varphi_0$ | 1.00 | 0.50 | 0.00 | | | | | | | | |
| $\varphi_1$ | 0.00 | 0.50 | 1.00 | 0.75 | 0.50 | 0.25 | 0.00 | | | | |
| $\varphi_2$ | | | 0.00 | 0.25 | 0.50 | 0.75 | 1.00 | 0.75 | 0.50 | 0.25 | 0.0 |
| $\varphi_3$ | | | | | | | 0.00 | 0.25 | 0.50 | 0.75 | 1.00 |

式 (6.34) が次のように表せることを示し，$f_j$ を求めよ．

$$\begin{bmatrix} \sum\varphi_0^2 & \sum\varphi_0\varphi_1 & 0 & 0 \\ \sum\varphi_0\varphi_1 & \sum\varphi_1^2 & \sum\varphi_1\varphi_2 & 0 \\ 0 & \sum\varphi_1\varphi_2 & \sum\varphi_2^2 & \sum\varphi_2\varphi_3 \\ 0 & 0 & \sum\varphi_2\varphi_3 & \sum\varphi_3^2 \end{bmatrix} \begin{bmatrix} f_0 \\ f_1 \\ f_2 \\ f_3 \end{bmatrix} = \begin{bmatrix} \sum y_0\varphi_0 \\ \sum y_1\varphi_1 \\ \sum y_2\varphi_2 \\ \sum y_3\varphi_3 \end{bmatrix}$$

### (2) 非線形パラメータの推定

近似関数 $p(x)$ が，例えば $p(x) = c_0 \sin(c_1 x + c_2)$ や $p(x) = c_0 x + c_1 x^{c_2}$ のように，非線形要素からなる場合を考えることにする．この関数形を

$$p(x) = f(x, \boldsymbol{c}) \tag{6.35}$$

のように表すとする．ただし，$\boldsymbol{c}$ は $p(x)$ に現れる $m$ 個の係数ベクトル

$$\boldsymbol{c} = [\, c_0 \;\; c_1 \;\; \ldots \;\; c_{m-1} \,]^T$$

であり，非線形の各要素は関数 $f$ の中に含まれるとする．この場合，データの組 $(x_i, y_i)$ $(i = 0, 1, \ldots, n-1)$, $(n \geqq m)$ が与えられ，係数 $\boldsymbol{c}$ を最小2乗法で決める問題となる．

係数の真の値が知れている場合には，観測による誤差 $r_i$ は

$$r_i = y_i - f(x_i, \boldsymbol{c}) \tag{6.36}$$

で与えられる．しかし，係数の真値がわかっていないので，その係数の推定値 $\boldsymbol{c}^{(0)}$ をもとに残差を最小化する逐次近似の方法を用いることになる．この推定係数を用いた関数値 $f(x_i, \boldsymbol{c}^{(0)})$ と観測値 $y_i$ の誤差 $e_i$ は

$$e_i = y_i - f(x_i, \boldsymbol{c}^{(0)}) \tag{6.37}$$

である．さて，近似係数が真の係数値に十分近いとして，関数 $f(x, \boldsymbol{c})$ を $\boldsymbol{c}^{(0)}$ の近傍で1次の項まで Taylor 展開すると，次式を得る．

$$f(x, \boldsymbol{c}) \fallingdotseq f(x, \boldsymbol{c}^{(0)}) + \sum_{j=0}^{m-1} \left( \frac{\partial f}{\partial c_j^{(0)}} \right) (c_j - c_j^{(0)}) = f(x, \boldsymbol{c}^{(0)}) + \left[ \frac{\partial f}{\partial \boldsymbol{c}^{(0)}} \right]^T \delta \boldsymbol{c} \tag{6.38}$$

ただし，$\delta \boldsymbol{c} = \boldsymbol{c} - \boldsymbol{c}^{(0)}$ である．上式の両辺から $y_i$ を引くと，残差 $r_i$ と誤差 $e_i$ の関係が得られ

$$r_i \fallingdotseq e_i - \left[ \frac{\partial f}{\partial \boldsymbol{c}^{(0)}} \right]^T \delta \boldsymbol{c} \tag{6.39}$$

となる．したがって，残差 $R\,(= \sum_{i=0}^{n-1} r_i^2)$ を最小とする $\boldsymbol{c}$ を求めると，

$$\frac{\partial R}{\partial \boldsymbol{c}} = 2 \sum_{i=0}^{n-1} \frac{\partial r_i}{\partial \boldsymbol{c}} r_i = 2 \sum_{i=0}^{n-1} \left[ \frac{\partial f}{\partial \boldsymbol{c}^{(0)}} \right] \left( e_i - \left[ \frac{\partial f}{\partial \boldsymbol{c}^{(0)}} \right]^T \delta \boldsymbol{c} \right) = 0$$

これより，

$$\sum_{i=0}^{n-1} \left[ \frac{\partial f}{\partial \boldsymbol{c}^{(0)}} \right] \left[ \frac{\partial f}{\partial \boldsymbol{c}^{(0)}} \right]^T \delta \boldsymbol{c} = \sum_{i=0}^{n-1} \left[ \frac{\partial f}{\partial \boldsymbol{c}^{(0)}} \right] e_i \tag{6.40}$$

これは $\delta\boldsymbol{c}$ に関する $m$ 元連立方程式であり，一意に解ける．得られた $\delta\boldsymbol{c}$ を用いて $\boldsymbol{c}^{(1)} = \boldsymbol{c}^{(0)} + \delta\boldsymbol{c}$ を求め，$\boldsymbol{c}^{(k)}$ が収束するまで繰り返せば，最良の係数が求まる．

**例題 6.6** 例題 6.5 の数表を $p(x) = c_0 \sin(c_1 x)$ で表す場合の係数を最小 2 乗法で定める．係数の初期推定値は $\boldsymbol{c}^{(0)} = [\,5.0 \;\; 0.63\,]^T$ とする．

**(解)** 近似関数を $\boldsymbol{c}$ で偏微分すると，

$$\frac{\partial f}{\partial \boldsymbol{c}} = \begin{bmatrix} \sin(c_1 x) \\ c_0 x \cos(c_1 x) \end{bmatrix}$$

したがって，式 (6.40) から

$$\begin{bmatrix} \sum \sin^2(c_1 x_i) & \sum c_0 x_i \sin(c_1 x_i) \cos(c_1 x_i) \\ \sum c_0 x_i \sin(c_1 x_i) \cos(c_1 x_i) & \sum \{c_0 x_i \cos(c_1 x_i)\}^2 \end{bmatrix} \delta\boldsymbol{c}$$
$$= \begin{bmatrix} \sum \sin(c_1 x_i)(y_i - c_0 \sin c_1 x_i) \\ \sum c_0 x_i \cos(c_1 x_i)(y_i - c_0 \sin c_1 x_i) \end{bmatrix}$$

これより，

$$\begin{bmatrix} 2.4943 & -8.4355 \\ -8.4355 & 3213.0 \end{bmatrix} \begin{bmatrix} \delta c_0 \\ \delta c_1 \end{bmatrix} = \begin{bmatrix} -0.03138 \\ 13.5347 \end{bmatrix}$$

これを解いて $\delta c_0 = -0.0017, \delta c_1 = -0.0042$．したがって $c_0 = 4.998, c_1 = 0.6258$ を得る．$\delta c_0, \delta c_1$ が十分小さくなるまで反復計算する必要があるが，この修正量は小さく，収束解にかなり近いと考え，この結果を用いて近似曲線を求めると図 6.6 の細線のようになる．与えられたデータのよい近似を与える．

**問題 6.9** 次の表に示すデータに対し，$y = c_0 \sin(c_1 x + c_2)$ の係数を求めよ．

| $x$ | − 3.0 | − 2.0 | − 1.0 | 0.0 | 1.0 | 2.0 | 3.0 |
|---|---|---|---|---|---|---|---|
| $y$ | − 1.20 | − 1.99 | − 0.96 | 0.96 | 1.99 | 1.20 | − 0.7 |

# 第7章 Fourier (フーリエ)解析

周期的な振動現象の特性を解析したり，一見ランダムに見える不規則な現象にかくれた周期性を見出そうとするとき，**Fourier 解析**は有力な手段となる．連続的現象の観測値は有限個のサンプルデータとして求められので，離散的データを対象にして定義される離散 Fourier 解析の基本的な概念と手法を考察し，その効率的な計算法として多用されている高速 Fourier 変換を紹介する．

## 7.1 Fourier 級数

### (1) 周期関数

実変数 $x$ の関数 $f(x)$ がすべての $x$ に対して

$$f(x+\phi)=f(x) \tag{7.1}$$

が成り立つ定数 $\phi$ が存在するとき，関数 $f(x)$ は **周期** (period) $\phi$ をもつ **周期関数** (periodic function) であるという．例えば $\sin x$, $\cos x$, $\sin 2x$, $\cos 2x$, ... などはいずれも周期 $2\pi$ をもつ周期関数である．また, 周期関数では周期 $\phi$ の整数倍の値も周期である．さらに, 関数 $f(x)$, $g(x)$ の周期が $\phi$ であれば, 関数 $h(x)=af(x)+bg(x)$ ($a$, $b$ は定数) もまた同一周期 $\phi$ をもつ．

周期 $\phi$ をもつ周期関数 $f(x)$ と，周期 $2\pi$ をもつ関数 $f(t)$ は，変数変換

$$x/\phi=t/2\pi$$

により等価である．Fourier 解析で扱う関数は，時間の関数となることが多いので独立変数には記号として $t$ を用いることにする．また周期を $2\pi$ としておくと便利なので，整数を $n$ $(0,\pm1,\pm2,\ldots)$ として，周期関数を

$$f(t+n\cdot 2\pi)=f(t) \tag{7.2}$$

のように定義でき，以後この関係式を用いることにする．

### (2) Fourier 級数

ある関数 $f(t)$ が区間 $[0, 2\pi]$ で定義され，積分可能であるとき，次式で計算される係数 $a_k$, $b_k$

$$a_k = \frac{1}{\pi}\int_0^{2\pi} f(t)\cos kt\,dt \quad (k = 0, 1, 2, \ldots), \tag{7.3a}$$

$$b_k = \frac{1}{\pi}\int_0^{2\pi} f(t)\sin kt\,dt \quad (k = 1, 2, \ldots) \tag{7.3b}$$

をもつ，次式で定義される三角級数

$$f(t) = \frac{a_0}{2} + \sum_{k=1}^{\infty}(a_k \cos kt + b_k \sin kt) \tag{7.4}$$

を関数 $f(t)$ の **Fourier 級数** (Fourier series) という．右辺の各項は **調和成分** (harmonics) とも呼ばれる．また，係数 $a_k$, $b_k$ を関数 $f(t)$ の **Fourier 係数**といい，$f(t)$ を式 (7.4) の右辺のように表すことを **Fourier 展開** (Fourier expansion) という．第 1 項の $a_0/2$ は，$a_0$ の定義をその他の $a_k$ と同じ式 (7.3) で与えるためである．

被積分関数の周期性から，式 (7.3) の積分区間を長さ $2\pi$ をもつ任意の別の区間，例えば区間 $-\pi \leqq t \leqq \pi$ に置き換えても，Fourier 係数は不変である．特に，関数 $f(t)$ が奇関数 $\{f(-t) = -f(t)\}$ のとき，$\sin kt$ の形状から容易にわかるように原点に対して対称であり，$a_k = 0$ となり，$f(t)$ は正弦項 $b_k$ のみからなる正弦展開となる．同様に，偶関数 $\{f(-t) = f(t)\}$ の場合は余弦項のみからなる余弦展開となる．

$\sin kt$ の周期は $2\pi/k$ であり，次数 $k$ が大になるほど周期は短くなる．周期の逆数は**周波数** (frequency) $\omega\ (= k/2\pi)$ であり，高次成分ほど高周波数の振動を表すことになる．

Fourier 展開は調和成分への分解という意味のほかに，Fourier 係数を離散的な周波数 $(2\pi/k)$ に対する関数と考えることを意味する．時間の関数 $f(t)$ と Fourier 級数は，式 (7.3) と (7.4) によって一方が与えられれば他の一方が定まるので，両者のもつ情報は全く同じものである．このことから，式 (7.3) を **Fourier 変換** (transform), 式 (7.4) を **Fourier 逆変換**ということもある (Fourier 変換という用語は，普通，Fourier 積分に対して用いられる)．現象を時間の関数から周波数の関数に変換して周波数領域で現象を考察することは，物理的な現象の解析に重要な役割を果たす．

関数 $f(t)$ が Fourier 係数 $a_k$, $b_k$ によって，調和成分の 1 次結合として展開される根拠は，任意の $k, l \geqq 0$ に対する調和成分間の次のような関係による．

$$\int_0^{2\pi} \cos kt \cos mt\,dt = \begin{cases} 2\pi, & k = m = 0, \\ \pi, & k = m \neq 0, \\ 0, & k \neq m \end{cases} \tag{7.5a}$$

$$\int_0^{2\pi} \cos kt \sin mt\,dt = 0, \tag{7.5b}$$

$$\int_0^{2\pi} \sin kt \sin mt\,dt = \begin{cases} \pi, & k = m \geqq 1, \\ 0, & k \neq m \end{cases} \tag{7.5c}$$

このように自分自身の積 (例えば，$\cos kt$ と $\cos kt$ の積) の積分値が有限でかつ 0 でなく，他との積の積分値が 0 になるとき，**直交系** (orthogonal) であるという．

関数 $f(t)$ の Fourier 級数が収束し，その和が $f(t)$ に等しくなるかどうかは重要な問題であるが，実際問題の多くは収束する．次の例題で，その関係を見ておこう．

**例題 7.1**　次式を満たす周期 $2\pi$ をもつ周期関数 $f(t)$ の Fourier 係数を求める．

$$f(t) = \begin{cases} -1 & (-\pi < t < 0) \\ 1 & (0 < t < \pi) \end{cases}$$

**(解)**　$-\pi$ と $\pi$ との間では $a_0 = 0$. また，

$$a_k = \frac{1}{\pi}\left(-\int_{-\pi}^{0} \cos kt\,dt + \int_0^{\pi} \cos kt\,dt\right) = \frac{1}{\pi}\left(-\left.\frac{\sin kt}{k}\right|_{-\pi}^{0} + \left.\frac{\sin kt}{k}\right|_{0}^{\pi}\right) = 0$$

$$b_k = \frac{1}{\pi}\left(-\int_{-\pi}^{0} \sin kt\,dt + \int_0^{\pi} \sin kt\,dt\right)$$

$$= \frac{1}{\pi}\left(\left.\frac{\cos kt}{k}\right|_{-\pi}^{0} - \left.\frac{\cos kt}{k}\right|_{0}^{\pi}\right) = \begin{cases} 4/\pi k & \text{for (奇数の } k) \\ 0 & \text{for (偶数の } k) \end{cases}$$

これより $f(t)$ に対する Fourier 級数 $f_n$ は

$$f_n(t) = \frac{4}{\pi}\left(\sin t + \frac{1}{3}\sin 3t + \frac{1}{5}\sin 5t + \cdots\right)$$

例題 7.1 の解の一例を図 7.1 に示す．$f(t)$ は矩形波であり，細線で示してある．その Fourier 級数の 1〜3 次までの調和成分 $f_1$, $f_2$, $f_3$ の部分和 $f_1 + f_2 + f_3$ を太線で，また，1 次，2 次，3 次成分の波形を細線で示してある．Fourier 係数の成分は $k$ が増すと減少していくが，図から，Fourier 級数の成分和は $k$ が増すと $f(t)$ に漸近していくことが予想される．しかし，$t = -\pi, 0, \pi$ の点では部分和の値が 0 となり，その近傍ではオーバーシュートを示し，もとの関数に収束しない．これは，$t = m\pi$ ($m$ は任意の整数) で $f(t)$ が不連続点をもつためであり，この状況を **Gibbs** (ギブス) **現象**という．

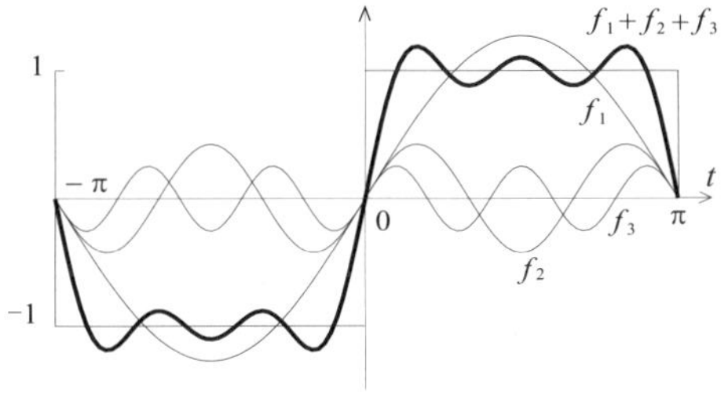


図 **7.1** 台形波とその **Fourier** 成分

## (3) Fourier 積分

Fourier 係数，式 (7.3)，に対し，変数変換 $kt/(2\pi) = \omega t^*$ を用いて変換し，ついで $t^*$ をあらためて $t$ とおきなおし，積分範囲を無限大に拡張して Fourier 係数を連続な周波数 $\omega$ の関数 $F(\omega)$ に極限化した場合, 式 (7.3) は

$$F(\omega) = \int_{-\infty}^{\infty} f(t)e^{-i\omega t}dt \tag{7.6}$$

のように表される．ただし，$i$ は虚数であり，$e^{\pm i\theta} = \cos\theta \pm i\sin\theta$ の関係にある．

関数 $F(\omega)$ を $t$ の関数 $f(t)$ の **Fourier 積分** (Fourier integral) または **Fourier 変換**という．一方，

$$f(t) = \int_{-\infty}^{\infty} F(\omega)e^{i\omega t}d\omega \tag{7.7}$$

を **Fourier 逆変換**という．

式 (7.6) の $F(\omega)$ を，虚数部 $R(\omega)$ と実数部 $I(\omega)$ に分けて

$$F(\omega) = R(\omega) + i\,I(\omega) \equiv A(\omega)e^{i\phi(\omega)} \tag{7.8}$$

と表せる．$A(\omega)$ は $f(t)$ の **Fourier スペクトル** (Fourier spectrum)，$A^2(\omega)$ は **パワースペクトル** (power spectrum)，$\phi(\omega)$ は **位相角** (phase angle) と呼ばれる．

現実の問題としては，連続な現象に対し有限個のサンプルを取得しこれを用いる場合が多いので，Fourier 積分における概念を Fourier 級数に準用して，関数 $f(t)$ の Fourier 係数，式 (7.3)，への展開も Fourier 変換と呼び，式 (7.4) により $f(t)$ を求めることを Fourier 逆変換ともいう．

## (4) パワースペクトル

Fourier 展開は任意の関数に対するデータのあてはめの問題としても考えることができる．すなわち，近似式を

$$p_n(t) = \frac{a_0}{2} + \sum_{k=1}^{n}(a_k \cos kt + b_k \sin kt)$$

とおき，関数値 $f(t)$ との残差を $\varepsilon(t)$

$$\varepsilon(t) = f(t) - p_n(t) \tag{7.9}$$

とおいて，最小 2 乗法 (6.3 節参照) により残差の 2 乗の積分値 $R_n$

$$R_n = \int_0^{2\pi} \{\varepsilon(t)\}^2 dt \tag{7.10}$$

を最小にするように各係数を定める問題となる．これによって得られる係数は，直交性を利用して変形すると Fourier 係数，式 (7.3)，に一致することが示される．

誤差 $R_n$ の最小値は，式 (7.10) より，調和成分の直交性を利用すると

$$(R_n)_{min} = \int_0^{2\pi} \{f(t)\}^2 dt - \pi\left\{\frac{a_0^2}{2} + \sum_{k=1}^{n}(a_k^2 + b_k^2)\right\} \tag{7.11}$$

となる．$R_n$ は負にはならないから，$n$ が増すに従い誤差 $R_n$ が減じ，近似がよくなることが知れる．これより **Parseval** (パーセバル) **の不等式**と呼ばれる次式が得られる．

$$\frac{1}{\pi}\int_0^{2\pi} \{f(t)\}^2 dt \geqq \frac{a_0^2}{2} + \sum_{k=1}^{n}(a_k^2 + b_k^2) \tag{7.12}$$

上式で $n$ を無限大にすると

$$\frac{1}{\pi}\int_0^{2\pi} \{f(t)\}^2 dt = \frac{a_0^2}{2} + \sum_{k=1}^{\infty}(a_k^2 + b_k^2) \tag{7.13}$$

$R_n$ と $R_\infty$ の差 $S_n$ をとると，次式が得られる．

$$\frac{1}{2\pi}S_n = \frac{1}{2\pi}\int_0^{2\pi} \{f(t) - f_n(t)\}^2 dt = \frac{1}{2}\sum_{k=n+1}^{\infty}(a_k^2 + b_k^2) \tag{7.14}$$

この第 2 式は有限項で打ち切ることによる平均 2 乗誤差を表している．

式 (7.13) において，$f(t)$ の 1 周期にわたる平均値が 0 の場合 ($a_0 = 0$)，左辺は波動 $f(t)$ の 2 乗の平均値 (の 2 倍の値) であり，振動エネルギーの大きさを表していて，振幅の 2 乗和に相当していることが知れる．これより，$a_k^2 + b_k^2$ を周波数 $k/2\pi$ での **パワースペクトル**，あるいは線スペクトルという．この値は時間軸を移動しても変わらない不変量 (invariant) であり，物理的に重要な意味をもつ．

## 7.2 離散 Fourier 変換

前節では，おもに，関数がある区間のすべての点で定義され，Fourier 係数を求める積分が解析的に求められる場合を扱った．実際問題では，有限個の離散型データに対する**離散 Fourier 変換**， DFT (discrete Fourier transform)，を扱うことになる．ここでは，この場合の基本的な問題点を点検しておこう．

周期 $2\pi$ の変数 $t$ に対し，その区間 $[0, 2\pi]$ を等間隔に分割した $2n$ 個のデータ点を変数 $j\,(= 0, 1, 2, \ldots, 2n-1)$ とすると，$j$ の周期は $2n$ であり，$t$ と $j$ の関係は，

$$\frac{t}{2\pi} = \frac{j}{2n} \quad \text{あるいは} \quad t = \frac{\pi}{n}j \tag{7.15}$$

となり，$\cos kt$ は $\cos(\pi/n)kj$ と表せる．したがって，Fourier 係数，式 (7.3) は，

$$a_k = \frac{1}{n}\int_0^{2n} f(j)\cos\frac{\pi}{n}kj\,dj, \quad (k = 0, 1, 2, \ldots) \tag{7.16a}$$

$$b_k = \frac{1}{n}\int_0^{2n} f(j)\sin\frac{\pi}{n}kj\,dj \quad (k = 1, 2, \ldots) \tag{7.16b}$$

と表せ，また，Fourier 級数，式 (7.4) は

$$f(j) = \frac{a_0}{2} + \sum_{k=1}^{\infty}\left(a_k\cos\frac{\pi}{n}kj + b_k\sin\frac{\pi}{n}kj\right) \tag{7.17}$$

となる．

一方，離散 Fourier 級数が次式のように表される

$$f(j) = \frac{A_0}{2} + \sum_{k=1}^{n-1}\left(A_k\cos\frac{\pi}{n}kj + B_k\sin\frac{\pi}{n}kj\right) + \frac{A_n}{2}\cos\pi j \tag{7.18}$$

と仮定すると，式 (7.5) で示した直交性を利用して，離散 Fourier 係数 $A_k, B_k$ を定めことができる．詳細は省略して結果のみを記せば，次のようになる．

$$A_k = \frac{1}{n}\sum_{j=0}^{2n-1} f(j)\cos\frac{\pi}{n}kj, \quad (k = 0, 1, 2, \ldots, n), \tag{7.19a}$$

$$B_k = \frac{1}{n}\sum_{j=0}^{2n-1} f(j)\sin\frac{\pi}{n}kj, \quad (k = 1, 2, \ldots, n-1) \tag{7.19b}$$

逆に，式 (7.19) の係数 $A_k$, $B_k$ を式 (7.18) の右辺に代入すると，点 $j$ における関数値 $f(j)$ に一致することから，式 (7.18) が成り立つことは容易に確かめられよう．式 (7.18) の積和の上限が $2n-1$ ではなく，$n-1$ であることに注意されたい．

周期 $2n$ の関数に対してサンプリングの点 $j$ を $-(n-1), -(n-2), \ldots, 0, \ldots, n$ に移

動した DFT の結果も同じであり，一般の Fourier 展開と変わらない性質をもつ．

Fourier 級数を表す式 (7.17) と離散 Fourier 展開による式 (7.18) を比較すると，両係数間に次の重要な関係式が成り立つことが知れる．

$$A_0 = a_0 + 2\sum_{j=1}^{\infty} a_{2nj}, \tag{7.20a}$$

$$A_k = a_k + \sum_{j=1}^{\infty}(a_{2nj-k} + a_{2nj+k}), \tag{7.20b}$$

$$B_k = b_k + \sum_{j=1}^{\infty}(-b_{2nj-k} + b_{2nj+k}) \tag{7.20c}$$

上式は，離散 Fourier 係数が，対応する一般の Fourier 係数とは異なり高次の調和成分に対する係数を重ね合わせたものになっていることを示している．例えば，$n=8$ ならば，係数 $A_1$ は $2nj \pm 1$ $(j=1, 2, \ldots)$ に対する Fourier 係数を加えたもの

$$A_1 = a_1 + a_{15} + a_{17} + a_{31} + a_{33} + \cdots$$

になっている．サンプル数が $2n$ の場合，

$$f(j) = a_{2n-1}\cos\frac{\pi}{n}(2n-1)j \quad や \quad f(j) = a_{2n+1}\cos\frac{\pi}{n}(2n+1)j$$

という関数があるとき，これに対する離散 Fourier 係数は $A_1$ のみが存在して

$$f(j) = A_1\cos\frac{\pi}{n}j$$

に相当する周波数成分に重ね合わせたものとして得られ，$2n$ 個のサンプリングでは $n$ より高い調和成分を分離できないことを示している．

このように互いに混同される周波数，すなわち，周波数 $k$ に対して周波数 $2nj \pm k$ $(j=1,2,\ldots)$ を互いに **エイリアス** (alias) といい，この離散 Fourier 展開によるサンプリングの効果を**エイリアシング** (aliasing) と呼んでいる．

周波数を 0 から無限大まで並べたとき $k=nj$ $(j=1,2,\ldots)$ で交互に左右に折りまげて積み重ねたものが離散 Fourier 係数に相当しているので，$k=n$ を **折りまげ周波数** (folding frequency) という．これまで，周波数は整数倍の値として述べてきたが，正確にはサンプリング間隔を $\Delta t$，全区間の長さを $2\pi$ とすると，$\Delta t = \pi/n$ であるから折りまげ周波数 $\omega_f$ は $1/(2\Delta t)$ である．したがって，信号に含まれている最高の周波数を $\omega_0$ とすると，$\omega_f > \omega_0$ より，よく知られた次の定理が導かれる．

**サンプリング定理**

> サンプリング間隔 $\Delta t$ を，信号のもつ周波数の上限 $\omega_0$ に対し，$\Delta t < 1/(2\omega_0)$ を満たすようにとれば，エイリアスの影響を受けずにもとの関数を再現することができる．

## 7.3 高速 Fourier 変換

前節までの Fourier 級数および離散 Fourier 級数は正弦および余弦調和成分に関するものであったが，数値計算では複素数の考えを用いた方が便利である．

ここではサンプル数を $n$ とする．その場合，複素離散 Fourier 級数は

$$f(j) = \sum_{k=0}^{n-1} C_k \exp\left(i\frac{2\pi}{n}kj\right) \quad (j = 0, 1, 2, \ldots, n-1) \tag{7.21}$$

と表され，複素離散 Fourier 係数 $C_k$ はその逆変換として

$$C_k = \frac{1}{n}\sum_{j=0}^{n-1} f(j)\exp\left(-i\frac{2\pi}{n}kj\right) \quad (k = 0, 1, 2, \ldots, n-1) \tag{7.22}$$

と与えられる．したがって，$C_k$ から $f(j)$ の計算も，$f(j)$ から $C_k$ の計算も同様な方法で行われる．ここでは後者の場合を取り上げる．

数式通りに計算する場合の Fourier 級数の計算量は $O(n^2)$ とされるが，Cooley (クーリー) -Tukey (チューキー)[14] はこれを $O(n\log n)$ で計算でき，$n$ が大きい場合に計算量が画期的に節減できる方法を考案した．高速 Fourier 変換，**FFT** (Fast Fourier Transform)，と呼ばれて多方面に利用されている．FFT の計算では，サンプル数 $n$ を 2 のべき乗 $(= 2, 4, \ldots, 1024, \ldots)$ にとる必要がある．これは，上式右辺の exp 部 が，複素平面上 (図 7.2) では，複素数が表す点を単位円上で回転移動させる効果を表し，サンプル数を 2 のべき乗とするとこの指数計算の扱いが著しく軽減できるからである．そのため exp 部は回転子と呼ばれる．

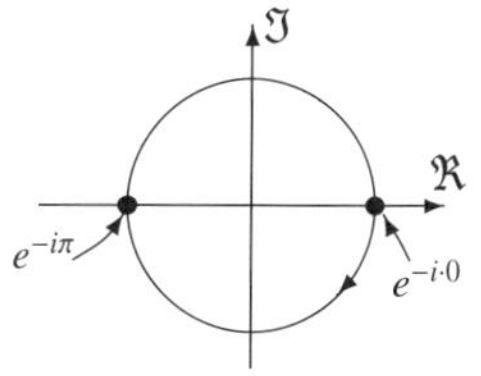


図 7.2　回転子

以後，回転子を次のように表すことにする．

$$\exp\left(-i\frac{2\pi}{n}kj\right) \equiv W_n^{kj}, \qquad W_n = \exp\left(-i\frac{2\pi}{n}\right)$$

さて，最も簡単なデータ数 $n$ が 2 の Fourier 展開を考えてみる．実は利用されている FFT のアルゴリズムは $n=2$ の場合の拡張になっている．式 (7.22) より，

$$C_k = \frac{1}{2}\sum_{j=0}^{1} f(j)\, W_2^{kj}, \qquad (k = 0,\ 1) \tag{7.23}$$

この場合，

$$kj = 0 \text{ のとき，}\quad W_2^0 = \cos 0 - i\,\sin 0 = 1 - i\cdot 0$$
$$kj = 1 \text{ のとき，}\quad W_2^1 = \cos \pi - i\,\sin \pi = -1 - i\cdot 0$$

であるから，$kj=0$ の場合に対し $kj=1$ の場合は，位相角が $\pi$ だけ進んでいる．式 (7.23) による Fourier 係数は，

$$C_0 = (1/2)\{f(0)W_2^0 + f(1)W_2^0\} = (1/2)\{f(0) + f(1)\}$$

$$C_1 = (1/2)\{f(0)W_2^0 + f(1)W_2^1\} = (1/2)\{f(0) - f(1)\}$$

であり，加減算だけで式 (7.23) の積和の計算が求められる．この計算は 2 進数に基礎をおいているので基数 2 の FFT という．

同じ基数 2 の計算で $n=8$ の場合をみてみよう．式 (7.22) より

$$C_k = \sum_{j=0}^{7} f(j)\, W_8^{kj}, \qquad (k = 0,\ 1,\ \ldots,\ 7) \tag{7.24}$$

なお．右辺には係数 1/8 が掛かるが，以下の議論では表に現れないのでこの係数を省略している．$j$ と $k$ を 2 進数に分解

$$k = 4k_2 + 2k_1 + k_0 \quad (k_0,\ k_1,\ k_2 = 0,\ 1)$$
$$j = 4j_2 + 2j_1 + j_0 \quad (j_0,\ j_1,\ j_2 = 0,\ 1)$$

して，これを式 (7.24) に代入し，それを次の形

$$C_k(j_2, j_1, j_0) = \sum_{k_2=0}^{1}\sum_{k_1=0}^{1}\sum_{k_0=0}^{1} f(k_2, k_1, k_0)\, W_8^{j(4k_2+2k_1+k_0)} \tag{7.25}$$

で表すことにしよう．$\sum$ の範囲を示す添字は自明であるから，簡単のため，以後，省略する．右辺に対し，外側から実行すると，$m$ を任意の整数とすると次の関係

$$W_8^{8m} = \exp\{-i\,(2\pi/8)\times 8m\} = 1$$

$$W_8^4 = \exp\{-i\,(2\pi/8)\times 4\} = \exp\{-i\,(2\pi/2)\} = W_2$$

が成り立つので，

$$\sum_{k_2} f(k_2, k_1, k_0)\, W_8^{4k_2 j} = \sum_{k_2} f(k_2, k_1, k_0)\, W_8^{4k_2 j_0} = \sum_{k_2} f(k_2, k_1, k_0)\, W_2^{k_2 j_0} \tag{7.26}$$

となり，DFT 式 (7.23) そのものといえる．上式を (7.25) に代入すると

$$C_k(j_2, j_1, j_0) = \sum_{k_1}\sum_{k_0}\left\{\sum_{k_2} f(k_2, k_1, k_0)W_2^{k_2 j_0}\right\}W_8^{j(2k_1+k_0)} \tag{7.27}$$

となる．{ } 内の DFT を $f_1(j_0, k_1, k_0)$ とおき，$k_1$ について整理すると，

$$\sum_{k_1} f_1(j_0, k_1, k_0)W_8^{2k_1 j} = \sum_{k_1} f_1(j_0, k_1, k_0)W_8^{2k_1 j_0} \cdot W_2^{k_1 j_1}$$

となる．これは $f_1(j_0, k_1, k_0)$ に回転子 $W_8^{2k_1 j_0}$ を乗じたものに，大きさ 2{ 式 (7.23)} の離散 Fourier 変換したものである．これを式 (7.27) に代入すると

$$C_k(j_2, j_1, j_0) = \sum_{k_0}\left\{\sum_{k-1} f_1(j_0, k_1, k_0)W_8^{2k_1 j_0} \cdot W_2^{k_1 j_1}\right\}W_8^{jk_0} \tag{7.28}$$

が得られる．再び { } 内を $f_2(j_0, j_1, k_0)$ とおけば，$W_8^{jk_0} = W_8^{(2j_1+j_0)k_0} \cdot W_2^{j_2 k_0}$ より

$$C_k(j_2, j_1, j_0) = \sum_{k_0} f_2(j_0, j_1, k_0)W_8^{(2j_1+j_0)k_0} \cdot W_2^{j_2 k_0} \tag{7.29}$$

となる．このように，基数 2 の DFT の結果に回転子をかけることの繰り返しにより，Fourie 変換が得られる．

この計算では $j$ と $k$ を 2 進数で表すことにより，その最上位のビットからの計算が 3 段階の大きさ 2 ($k = 2$) の回転子演算に置き換えられ，また残りの項は途中の結果に掛け合わされる $2\pi/n$ の整数倍の位相角をもつ回転子演算である．この回転子により，$f(j)$ がすべて実数の場合にも $C_k$ は複素数となるが，係数の実数部と虚数部に対する回転子演算は実数計算で行うことになる．

計算の主要部が回転子の計算であることが知れたので，$n$ がもう少し多い $n = 16$ の場合を確かめておこう．$W_{16}^8 = W_2$，$W_{16}^n = W_{16}^{n \bmod 16}$ の関係に留意し，$k$ と $j$ を 2 進数で表して積 $kj$ を求めると，

$$\begin{aligned} kj &= 8k_3(8j_3 + 4j_2 + 2j_1 + j_0) + 4k_2(8j_3 + 4j_2 + 2j_1 + j_0) \\ &\quad +2k_1(8j_3 + 4j_2 + 2j_1 + j_0) + k_0(8j_3 + 4j_2 + 2j_1 + j_0) \\ &= 8k_3 j_0 + (\underline{4k_2 j_0} + 8k_2 j_1) + \{\underline{2k_1(2j_1 + j_0)} + 8k_1 j_2\} \\ &\quad +k_0\{\underline{(4j_2 + 2j_1 + j_0)} + 8k_0 j_3\} \end{aligned}$$

となり，$8k_3 j_0, 8k_2 j_1, 8k_2 j_2, 8k_0 j_3$ は大きさ 2 の DFT に置き換わり，残りの項は途中の結果に掛け合わされる回転子となる．$n$ がさらに大きい場合も，同様に 2 進数に分解して行う．

おのおのの大きさ 2 の DFT 演算を段と呼ぶことにすれば，途中で掛ける回転子 (上式で下線を引いた項) は 1 段前の，$k$ を掛ける前の回転子を 2 で割り，その段の $j$ にデータ数 $n$ を 4 で割った値を乗じたものを加えることにより得られる．例えば，4 段目に対しては

$$(4j_2 + 2j_1 + j_0)/2 + j_3 \times (n/4) = (8j_3 + 4j_2 + 2j_1 + j_0)/2$$

となっている．この順番は $j$ を 2 進数で表したビット順そのままである．

式 (7.25) の段階では $j_0, j_1, j_2$ の順に並んでいた入力データは，式 (7.29) の変換後には $j_2, j_1, j_0$ のように逆順に変わるので，同じ配列を利用して $C_k$ の結果を格納する場合には順番を変更する必要がある．そのため，上記の各段におけるビット逆順の情報を利用し，それが漸化的に得られることから，その順を記録しておいて最終的に $C_k$ の順番の入れ替えに用いる[15]．

**★ FFT プログラム**　サンプリング間隔 (`dt`)，データの総数 (`N` 個，2 のべき乗個でなければならない) とデータの配列 (`x`) を入力データとして与え，その Fourier 係数を求める FFT プログラムを Program 7.1 に示す．プログラム構成法は前章の Program 6.2 と同じである．

Fourier 係数を求めるメソッドは `fft` であり，サンプリングデータは第 1 引数 `ak` で引き渡す．第 2 引数 `bk` の初期値は 0 でなければならない．Fourier 変換の計算結果は同じ変数 `ak`，`bk` に出力する．Fourier 変換の場合と逆 Fourier 変換の場合では，sin の符号とデータ数 `N` で割るか割らないかだけの違いであるから，関数の第 4 引数の値 `ff` が −1 であれば Fourier 変換，1 であれば逆 Fourier 変換が行えるように共用プログラムとしてある．

このプログラムでのサンプリングデータは，

$$y = \sin(2\pi t) + 0.1\sin(120\pi t)$$

で計算される値として行 27 で `x` に与え，その波形をグラフの上部に出力するとともに，グラフの下部に FFT の解析結果をもとに，パワースペクトル `pw`(行 42) と周波数 `fq`(行 43) を求め，その分布をグラフ出力するようにしてある．

**Program 7.1**　高速 Fourier 変換

```
20      //  FFT 解析のメインメソッド
21      public void drawFFT(){
22          int N = 512; // N=2,4,8,16,32,64,128,256,512,1024
23          double[] x = new double [N],  y =new double [N];
```

```
        double dt = 0.01, PI = Math.PI;
        double sc=2.0*PI*dt, sc2=2.0*PI/20.0, sc3=2.0*PI/5.0;
        for(int i=0; i<N; i++){
           x[i]=Math.sin(sc*(double)i)+0.1*Math.sin(sc*(double)(60*i));
        }
        for(int i=0; i<N; i++) y[i] = sc*(double)i;

        int height = getSize().height/2;
        double[] range= { 0.0, 35.0, -1.5, 1.5 };
        gt.viewPort( 40, height, false, range );
        gt.drawAxis( "x", 5, "y" , 2);  // 座標軸の描画
        gt.plotData( y, x, 512, Color.blue, null ); // データをプロット
        bg.drawString("Waveform",250,50);
        for(int i=0; i<N; i++) y[i]=0.0;
        fft( x, y, N, -1 );              // FFT 解析
        bg.drawString("Power spectrum", 220,height+50);
        double[] pw = new double [N], fq = new double [N];
        for(int i=0; i< (N/2); i++){
           pw[i] = Math.sqrt(x[i]*x[i]+y[i]*y[i]); // パワースペクトル
           fq[i] = (double)i/(dt*(double)N);       // 周波数
        }

        range[0]=0.0; range[1]=50.0; range[2]=0.0; range[3]=0.5;
        gt.viewPort( height-10, 20, false, range );
        bg.setColor(Color.black);
        gt.drawAxis( "x", 5, "y" , 5); // 座標軸の描画
        gt.plotData( fq, pw, N/2, Color.red, null );
     }
     /**   FFT 解析メソッド        */
     public void fft( double ak[], double bk[], int N, int ff ){
        /**  入出力 ak[]=波形および実数部, 出力 bk[]= 虚数部:
               ff=-1 for FFT,  ff=1 for Inverse FFT                */
        int j, k1, phi, phi0;
        int[] rot = new int [N];
        double s, sc, c, a0, b0, tmp;

        int nhalf = N/2, num = N/2;  sc = 2.0*Math.PI/(double) N;
        while( num >= 1 ){
          for(j=0; j<N; j+=(2*num)){
            phi = rot[j]/2;  phi0 = phi+nhalf;
            c=Math.cos(sc*(double)phi);s=Math.sin(sc*(double)(phi*ff));
            for(int k=j; k<j+num; k++){
                 k1 = k+num;
                 a0 = ak[k1]*c-bk[k1]*s;  b0 = ak[k1]*s+bk[k1]*c;
                 ak[k1] = ak[k]-a0;       bk[k1] = bk[k]-b0;
                 ak[k] = ak[k]+a0;        bk[k] = bk[k]+b0;
                 rot[k] = phi;            rot[k1] = phi0;
            }
          }
          num = num/2;
        }
        if( ff < 0 ){  // FFT の場合
           for(int i=0; i<N; i++){
              ak[i] /= (double) N;  bk[i] /= (double) N;
           }
```

```
        }
        // ビット逆順の補正
        for(int i=0; i<N-1; i++){
           if( (j=rot[i]) > i ){
              tmp = ak[i];  ak[i] = ak[j];  ak[j] = tmp;
              tmp = bk[i];  bk[i] = bk[j];  bk[j] = tmp;
           }
        }
    }
}
class GraphTools{
```

⋮ (グラフ出力用メソッド，Program6.2 の行 136 以降と同じ)

上記プログラムの出力結果を図 7.3 に示す．サンプルデータは 1 Hz の正弦波に 60 Hz のノイズが重なった波形であり (サンプリング間隔 10 ms，サンプル数 $N = 512$ )，$N$ が 1 Hz 波形の 1 周期に対するサンプル数の整数倍でないため，パワースペクトル分布に広がりがあるが，整数倍の場合には正確な周波数の値に対してのみ値をもつ．

また，サンプリング周波数 $f_s$ (= 100 Hz) がノイズの周波数 $f_0$ (=60 Hz) の 2 倍より小さく，サンプリング定理を満たしていない．このため，40 Hz 近傍にエイリアスによるスペクトルが現れている．

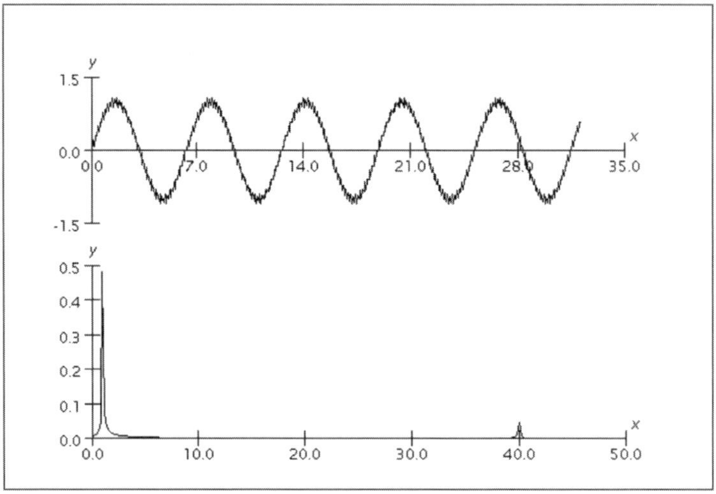


図 **7.3** **Program 7.1** の出力結果

**問題 7.1** 複素 Fourier 展開において，基数 2 の回転子を用いる場合，正弦波の 1 周期分に対し $N = 8$ としたときの，式 (7.27)～(7.29) の $f$, $f_1$, $f_2$ および $C_k$ が具体的にどのように変化していくか示せ．小数点以下 4 桁までの計算でよい．

**問題 7.2** 波形が次のように与えられたときの Fourier 係数をプログラム 7.1 により求め，サンプリング間隔とサンプル数の関係，および係数と周波数との関係を考察せよ．

(1) 矩形波 $\begin{cases} x = 0 & \text{for} \quad -\pi < t < 0, \\ x = 1 & \text{for} \quad 0 < t < \pi \end{cases}$

(2) 鋸歯状波 $y = x - 0.5 \quad \text{for} \quad -\pi < t < \pi$

(3) 複合正弦波 $y = \sin(2\pi t/100) + (1/2)\sin(50\pi t + 0.5)$

$$+(1/4)\sin(80\pi t + 0.25)$$

# 第8章 数値微分と数値積分

関数が数式で与えられるか離散的な値で与えられて，その微分値や積分値を数値的に求める機会がシミュレーションでは多い．その方法の基礎と誤差について考察する．いずれの場合も，関数は十分に滑らかであり，不連続や特異点がないと仮定する．

## 8.1 数値微分

関数 $f(x)$ の点 $x_0$ での微係数 $f'(x_0)$ は，定義により次式のように書ける．

$$f'(x_0) = \lim_{h \to 0} \frac{f(x_0 + h) - f(x_0)}{h} \tag{8.1}$$

ここで，$h$ は $x_0$ からの微小距離を表す．1 次微係数を差分近似する場合は，Taylor 級数展開

$$f(x_0 + h) = f(x_0) + hf'(x_0) + \frac{h^2}{2!}f''(x_0) + \frac{h^3}{3!}f'''(x_0) + \cdots \tag{8.2a}$$

$$f(x_0 - h) = f(x_0) - hf'(x_0) + \frac{h^2}{2!}f''(x_0) - \frac{h^3}{3!}f'''(x_0) + \cdots \tag{8.2b}$$

を用いて，式 (8.1) にならい，式 (8.2a) より前進差分として求めると

$$f'(x_0) = \frac{f(x_0 + h) - f(x_0)}{h} + O(h) \tag{8.3}$$

が得られる．式 (8.2b) より，後退差分として求めると

$$f'(x_0) = \frac{f(x_0) - f(x_0 - h)}{h} + O(h) \tag{8.4}$$

が得られる．また，式 (8.2a) より (8.2b) を減じて，中心差分として求めると

$$f'(x_0) = \frac{f(x_0 + h) - f(x_0 - h)}{2h} + O(h^2) \tag{8.5}$$

のように与えられる．ここで $O(h^k)$ は $h^k$ 以上の高次項の和を表し，微係数を式 (8.3)～(8.5) の右辺第 1 項で表すときの誤差である．したがって $k$ は差分式の正確さを表す尺度であり，**次数**と呼ばれる．直裁的にその差分式の精度は $k$ 次であると

もいう．一方，1 次の式 (8.3) を例にとると，Taylor 級数式 (8.2a) からみて打切り誤差は $O(h^2)$ となるため，区別してこの誤差を**局所打切り誤差**と呼ぶ．

関数 $f(x)$ の値が離散点で与えられている場合にその微係数 $f'(x)$ の値を求めるには，離散点を用いた補間公式を微分することにより得られる．例えば，3 組の座標 $(x_0, f_0), (x_1, f_1), (x_2, f_2)$ が与えられ，これを 2 次の Lagrange 多項式 $p(x)$ で表す場合，第 6.1 節で述べたように，

$$p(x) = \frac{(x-x_1)(x-x_2)}{(x_0-x_1)(x_0-x_2)}f_0 + \frac{(x-x_0)(x-x_2)}{(x_1-x_0)(x_1-x_2)}f_1 + \frac{(x-x_0)(x-x_1)}{(x_2-x_0)(x_2-x_1)}f_2$$

であるから，$p(x)$ を $x$ で微分すると，

$$p'(x) = \frac{2x-x_1-x_2}{(x_0-x_1)(x_0-x_2)}f_0 + \frac{2x-x_0-x_2}{(x_1-x_0)(x_1-x_2)}f_1 + \frac{2x-x_0-x_1}{(x_2-x_0)(x_2-x_1)}f_2 \tag{8.6}$$

である．したがって，データが等間隔 $h$ の場合の離散点における 1 次微係数は

$$f_0' = -\frac{1}{2h}(3f_0 - 4f_1 + f_2) \tag{8.7a}$$

$$f_1' = \frac{1}{2h}(f_2 - f_0) \tag{8.7b}$$

$$f_2' = \frac{1}{2h}(f_0 - 4f_1 + 3f_2) \tag{8.7c}$$

と表せる．式 (8.7b) は (8.5) と同じであり，2 次の精度をもつ．式 (8.7a)(8.7c) は，与えられた数列の両端点における 1 次微係数を求めるのに使われる．

Lagrange 多項式による補間誤差 $e(x) = f(x) - p(x)$ は，式 (6.9) より，

$$e(x) = \frac{(x-x_0)(x-x_1)(x-x_2)}{3!}f^{(3)}(\xi), \qquad \xi \in (x_0, x_2) \tag{8.8}$$

のように表されるので，上記数値微分の誤差は次式のように見積もれる．

$$\begin{aligned} f'(x) - p'(x) = e'(x) &= \frac{1}{3!}\frac{d}{dx}\{(x-x_0)(x-x_1)(x-x_2)\}f^{(3)}(\xi) \\ &\quad + \frac{1}{3!}(x-x_0)(x-x_1)(x-x_2)\frac{d}{dx}\{f^{(3)}(\xi)\} \end{aligned} \tag{8.9}$$

上式右辺第 2 項は，第 1 項に比べてより高次の微分項であり，これを微小であるとして無視すれば，式 (8.7) で与えられる微係数の誤差は，それぞれ，

$$e'(x_0) = \frac{h^2}{3}f^{(3)}(\xi_0), \quad e'(x_1) = -\frac{h^2}{6}f^{(3)}(\xi_1), \quad e'(x_2) = \frac{h^2}{3}f^{(3)}(\xi_2) \tag{8.10}$$

のように表すことができる．ここで，$x_0 < \xi_0, \xi_1, \xi_2 < x_2$ である．したがって，式 (8.7) はいずれも 2 次であり，誤差は $O(h^2)$ である．

数値微分の誤差はデータの間隔 $h$ が減ずるほど小さくなる．しかし，$h$ が減ずる

に従い丸め誤差 (桁落ち誤差) の影響が大きくなり，精度の限りない向上は期待できない．次にその関係を調べてみよう．

式 (8.5) に対し，剰余項 (式 (1.9) 参照) を含めて表すと，

$$f'(x_0) = \frac{f(x_0+h) - f(x_0-h)}{2h} - \frac{h^2}{6} f^{(3)}(\xi) \tag{8.11}$$

となる．この式の $f(x_0+h)$ と $f(x_0-h)$ を計算することで生ずる丸め誤差をそれぞれ $\varepsilon_{x_0+h}, \varepsilon_{x_0-h}$ で表すと，計算値 $\bar{f}(x_0+h), \bar{h}(x_0-h)$ は

$$\bar{f}(x_0+h) = f(x_0+h) + \varepsilon_{x_0+h}, \quad \bar{f}(x_0-h) = f(x_0-h) - \varepsilon_{x_0-h} \tag{8.12}$$

のような関係になる．この丸め誤差 $\varepsilon_{x_0 \pm h}$ の上限を $\varepsilon\,(>0)$，$f^{(3)}$ の上限を $F_0\,(>0)$ と表せば，$f'(x_0)$ の近似誤差は次のように表される．

$$\left| f'(x_0) - \frac{\bar{f}(x_0+h) - \bar{f}(x_0-h)}{2h} \right| \leqq \frac{\varepsilon}{h} + \frac{h^2}{6} F_0 \tag{8.13}$$

すなわち，打切り誤差 $h^2F_0/6$ は $h$ とともに減少するが，丸め誤差 $\varepsilon/h$ は逆に大きくなる．誤差が最小となる $h$ の値 $h_{opt}$ は，上式右辺の極値をとることにより，

$$h_{opt} = (3\varepsilon/F_0)^{1/3}$$

のように与えられる．しかし，離散データの微分に対する $F_0$ に関する情報が一般に何ひとつ得られないので，$h_{opt}$ をあらかじめ見積もることは困難である．

図 8.1 は，$f(x) = \sin x$ に対する 1 次微係数を，$x = 0.3\pi$ において，式 (8.5) により単精度で求めた際の誤差 $e'$ の絶対値と $h$ との関係を示す．$h$ を $1, 1/2, 1/2^2, 1/2^3, \ldots$ と減ずるに従い誤差は減少するが，ある値から誤差が大きくなり，式 (8.13) の傾向をよく表している．図には，前進差分式 (8.3) を用いて求めた結果も併記してあり，この 1 次精度の差分式の誤差は $1/h$ に，式 (8.5) の 2 次精度差分式の場合は $1/h^2$

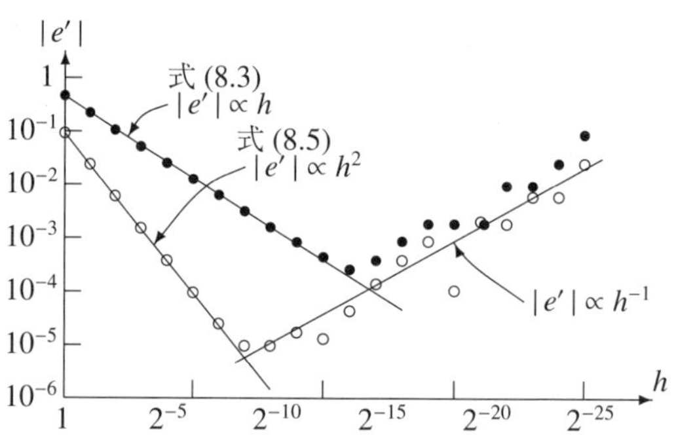


**図 8.1**　打切り誤差と丸め誤差

に比例して誤差が減ずるが，丸め誤差はいずれの場合も $h^{-1}$ に比例して増えている．また，高次精度の式ほど誤差を小さくさせることができ，かつ誤差を最小化する $h$ の値が大きいことに注意されたい．

式 (8.2a)(8.2b) を加え合わせると，2 次微係数に対する差分式

$$f''(x_0) = \frac{f(x_0+h) - 2f(x_0) + f(x_0-h)}{h^2} + O(h^2) \tag{8.14}$$

が得られることも容易に知れよう．また，$f(x_0)$ に関し，$2h$ 離れた点で Taylor 展開すると，

$$f(x_0+2h) = f(x_0) + 2hf'(x_0) + \frac{(2h)^2}{2!}f''(x_0) + \frac{(2h)^2}{3!}f'''(x_0) + \cdots \tag{8.15}$$

となるので，式 (8.2) と合わせて高次項を消去することにより，より高次精度の微係数を得ることができる (表 8.1 参照)．この方法は Richardson (リチャードソン) の外挿と呼ばれる．

**例題 8.1** データの組 (0.0, 1.0), (0.1, 1.1052), (0.2, 1.2214) が与えられて，その $x = 0.1$ での微係数を求める．この値が関数 $f(x) = e^x$ を表すとして，誤差も見積もる．

**(解)** 2 次 Lagrange 補間多項式による微係数 $f'(0,1)$ を式 (8.7b) より求めると

$$f_1' \fallingdotseq \frac{1}{2\times 0.1}(1.2214 - 1.0) = 1.1070$$

となり，厳密解は $f'(0.1) = e^{0.1} = 1.1052$ であるから，$h$ が大きいわりに数値微分による値がよい精度で得られていることがわかる．

Taylor 展開による打切り項の第 1 項より誤差を見積もると，$f^{(3)}$ は単調増加関数であるから，

$$0.0017 = \frac{h^2}{6}f^{(3)}(x_0) \leqq |e'| \leqq \frac{h^2}{6}f^{(3)}(x_2) = 0.0020$$

となる．上記の誤差 −0.0018 はこの誤差範囲に入っていることがわかる．

**表 8.1**　代表的な差分公式

| 微係数 | 差 分 公 式 |
|---|---|
| $\dfrac{df}{dx}$ | $\left.\dfrac{df}{dx}\right\|_i = \dfrac{f_{i+1}-f_i}{h}+O(h)$, $\left.\dfrac{df}{dx}\right\|_i = \dfrac{f_i-f_{i-1}}{h}+O(h)$, $\left.\dfrac{df}{dx}\right\|_i = \dfrac{f_{i+1}-f_{i-1}}{2h}+O(h^2)$,<br>$\left.\dfrac{df}{dx}\right\|_i = \dfrac{-f_{i+2}+4f_{i+1}-3f_i}{2h}+O(h^2)$, $\left.\dfrac{df}{dx}\right\|_i = \dfrac{3f_i-4f_{i-1}+f_{i-2}}{2h}+O(h^2)$,<br>$\left.\dfrac{df}{dx}\right\|_i = \dfrac{2f_{i+1}+3f_i-6f_{i-1}+f_{i-2}}{6h}+O(h^3)$,<br>$\left.\dfrac{df}{dx}\right\|_i = \dfrac{-f_{i+2}+6f_{i+1}-3f_i-2f_{i-1}}{6h}+O(h^3)$,<br>$\left.\dfrac{df}{dx}\right\|_i = \dfrac{-f_{i+2}+8f_{i+1}-8f_{i-1}+f_{i-2}}{12h}+O(h^4)$ |
| $\dfrac{d^2f}{dx^2}$ | $\left.\dfrac{d^2f}{dx^2}\right\|_i = \dfrac{f_{i+2}-2f_{i+1}+f_i}{h^2}+O(h)$, $\left.\dfrac{d^2f}{dx^2}\right\|_i = \dfrac{f_i-2f_{i-1}+f_{i-2}}{h^2}+O(h)$,<br>$\left.\dfrac{d^2f}{dx^2}\right\|_i = \dfrac{f_{i+1}-2f_i+f_{i+1}}{h^2}+O(h^2)$,<br>$\left.\dfrac{df^2}{dx^2}\right\|_i = \dfrac{-f_{i+3}+4f_{i+2}-5f_{i+1}+2f_i}{h^2}+O(h^2)$,<br>$\left.\dfrac{df^2}{dx^2}\right\|_i = \dfrac{2f_i-5f_{i-1}+4f_{i-2}-2f_{i-3}}{h^2}+O(h^2)$,<br>$\left.\dfrac{df^2}{dx^2}\right\|_i = \dfrac{-f_{i+2}+16f_{i+1}-30f_i+16f_{i+1}-f_{i+2}}{12h^2}+O(h^4)$ |
| $\dfrac{d^3f}{dx^3}$ | $\left.\dfrac{d^3f}{dx^3}\right\|_i = \dfrac{f_{i+2}-2f_{i+1}+2f_{i-1}-f_{i-2}}{2h^3}+O(h^2)$,<br>$\left.\dfrac{d^3f}{dx^3}\right\|_i = \dfrac{-3f_{i+4}+14f_{i+3}-24f_{i+2}+18f_{i+1}-5f_i}{2h^3}+O(h^2)$,<br>$\left.\dfrac{d^3f}{dx^3}\right\|_i = \dfrac{5f_i-18f_{i-1}+24f_{i-2}-14f_{i-3}+3f_{i-4}}{2h^3}+O(h^2)$ |
| $\dfrac{d^4f}{dx^4}$ | $\left.\dfrac{d^4f}{dx^4}\right\|_i = \dfrac{f_{i+2}-4f_{i+1}+6f_i-4f_{i-1}+f_{i-2}}{h^4}+O(h^2)$ |

**問題 8.1**　次の数表を用いて，$f'(-0.8)$ の値を各種差分式を用いて求めよ．

| $x$ | $-1.0$ | $-0.8$ | $-0.6$ | $-0.4$ |
|---|---|---|---|---|
| $f(x)$ | 0.3676 | 0.4493 | 0.5488 | 0.6703 |

また，数表が $f(x) = e^x$ の値であるとして，得られた結果の誤差範囲を求め，真値と比較せよ．

**問題 8.2**　前問の数表に対し，3 次スプライン関数で表して $f'(0.8)$ の値を求め，$f(x) = e^x$ の値と比較せよ．

$n$ 個の離散点により関数値の組 $(x_i, y_i)$ が与えられ，その点における微係数を求めるには，第 6.2 節で述べた **3 次スプライン関数**が有用である．3 次スプライン関数は，滑らかな補間値を得るために計算途上で節点における連続な 1 次微係数または 2 次微係数を必要とするからである．その誤差評価式によれば，1 次微係数は 3 次，2 次微係数は 2 次精度で微係数が得られ，実用上問題はない．離散点 $x_i$ は等間隔である必要はないが，間隔が大になると当然精度は悪くなる．

**★ 3 次スプライン関数による微係数計算メソッド**　不等間隔の $x$ 座標に対する $y$ 座標の組 $(x_i, y_i)$ が与えられ，3 次スプライン関数により，その離散点における 1 次および 2 次微係数を求めるメソッドを Program 8.1 に示す．計算法は第 6 章の Program 6.2 と同じであり，端末条件は自由条件とした．

**Program 8.1** 3 次スプライン関数による微係数計算メソッド

```
/**  3 次 spline 関数による微係数の計算メソッド
     入力：x,y 座標，   出力：yd は 1 次，yd2 は 2 次微係数                  */
public void splder( double[] x, double[] y, double[] yd,
                    double[] yd2 ){
   int i, N = x.length;
   double[] a = new double[N],  b = new double[N];
   double[] c = new double[N],  h = new double[N];
   for(i=0; i<N-1; i++)    h[i]=x[i+1]-x[i];
   a[0] = 0.0;  b[0] = 2.0*h[0];  c[0] = h[0];
   yd[0]= 3.0*(y[1]-y[0]);
   for(i=1; i<N-1; i++){
     a[i] = h[i];  b[i]=2.0*(h[i-1]+h[i]);  c[i]=h[i-1];
     yd[i]=3.0*((y[i]-y[i-1])*h[i]/h[i-1]+(y[i+1]-y[i])*h[i-1]/h[i]);
   }
   c[N-1] = 0.0;  a[N-1] = h[N-2];  b[N-1] = 2.0*h[N-2];
   yd[N-1] = 3.0*(y[N-1]-y[N-2]);
   triDiagonal( b, c, a, yd, 0 ); // 3 項方程式解析
   // 2 次微係数の計算
   for(i=0; i<N-1; i++)
      yd2[i]=2.0*(3.0*(y[i+1]-y[i])/h[i]-2.0*yd[i]-yd[i+1])/h[i];
   yd2[N-1]=0.0;
}
```

## 8.2 数値積分

定積分が解析的に求めにくいときなどに行う数値積分は，数値微分の場合と同様に，被積分関数 $f(x)$ の離散点データ $(x_i, f_i)$ をもとに積分することになる．数値積分では，それぞれの部分区間で生ずる誤差が隣接する区間での誤差と相殺される傾

向にあるので，精度は一般にかなり高い．

### (1) Newton – Cotes(コーツ) 系の積分公式

関数 $f(x)$ に対し，区間 $[a, b]$ を $n$ 個に分割した点 $x_i$ $(i = 0, 1, \ldots, n)$ の関数値をもとに積分する方法を，総称して Newton–Cotes 系の積分公式と呼ぶ．

**a) 台形則**　区間 $[a, b]$ を線形 Lagrange 補間多項式を用いて表し，これを積分すれば **台形則** (trapezoidal rule)

$$\int_a^b f(x)dx \fallingdotseq \int_{x_0}^{x_1} \left\{ \frac{x - x_1}{x_0 - x_1} f_0 + \frac{x - x_0}{x_1 - x_0} f_1 \right\} dx = \frac{x_1 - x_0}{2} \{f_0 + f_1\}$$

が得られる．ここで，$h = x_1 - x_0$ $(= b - a)$ とおけば，

$$\int_{x_0}^{x_1} f(x)dx \fallingdotseq \frac{h}{2}(f_0 + f_1) \tag{8.16}$$

となり，台形の面積を表す．

区間 $[a, b]$ を $n$ 等分した分点 $x_i = a + ih$ $(i = 0, 1, \ldots, n)$ の値 $f_i$ に対し，各区間に上式を用いて積算すれば，全区間に対する**複合台形則**

$$\int_a^b f(x)dx = \frac{h}{2}(f_0 + 2f_1 + 2f_2 + \cdots + 2f_{n-1} + f_n) \tag{8.17}$$

が導かれる．

台形則の誤差 $e_T$ は，補間誤差の積分として与えられ，式 (8.16) の誤差は

$$e_T = \int_{x_0}^{x_1} \frac{(x - x_0)(x - x_1)}{2!} f''(\xi)\, dx, \tag{8.18}$$

である．関数 $f(x)$ が 1 次多項式の場合，$f''(\xi) = 0$ であるから解は正確である．上式の $f''(\xi)$ の上限を $F_0$ として積分すると，区間長 $h = (x_1 - x_0)$ に対する誤差は，

$$e_T \leqq -\frac{h^3}{12} F_0 \tag{8.19}$$

と表せる．したがって，複合台形則の積分誤差 $e$ は，$n$ 個の等分区間における $f''(\xi)$ の上限を $F_T$ として各積分誤差 $e_T$ を積算すると，$n = (b - a)/h$ より，

$$|\, e \,| \leqq \frac{h^2}{12}(b - a)F_t \tag{8.20}$$

となり，刻み幅 $h$ を半分にすると誤差が 1/4 になる 2 次精度であることが知れる．

**b) Simpson (シンプソン) 則**　区間 $[a, b]$ を 2 つの部分区間に分け，3 点 $(x_i, f_i)$, $(i = 0, 1, 2)$ で定める 2 次の Lagrange 補間多項式を積分すれば，より高精度の積分公式

$$\int_a^b f(x)dx \doteqdot \int_{x_0}^{x_2} \left\{ \frac{(x-x_1)(x-x_2)}{(x_0-x_1)(x_0-x_2)} f_0 + \frac{(x-x_0)(x-x_2)}{(x_1-x_0)(x_1-x_2)} f_1 + \frac{(x-x_0)(x-x_2)}{(x_2-x_0)(x_2-x_1)} f_2 \right\} dx = \frac{h}{3}(f_0 + 4f_1 + f_2) \tag{8.21}$$

が得られる．これを Simpson 則という．

区間 $[a, b]$ を $n$ 等分した点 $x_i = a + ih$, $(i = 0, 1, \dots, n)$ の値 $f_i$ に上式を適用すると，全区間に対する**複合 Simpson 則**が導かれる．

$$\int_a^b f(x)\,dx = \frac{h}{3}(f_0 + 4f_1 + 2f_2 + 4f_3 + 2f_4 + \cdots + 2f_{n-2} + 4f_{n-1} + f_n) \tag{8.22}$$

式 (8.21) による積分の誤差 $e_S$ を式 (8.19) の場合と同様にして求める[11]と，

$$e_S = -\frac{h^5}{90} f^{(4)}(\xi), \quad \xi \in (x_0, x_2) \tag{8.23}$$

となり，補間多項式が 2 次式でありながら，関数 $f(x)$ が 3 次までの多項式であれば解が正確である．また，複合 Simpon 則 (8.22) の誤差 $e$ は，等分数 $n$ が偶数の場合，各区間の 4 次導関数の上限を $F_S$ とすると，次式のようになる．

$$|e| \leqq \frac{h^4}{180}(b-a)F_S \tag{8.24}$$

等分数 $n$ が奇数の場合，一部区間に台形則を適用せねばならず精度が低下する．

**c) 開公式**　台形則や Simpson 則は積分区間の両端点を含む **閉公式** (closed formula) であるが，端点を含まない **開公式** (open formula) もある．

例えば，区間 $[a, b]$ を 4 等分 $(a = x_0, b = x_4)$ し，$x_1, x_2, x_3$ での関数値により定義される 2 次多項式を用いて全区間で積分すると，

$$\int_{x_0}^{x_4} f(x)\,dx \doteqdot \frac{4h}{3}(2f_1 - f_2 + 2f_3) \tag{8.25}$$

が得られる．これは **Milne** (ミルン) **則**と呼ばれる．この誤差 $e_M$ は

$$e_M = \frac{14h^5}{45} f^{(4)}(\xi), \quad \xi \in (x_0, x_4) \tag{8.26}$$

であり[11]，同じ 2 次多項式を用いる Simpson 則に比べ誤差は約 30 倍と大きく，精度は悪い．このように，開公式は閉公式より精度が低いため単独で利用する価値は少ないが，多重積分や次章で扱う常微分方程式の解法に重要である．

**問題 8.3**　離散点 $(x_i, f_i)$ $(i = 0, 1, \dots, n)$ が与えられ，これを 3 次スプライン補間して各部分空間の中点を利用し Simpson 則により積分するとして，各部分空間の面積 $S_i$ が次式で与えられることを示せ．

$$S_i = \frac{h}{2}(f_i + f_{i+1}) + \frac{h^2}{12}(f_i' - f_{i+1}')$$

**問題 8.4**　離散点 $(x_i, f_i)$ $(i = 0, 1, \ldots, n)$ が与えられ，区間 $[x_0, x_n]$ の面積分 $S_t$ を $m$ 等分する $x$ 座標を求める方法を示せ．

## (2) Gauss 積分法

前述の開公式は等間隔の積分点を用いる積分法である．積分点が等間隔であるという拘束を除ければ，同じ数の積分点でより高精度に積分できる可能性がある．これを実現する方法が **Gauss 積分法**である．

前項の Newton-Cotes 系の積分法では $f(x)$ を Lagrange 補間関数 $p(x)$ で置き換えることにより導かれ，積分は次のように近似された．

$$I = \int_a^b f(x)\,dx \doteqdot \int_a^b p(x)\,dx = \sum_{i=0}^{n} \alpha_i f_i, \quad \alpha_i = \int_a^b \frac{g_i(x)}{g_i(x_i)}\,dx \tag{8.27}$$

$\alpha_i$ の積分は，式 (8.18)(8.23) でみたように，$f(x)$ が高々 $n$ 次の多項式であるならば正確である．この場合，$p(x)$ をべき乗 $x^k$ $(k = 0, 1, \ldots, n)$ の和の形として次のように書ける．

$$\int_a^b p(x)\,dx = \sum_{i=0}^{n} \alpha_i x_i^k, \quad (k = 0, 1, \ldots, n)$$

この式の右辺は $n+1$ 個の係数 $\alpha_i$ と $n+1$ 個の積分点 $x_i$ が含まれている．したがって，$2n+2$ 個の条件からなる $2n+1$ 次の多項式をつくることにより，正確に積分できることを示す．

式 (8.27) において，補間多項式 $g(x)$ に直交多項式—Legendre (ルジャンドル) 多項式という—を用いる方法が Gauss–Legendre の積分法，あるいは単に **Gauss 積分法**といい，同じ積分点数に対して最高の精度をもつ積分公式となる．詳細は専門書[3] にゆずるとして，Legendre 多項式の計算により重み $\alpha_i$ を定め，1 次元の積分の場合は次式を用いて求める．

$$\int_{-1}^{1} f(x)\,dx = \sum_{i=0}^{n} \alpha_i f(x_i) \tag{8.28}$$

ただし，$\alpha_i$ および積分点 $x_i$ の値は数表として与えられているものが利用できるので，あらためて計算する必要はない．1 次元積分に対し，積分点数 $n$ に対する $\alpha_i$ と $x_i$ の関係を表 8.2 に示す．

Gauss 積分法は，区間が [−1, 1] 上で定義される積分に限らない．線形変換

表 8.2 **Gauss 積分 (1 次元) の積分点座標** $x_i$ **と重み係数** $\alpha_i$

| $\pm x_i$ | $n$ | $\alpha_i$ |
|---|---|---|
| 0.57735 02691 89626 | 2 | 1.00000 00000 00000 |
| 0.77459 66692 41483 | 3 | 0.55555 55555 55556 |
| 0.00000 00000 00000 | | 0.88888 88888 88889 |
| 0.86113 63115 94053 | 4 | 0.34785 48451 37454 |
| 0.33998 10435 84856 | | 0.65214 51548 62546 |
| 0.90617 98459 38664 | 5 | 0.23692 68850 56189 |
| 0.53846 93101 05683 | | 0.47862 86704 99366 |
| 0.00000 00000 00000 | | 0.56888 88888 88889 |

$$\eta = \frac{2x - a - b}{b - a} \tag{8.29}$$

により，任意区間 $[a, b]$ を区間 $[-1, 1]$ に変換できるからである．

Gauss 積分法は 1 次元の積分に限らず，2 次元の面積積分や 3 次元の体積積分に対しても数表が用意されており，実務的計算で広く用いられている[17]．

**例題 8.2** $\int_{-1}^{1} e^x dx$ を Gauss 積分法により求め，台形則による積分結果と比較する．

**(解)** $n = 2$ の 2 点積分を用いると，$x_i = \pm 0.57735$ における値を重み係数 1 で加え合わせたものであるから，

$$\int_{-1}^{1} e^x dx = 1 \times (e^{-0.57735} + e^{0.57735}) = 2.3429$$

を得る．台形則により求めてみると，

$$\int_{-1}^{1} e^x dx = \frac{1}{2}(e^1 + e^{-1}) = 3.0862$$

となる．厳密解は 2.3504 であり，Gauss 積分法は 2 点だけの積分でもかなり精度が高いことが知れる．

**問題 8.5** Gauss の 2，3，4 点積分法を用いて次式を計算し，厳密解と比較せよ．

$$\int_{0}^{\pi/2} \sin x \, dx$$

# 第9章 常微分方程式

様々な現象を記述した数理モデルは，普通，微分方程式として表される．関数が 1 個の独立変数で記述される場合が **常微分方程式** (ordinary differential equation) であり，関数が 2 個以上の独立変数となる偏微分方程式の場合は次章で扱う．常微分方程式は，初期条件が与えられてこれを解く初期値問題，境界条件が与えられてこれを解く境界値問題とに分類でき，解法は大きく異なる．

## 9.1 常微分方程式の初期値問題

独立変数 $x$ に関する関数 $y$ の $m$ 階常微分方程式

$$\frac{d^m y}{dx} = y^{(m)} = f(x, y, y', y'', \ldots, y^{(m-1)}) \tag{9.1}$$

と，区間 $[a, b]$ における $x = a$ での $m$ 個の初期値

$$y(a) = y_0, \quad y'(a) = y'_0, \quad \ldots, \quad y^{(m-1)}(a) = y_0^{(m-1)} \tag{9.2}$$

が与えられ，関数 $y$ を求める問題を**初期値問題** (initial value problems) という．

高階微分方程式は，補助的な未知関数を用いて 1 階の連立系に変換できる (9.4 節) ので，1 階常微分方程式の解法を考える．

$$\frac{dy}{dx} = f(x, y) \tag{9.3}$$

$x$ の解析領域 $[a, b]$ をいくつかの小区間に分割, 簡単のため間隔 $h$ で $n\{= (b-a)/h\}$ 等分するとして，分点 $x_0(=a)$, $x_1$ $x_2$, $\ldots$, $x_n$ $(=b)$ からなる区間 $i$ $(x_i \leqq x \leqq x_{i+1})$ において上式を積分すると

$$\int_{x_i}^{x_{i+1}} \frac{dy}{dx}\,dx = \int_{x_i}^{x_{+1}} f(x, y)\,dx \quad \therefore \quad y_{i+1} = y_i + \int_{x_i}^{x_{i+1}} f(x, y)\,dx \tag{9.4}$$

となる．上式右辺の積分を初期値 $(x_0, y_0)$ を用いて順次行えば，解は数列 $\{y_i\}$ として求められる．よって，初期値問題はできるだけ精度よく計算する積分問題といえる．なお，$y_i$ は，厳密解 $y(x_i)$ の近似解である．

式 (9.3) の解法は，8.1 節で述べた差分公式を用いても記述できる．関数 $y(x)$ の $x_i$ まわりにおける Taylor 展開が

$$y(x_{i+1}) = y(x_i) + h\,y'(x_i) + \frac{h^2}{2}y''(x_i) + \cdots \tag{9.5}$$

と表されので，$y'(x_i)$ を $f(x_i, y_i)$ で，$y(x_i)$, $y(x_{i+1})$ を近似解 $y_i$, $y_{i+1}$ で置き換えると，

$$y_{i+1} = y_i + h\,f(x_i,\, y_i) + \frac{h^2}{2}f'(x_i,\, y_i) + \cdots \tag{9.6}$$

となり，上式右辺第 3 項以降を無視すれば，局所打切り誤差を $O(h^2)$ とする差分解法を与える．

よりよい近似を得るには局所打切り誤差が小さいことが必要である．8.1 節で，差分式の正確さを表す尺度として Taylor 展開式の局所打切り誤差が $O(h^{k+1})$ である差分式は $k$ 次 ($k$-th order) であるといい，あるいは直裁的に $k$ 次精度の差分式であると述べた．常微分方程式に対する差分解法の次数は，したがって，Taylor 級数式 (9.6) の $h^k$ の項まで一致している場合を $k$ 次であると呼ぶことと等価である．

一般に，式 (9.4) の積分または差分式 (9.6) は，$h$, $x_i$, $y_i$ の値を用いた**増分関数** $k(x_i,\, y_i, h)$ と**刻み幅** (step size) $h$ との積として表すことができる．

$$y_{i+1} = y_i + h\,k(x_i,\, y_i,\, h) \tag{9.7}$$

ただし，$k$ は $f$ のみの関数である．このように表される解法を総称して **1 段法** (one step method) という．これに対し，$y_{i+1}$ を求める積分で $y_i$ のみならず $y_{i-1}, y_{i-2}, \ldots$ を用いる方法を**多段法** (multistep method) という．

いずれの解法も解析精度は刻み幅 $h$ に大きく依存し，$f'(x, y)$ が大きい問題ほど $h$ を小さくとらねばならない．一般に $h$ が小さいほど精度は向上するが，計算回数は $h$ に逆比例して増すばかりか，$h$ が小さすぎると丸め誤差により誤差は逆に増加する．したがって，刻み幅を変えた計算による誤差の検証が望まれる．

## 9.2　1 段法

### (1) Euler (オイラー) 法

式 (9.6) の右辺第 3 項以降を無視すると，式 (9.7) の $k(x_i, y_i, h)$ を $f(x_i, y_i)$ とする差分式が得られる．この方法は **Euler の公式** と呼ばれ，Euler の公式を用いた微分方程式の解法は一般に Euler 法と呼ばれる．

**アルゴリズム 9.1　Euler の公式**

```
while ( x <= b ){
    x_{i+1} = x_i + h;                    (9.8a)
    y_{i+1} = y_i + h f(x_i, y_i);        (9.8b)
    i = i + 1;
}
```

Euler の公式の次数は 1 次であり，刻み幅 $h$ を減じたとき，数値解と真値との差が $h$ にほぼ比例して減少する．例えば，$h = 0.1$ の解と $h = 0.05$ の解との差は，$h = 0.2$ と $h = 0.1$ の解との差の約半分となる．

計算では，$h$ をいくらにとればよいかが問題となる．簡単な場合を除いて理論的に最適値は求まらないので，上記のように 4:2:1 程度の比率で $h$ を減じて解き，解の精度を確認することが必要となる．これにより結果に対する保証が得られるばかりか，思わぬ不安定現象や幻影解の実態を解明できる場合も多いからである．ただし，前述のように $h$ が小さすぎると逆に誤差は増すので，多次元の複雑な問題以外に Euler の公式が使われることは稀である．

**例題 9.1**　次の常微分方程式の $x \leqq 0.5$ の範囲を，刻み幅 $h = 0.1$ で Euler 法により解く．

$$y'(x) = y, \quad y(0) = 1.0$$

**(解)**　式 (9.8) を用いて計算すると，

$$x_1 = 0.1, \quad y_1 = 1.0 + 0.1 \times 1.0 = 1.1$$
$$x_2 = 0.2, \quad y_2 = 1.1 + 0.1 \times 1.1 = 1.21$$
$$x_3 = 0.3, \quad y_3 = 1.21 + 0.1 \times 1.21 = 1.331$$
$$x_4 = 0.4, \quad y_4 = 1.331 + 0.1 \times 1.331 = 1.4641$$
$$x_5 = 0.5, \quad y_5 = 1.4641 + 0.1 \times 1.4641 = 1.61051$$

となり，解は $y(0.5) = 1.61051$ である．この方程式の解析解は $y(x) = e^x$ であるから，$x_5$ における絶対誤差は $|e^{0.5} - 1.61051| = 0.0382$ である．

Euler の公式の幾何学的意味は，図 9.1 において，始点における曲線の勾配と刻み幅 $h$ との積により，次の分点 $x_{i+1}$ における高さ $z$ を予測することに相当する．もし $x_{i+1}$ での勾配が予測できれば，この値も用いて始点と終点の勾配の平均値を求め，これを式 (9.7) の $k$ とすることにより，精度のより高い積分法が得られよう．

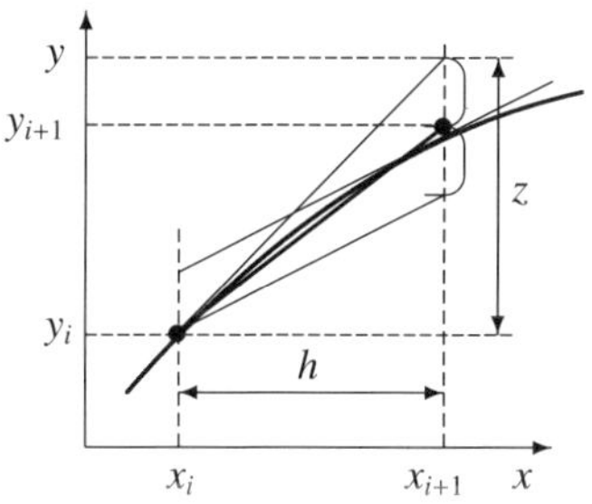


図 **9.1 Euler** 法の改良

すなわち，

$$y_{i+1} = y_i + \frac{h}{2}\{ f(x_i, y_i) + f(x_{i+1}, y_{i+1})\} \tag{9.9}$$

ここで，右辺 {} 内の第 2 項は未知であるが，この値に Euler の公式で得られる値を用いる方法を **改良 Euler 公式** (improved Euler's formula) または Heun (ホイン) 法という．この方法は後に示すように 2 次であり，**2 次の Runge–Kutta** (ルンゲ–クッタ) **法**とも呼ばれる．

**アルゴリズム 9.2 改良 Euler 公式**

while ( $x <= b$ ){

$$k_1 = hf(x_i, y_i)\,; \tag{9.10a}$$

$$k_2 = hf(x_i + h, y_i + k_1)\,; \tag{9.10b}$$

$$y_{i+1} = y_i + \frac{1}{2}(k_1 + k_2)\,; \tag{9.10c}$$

$$x_{i+1} = x_i + h\,; \quad i = i + 1\,;$$

}

改良 Euler 公式の変種に，区間中央での曲線の勾配に相当する値を用いる方法もあり，**修正 Euler 公式** (modified Euler's formula) と呼ばれる．式 (9.10a) の $k_1$ を用いて，次のように表せる．

$$y_{i+1} = y_i + h\,f\left(x_i + \frac{h}{2}, y_i + \frac{1}{2}k_1\right) \tag{9.11}$$

**例題 9.2** 例題 9.1 の常微分方程式を改良 Euler 法で解く．

**(解)** 式 (9.10) を適用すれば，

$$
\begin{array}{llll}
x_1 = 0.1, & k_1 = 0.1, & k_2 = 0.11, & y_1 = 1.105 \\
x_2 = 0.2, & k_1 = 0.1105, & k_2 = 0.12155, & y_2 = 1.22103 \\
x_3 = 0.3, & k_1 = 00.12210, & k_2 = 0.13431, & y_3 = 1.34924 \\
x_4 = 0.4, & k_1 = 0.13492, & k_2 = 0.14842, & y_4 = 1.49091 \\
x_5 = 0.5, & k_1 = 0.14909, & k_2 = 0.16400, & y_5 = 1.64746
\end{array}
$$

$x=0.5$ での誤差は $|e^{0.5} - 1.64746| = 0.00126$ となり，Euler 法より精度が格段によいことが知れる．

## (2) 安定性と収束性

差分式は式 (9.6) でみたように打切り誤差をもち，もとの常微分方程式とは異なる．その計算には丸め誤差も入り込むので，差分式による解がもとの常微分方程式の近似解とは全く異なる別ものになってしまうこともある．

初期値 $y(0) = y_0$ が与えられた常微分方程式

$$\frac{dy}{dx} = -af(x,y) \qquad (a \text{ は定数で } a > 0) \tag{9.12}$$

において，簡単に $f(x,y) = y$ の場合を考えると，その Euler 公式による差分式は

$$y_{i+1} = y_i - a\Delta x\, y_i = (1 - a\Delta x)\, y_i \tag{9.13}$$

のように表される．上式の数値解の安定性は後退代入により容易に確かめられる．

$$y_{i+1} = (1 - a\Delta x)y_i = (1 - a\Delta x)^2 y_{i-1} = \cdots = (1 - a\Delta x)^{i+1} y_0 \tag{9.14}$$

解析解は $y = y_0\, e^{-a(x-x_0)}$ であり，$a>0$ としているので $x \to \infty$ のとき $f$ は 0 に漸近する．差分解 $y_{i+1}$ は $i \to \infty$ のとき $|1-a\Delta x|<1$ の場合にのみ 0 に漸近する．したがって，$\Delta x$ の取り得る範囲は $\Delta x < 2/a$ でなければならない．

$a=15$, $y(0) = 1$, $\Delta x=0.1$, 0.2 として式 (9.13) により解を求めると，表 9.1 のようになる．解析解と比べると，$\Delta x=0.1$ の場合は収束するが，誤差は大きい ($\Delta x$ が大きすぎる)．しかし $\Delta x=0.2$ の場合は収束せずに発散していき，不安定である．このように同じ差分式でも安定な場合もあれば，不安定な場合もあり，$\Delta x$ の大小が大きな影響を及ぼす．ただし，“収束する”とは $\Delta x \to 0$ のとき，その近似解がもとの微分方程式の解に近づいていくことをいう．

## (3) Runge–Kutta 法

より精度の高い近似を得るために，式 (9.7) の $k$ に $r$ 種類の値を求めてその重み付き平均値を用いる方法を $r$ 階 (r-stage) **Runge–Kutta 法** と呼ぶ．この方法を一般

**表 9.1　式 (9.13) の解**

| $x$ | 解析解 | $\Delta x = 0.1$ | $\Delta x = 0.2$ |
|---|---|---|---|
| 0.1 | 0.223130 | 0.273438 | |
| 0.2 | 0.049787 | 0.074768 | 1.375000 |
| 0.3 | 0.011109 | 0.020444 | |
| 0.4 | 0.002479 | 0.005590 | 1.890625 |
| 0.5 | 0.000553 | 0.001529 | |
| 0.6 | 0.000123 | 0.000418 | 2.599609 |
| 0.7 | 0.000028 | 0.000114 | |
| 0.8 | 0.000006 | 0.000031 | 3.574463 |
| 0.9 | 0.000001 | 0.000009 | |
| 1.0 | 0.000000 | 0.000002 | 4.914886 |

的に書けば，次のようになる．

$$y_{i+1} = y_i + a_1k_1 + a_2k_2 + \cdots + a_rk_r \tag{9.15}$$

ここで，$k_i$ $(i = 1, 2, \ldots, r)$ は $k$ に対する種々の計算値，$a_i$ $(i = 1, 2, \ldots, r)$ は上式ができる限り Taylor 展開式 (9.6) に一致するようにとられる定数である．

前節で述べた改良 Euler 法や修正 Euler 法は，2 階 Runge–Kutta 法とみなすことができる．すなわち，

$$y_{i+1} = y_i + (a_1k_1 + a_2k_2) \tag{9.16}$$

ここで，

$$k_1 = hf(x_i, y_i), \qquad k_2 = hf(x_i + \alpha h, y_i + \beta k_1)$$

とおき，定数 $a_1, a_2, \alpha, \beta$ を Taylor 展開式と一致するように決めてみよう．まず，$k_1$ を $k_2$ に代入し，2 変数に関する Taylor 級数展開を行うと

$$\begin{aligned} k_2 &= f\bigl(x_1 + \alpha h, y_i + \beta h f(x_i, y_i)\bigr) \\ &= \left\{ f + h(\alpha f_x + \beta f f_y) + \frac{h^2}{2!}(\alpha^2 f_{xx} + 2\alpha\beta f f_{xy} + \beta^2 f^2 f_{yy}) + \cdots \right\} \end{aligned}$$

となる．ただし，すべての関数 $f$ や導関数 $f_x, f_y$ などは点 $(x_i, y_i)$ における値である．$k_1$ と $k_2$ を式 (9.16) に代入して整理すると次式を得る．

$$\begin{aligned} y_{i+1} &= y_i + (a_1 + a_2)hf + a_2h^2(\alpha f_x + \beta f f_y) \\ &\quad + \frac{a_2h^3}{2}(\alpha^2 f_{xx} + 2\alpha\beta f f_{xy} + \beta^2 f^2 f_{yy}) + \cdots \end{aligned} \tag{9.17}$$

一方，$y'(x) = f(x, y)$ であるから

$$y''(x) = \frac{df}{dx} = \frac{\partial f}{\partial x} + \frac{\partial f}{\partial y}\frac{dy}{dx} = f_x + f f_y, \quad y^{(3)} = f_{xx} + 2f f_{xy} + f_x f_y + f^2 f_{yy} + f f_y^2$$

の関係が成り立ち，式 (9.5) は次のように表せる．

$$y(x_{i+1}) = y(x_i) + hf + \frac{h^2}{2!}(f_x + ff_y)$$
$$+\frac{h^3}{3!}(f_{xx} + 2ff_{xy} + f_xf_y + f^2f_{yy} + ff_y^2) + \cdots \tag{9.18}$$

式 (9.17) と式 (9.18) を比較して，$h^2$ の項までを一致させると，3 つの条件式

$$a_1 + a_2 = 1,\quad \alpha a_2 = 1/2,\quad \beta a_2 = 1/2 \tag{9.19}$$

が得られる．未知変数は 4 つであるからこのうちの 1 つは任意に選べる．そこで $a_1 = 1/2$ または $a_1 = 0$ とおけば，定数は次の 2 組のようになる．

(a)　$a_1 = 1/2,\quad a_2 = 1/2,\quad \alpha = 1,\quad \beta = 1$

(b)　$a_0 = 0,\quad a_2 = 1,\quad \alpha = 1/2,\quad \beta = 1/2$

(a) の組は改良 Euler 法，(b) の組は修正 Euler 法にほかならない．両者は Taylor 級数の $h^2$ の項まで一致しており，2 次である．以上が，これらの方法が (2 階) 2 次の Runge–Kutta 法と呼ばれる理由である．

同様な方法で 3 次の Runge–Kutta 法の公式が導かれ，Kutta による定数を用いれば次の公式として与えられる[16]．

**アルゴリズム 9.3　3 次の Runge-Kutta 法**

while ( $x <= b$ ){

$$k_1 = hf(x_i,\ y_i); \tag{9.20a}$$

$$k_2 = hf(x_i + h/2,\ y_i + k_1/2); \tag{9.20b}$$

$$k_3 = hf(x_i + h/6,\ y_i - k_1 + 2k_2); \tag*{(9.20b)}$$

$$y_{i+1} = y_i + \frac{1}{6}(k_1 + 4k_2 + k_3); \tag{9.20c}$$

$x_{i+1} = x_i + h;\quad i = i + 1;$

}

普通に Runge–Kutta 法といえば，Taylor 級数の $h^4$ の項まで一致させた 4 階 4 次の方法を指す．Runge によって選ばれた定数[16] を用いてアルゴリズム 9.4 に示す．この方法は**古典的 Runge–Kutta 法**と呼ばれる．改良 Euler 法に比べて計算量は倍加するが，精度がよいことから広く用いられている．

**アルゴリズム 9.4　4 次の Runge–Kutta 法**

```
while ( x <= x_n ){
```

$$k_1 = hf(x_i, y_i)\,; \tag{9.21a}$$

$$k_2 = hf(x_i + h/2,\ y_i + k_1/2)\,; \tag{9.21b}$$

$$k_3 = hf(x_i + h/2,\ y_i + k_2/2)\,; \tag{9.21c}$$

$$k_4 = hf(x_i + h,\ y_i + k_3)\,; \tag{9.21d}$$

$$y_{i+1} = y_i + \frac{1}{6}(k_1 + 2k_2 + 2k_3 + k_4)\,; \tag{9.21e}$$

$$x_{i+1} = x_i + h\,; \quad i = i + 1\,;$$

```
}
```

**例題 9.3**　例題 9.1 の常微分方程式を 4 次の Runge-Kutta 法で解く．

**(解)**　$h = 0.1$, $y_0 = 1.0$, $f(x, y) = y$ であり，式 (9.21) による計算結果は表 9.2 のようになる．$x_5$ における解は小数点以下 6 桁まで正しい ($e^{0.5} = 1.648721$).

**表 9.2　Runge–Kutta 法による例題 9.3 の解**

| $x$ | $y$ | $k_1$ | $k_2$ | $k_3$ | $k_4$ |
|---|---|---|---|---|---|
| 0.0 | 1.0 | 0.1 | 0.105 | 0.10525 | 0.110525 |
| 0.1 | 1.105171 | 0.110517 | 0.116043 | 0.116319 | 0.122149 |
| 0.2 | 1.221403 | 0.122140 | 0.128247 | 0.128553 | 0.134996 |
| 0.3 | 1.349858 | 0.134986 | 0.141735 | 0.142073 | 0.149193 |
| 0.4 | 1.491824 | 0.149182 | 0.156642 | 0.157015 | 0.164884 |
| 0.5 | 1.648721 | | | | |

Runge-Kutta 法には他にもより高次のものなどいろいろある．4 次の Runge-Kutta-Gill (ギル) 法[16] は，記憶容量の節約と丸め誤差補正に特徴があり，よく利用されてきた．しかし，手順がやや複雑で，無理数 ($\sqrt{2}$) を含むため，記憶容量の節約が第一義でなくなった今日，この方法を積極的に用いる理由は低下した．

**★ 4 次の Runge–Kutta 法のプログラム例**　微分関数を別のメソッド `func` で定義し，これを呼び出して 4 次の Runge-Kutta 法により常微分方程式の解を求めるメソッドを Program 9.1 に示す．プログラムの全体的な構成法は Program 2.3 で述べた方法に準拠している．引数は，$x$, $y$ の初期値 (`xa`, `y[0]`)，刻み幅 (`h`) および最大計算回数 (`N`) であり，計算結果は配列 `y` に出力される．`h` は一定としているので，$x_i$ の値は配列に格納せずに用い，積分範囲は $x_0 \leqq x \leqq x_0 + hN$ となる．

**Program 9.1** Runge–Kutta 法による常微分方程式の解析メソッド

```
/**  Runge-Kutta 法による積分メソッド
     入力：  xa=初期値，y[0]=y の初期値，h=刻み幅，N=計算回数
              func=被積分関数 (別途与えられるメソッド)
     出力：  y[]=解                                            */
public void RungeKutta( double xa, double[] y, double h, int N ){
   double x = xa, k1, k2, k3, k4;
   int i = 0;
   while( i < N ){
      k1 = func( x, y[i] );
      k2 = h*func( x+0.5*h , y[i]+0.5*k1 );
      k3 = h*func( x+0.5*h , y[i]+0.5*k2 );
      k4 = h*func( x+h , y[i]+k3 );
      y[i+1] = y[i]+(k1+2.0*(k2+k3)+k4)/6.0;
      i++;  x = xa+h*(double)i;
   }
}
```

### (4) 誤差の制御

前節で，解の精度を保証するため刻み幅を変えた計算の必要性を述べた．しかし 4 次の計算法ではこのための計算負荷はかなりのものになる．そこで，できるだけ少ない計算量で誤差の見積りが可能な **Runge–Kutta–Fehlberg** (フェールベルグ) **法**[3] を紹介しておこう．同じ刻み幅のままで精度が 4 次と 5 次の解を求めるのが特徴であり，両者の解を比較することにより誤差評価を行う．4 次と 5 次の解を得るには少なくとも 6 階の解法が必要となる．

Runge–Kutta–Fehlberg 法のアルゴリズムは次式で与えられる．

$$k_1 = hf(x_i, y_i); \tag{9.22a}$$

$$k_2 = hf\left(x_i + \frac{h}{4}, y_i + \frac{1}{4}k_1\right); \tag{9.22b}$$

$$k_3 = hf\left(x_i + \frac{3}{8}h, y_i + \frac{3}{32}k_1 + \frac{9}{32}k_2\right); \tag{9.22c}$$

$$k_4 = hf\left(x_i + \frac{12}{13}h, y_i + \frac{1932}{2197}k_1 - \frac{7200}{2197}k_2 + \frac{7296}{2197}k_3\right); \tag{9.22d}$$

$$k_5 = hf\left(x_i + h, y_i + \frac{439}{216}k_1 - 8k_2 - \frac{3680}{513}k_3 - \frac{845}{4104}k_4\right); \tag{9.22e}$$

$$k_6 = hf\left(x_i + \frac{h}{2}, y_i - \frac{8}{27}k_1 + 2k_2 - \frac{3544}{2565}k_3 + \frac{1859}{4104}k_4 - \frac{11}{40}k_5\right); \tag{9.22f}$$

$$y_{i+1} = y_i + \left(\frac{25}{216}k_1 + \frac{1408}{2565}k_3 + \frac{2197}{4104}k_4 - \frac{1}{5}k_5\right); \tag{9.22g}$$

$$\widetilde{y}_{i+1} = y_i + \left(\frac{16}{135}k_1 + \frac{6656}{12825}k_3 + \frac{28561}{56430}k_4 - \frac{9}{50}k_5 + \frac{2}{55}k_6\right); \tag{9.22h}$$

ここで，式 (9.22g) が 4 次，式 (9.22h) が 5 次精度の解である．

4 次の Runge–Kutta 法による解 $y_{i+1}$ の打切り誤差 $e_{i+1}$ と 5 次の解 $\widetilde{y}_{i+1}$ の打切り誤差 $\widetilde{e}_{i+1}$ は，

$$e_{i+1} = y(x_{i+1}) - y_{i+1} \fallingdotseq O(h^5),$$

$$\widetilde{e}_{i+1} = y(x_{i+1}) - \widetilde{y}_{i+1} \fallingdotseq O(h^6)$$

と表すことができる．これら両式の差をとれば

$$e_{i+1} - \widetilde{e}_{i+1} = \widetilde{y}_{i+1} - y_{i+1} \fallingdotseq O(h^5) - O(h^6)$$

となり，$h^5 \gg h^6$ を考慮して $\widetilde{e}_{i+1} \fallingdotseq 0$ と仮定すると，4 次式の誤差は次式で求まる．

$$e_{i+1} \fallingdotseq \widetilde{y}_{i+1} - y_{i+1} \tag{9.23}$$

誤差 $e_{i+1}$ は $h$ に関係するので，$|e_{i+1}|/h$ を 1 つの尺度 $E$ として，単位ステップ当たりの $E$ の値がほぼ同じくなるように誤差評価を行い，必要ならば $h$ の値を変えることにより，所望の精度で計算を進めることができる．このような方法を **適応積分法** (adaptive quadrature method) と呼ぶ．普通，$E$ の値がある値より過大なときは $h$ を 1/2 に，過小なときは $h$ を 2 倍にして再計算し，それによる値 $E$ により必要ならさらに $h$ を 1/2 あるいは 2 倍するなどして，計算を進める方法が取られる[3]．

**問題 9.1** 次の常微分方程式を改良 Euler 法により解け．その際，刻み幅 $h$ を 0.2, 0.1, 0.05, 0.025 に変えて計算し，誤差を比較せよ．ただし積分範囲は [0, 1] とする．

$$y'(x) = x^2, \quad y(0) = 0.5$$

**問題 9.2** Runge–Kutta–Fehlberg 法によるプログラムをつくれ．

**問題 9.3** 例題 9.1 の問題を，刻み幅 $h$ を 0.2, 0.1, 0.05 として $x$ を 1.0 までの範囲で，Runge–Kutta–Fehlberg 法により解き，式 (9.13) による誤差 $|e|$ と $|e|/h$ の値の変化を調べて，適応積分法の具体的実施策を考察せよ．

## 9.3 多段法

### (1) 線形多段法

1段法は $y_{i+1}$ を計算するのに最後に計算された値 $(x_i, y_i)$ のみを用いるが，それ以前の値をも用いる方法を多段法という．一般に，刻み幅 $h$ が一定であることを前提にしているので**線形多段法** (linear multistep method) という．

数値積分 (8.2 節) で述べた，Milne 則 (8.25) を用いれば 4 次の 4 段法が得られる．

$$y_{i+1} = y_{i-3} + \frac{4h}{3}(2f_i - f_{i-1} + 2f_{i-2}) \tag{9.24}$$

一方，$f$ の値を前回までの値 $f_i, f_{i-1}, \ldots$ を通る Lagrange 多項式で表して積分し，$y_{i+1}$ の値を外挿的に求めることにより，一連の **Adams–Bashforth** (アダムス–バッシュフォース) **公式**が得られる．

$$y_{i+1} = y_i + \frac{h}{2}(3f_i - f_{i-1}) \tag{9.25a}$$

$$y_{i+1} = y_i + \frac{h}{12}(23f_i - 16f_{i-1} + 5f_{i-2}) \tag{9.25b}$$

$$y_{i+1} = y_i + \frac{h}{24}(55f_i - 59f_{i-1} + 37f_{i-2} - 9f_{i-3}) \tag{9.25c}$$

これらはそれぞれ前回までの 2, 3, 4 個の値を用いるので，それぞれ 2 段，3 段，4 段公式と呼ばれる．$k$ 段公式の精度は，8.2 節より，$k$ 次である．

これら線形多段公式は開公式による外挿に基づくものであるから精度は悪いが，前回までの計算点での値を用いて $y_{i+1}$ を直接計算できる**陽的公式** (explicit formula) である．ただし，計算開始時には $f_{i-1}, f_{i-2}$ などの値は未知であるから，これらの値は 1 段法により求めておかねばならない．

一方，$f$ の値を，$f_{i+1}, f_i, \ldots$ の $k$ 個の値を用いて Lagrange 多項式で表して積分し，内挿的に求めると，**Adams–Moulton** (ムルトン) **公式**が得られる．

$$y_{i+1} = y_i + \frac{h}{2}(f_{i+1} + f_i) \tag{9.26a}$$

$$y_{i+1} = y_i + \frac{h}{12}(5f_{i+1} + 8f_i - f_{i-1}) \tag{9.26b}$$

$$y_{i+1} = y_i + \frac{h}{24}(9f_{i+1} + 19f_i - 5f_{i-1} + f_{i-2}) \tag{9.26c}$$

これらは 2 段，3 段，4 段公式と呼ばれ，$k$ 段公式の精度は $k+1$ 次である．

8.2 節で述べた Simpson 則を用いれば，4 次精度の 3 段公式が得られる．

$$y_{i+1} = y_{i-1} + \frac{h}{3}(f_{i+1} + 4f_i + f_{i-1}) \tag{9.27}$$

これらの公式は，右辺に未知数 $f_{i+1}$ を含むので直接計算できない**陰的公式** (implicit formula) である．しかし，陰的公式の精度は陽的公式に比べてはるかに高いので，陽的公式と組み合せて予測子修正子法として用いられる．

**問題 9.4** 式 (9.25a)(9.26a) を導出せよ．

## (2) 予測子修正子法

陽的公式から得られる値 $y_{i+1}$ を予測値 $(\widetilde{y})$ として関数 $f$ の予測値 $\widetilde{f_{i+1}}$ $\{= f(x_i + h, \widetilde{y})\}$ を求め，これを陰的公式の $f_{i+1}$ に用いて $y_{i+1}$ を求める方法を**予測子修正子法** (predictor–corrector method) といい，予測に用いる式を **予測子** (predictor)，修正に用いる式を **修正子** (corrector) という．必要であれば，得られた $y_{i+1}$ をもとに再び修正子を用いて $f_{i+1}$ を再計算して $y_{i+1}$ を収束するまで求め直す．しかし，修正量は少ないので，関数の計算回数を減らすため，この繰り返し計算をしないか，あるいはしても 1 回程度の計算ですませるように，刻み幅 $h$ を小さく選ぶのが普通である．

予測子と修正子の組み合わせ方にはいろいろあり，2 次の Runge–Kutta 法を予測子修正子法として使うこともできる．Milne 則と Simpson 則の組み合わせは，不安定になることがある[11]ため，高次精度の予測子修正子法としては Adams–Bashforth 公式と Adams–Moulton 公式の組み合わせが用いられる．

Adams-Bashforth-Moulton 公式を用いた 4 次の予測子修正子法のアルゴリズムを，修正子による反復がない場合を例に，以下に示す．

**アルゴリズム 9.6 4 次の予測子修正子法**

for ( $i$=0 ; $i$<=3; $i$++ ) {  $f_{i+1}$, $y_{i+1}$ を Runge–Kutta 法などにより計算 }

while ( $x$<=$b$ ) {

$$\tilde{y} = y_i + (h/24)(55f_i - 59f_{i-1} + 37f_{i-2} - 9f_{i-3}); \tag{9.28a}$$

$$f_{i+1} = f(x_i + h,\ \tilde{y});$$

$$y_{i+1} = y_i + (h/24)(9f_{i+1} + 19f_i - 5f_{i-1} + f_{i-2}); \tag{9.28b}$$

$$x_{i+1} = x_i + h; \quad f_{i+1} = f(x_{i+1},\ y_{i+1});$$

}

上記アルゴリズムに用いた式 (9.25c)(9.26c) の打切り誤差 $e_{AB}$, $e_{AM}$ は

$$e_{AB} = \frac{251}{720} h^5 y^{(5)}(\xi_a), \quad e_{AM} = -\frac{19}{720} h^5 y^{(5)}(\xi_b) \tag{9.29}$$

であり，修正子の誤差は予測子による値よりかなり小さい．$y^{(5)}(\xi_a) \fallingdotseq y^{(5)}(\xi_b)$ と仮定し，$y(x_{i+1})$ の予測子と修正子による値を $\widetilde{y}$, $y^c$ と表せば，上記予測子修正子法の誤差は次式で表される[3]．

$$y(x_{i+1}) - y^c = -\frac{19}{270}(\widetilde{y} - y^c) \fallingdotseq -\frac{1}{14}(\widetilde{y} - y^c) \tag{9.30}$$

したがって，修正子による改良効果は小さいので，上式で見積られる誤差が過大な場合は修正子による反復計算をするよりは計算を中止し，刻み幅を小さくした方が賢明といえる．

予測子修正子法の利点は，関数 $f$ の計算が Runge–Kutta 法では 4 回必要とするが，たった 2〜3 回で済むという計算負荷の低さにある．欠点は，計算途上での刻み幅の変更が困難，前の関数値を記憶させておくことの必要性，計算開始時には 1 段法を併用しなければならずプログラミングがやや複雑という点が挙げられる．

局所的な誤差を補正するため，予測値と修正値との差をもとに改良を加える**改良子** (modifire) を用いるとさらに効果的である．ほぼ 4 次精度が得られる **Hamming** (ハミング) **公式**[16] によれば，Milne 則 (9.24) を予測子として $\widetilde{y}$ を求め，次式を修正子として $y^c$ を計算し，ついで $y^c$ に改良を加える方法をとる．

$$y^c = \frac{1}{8}(9y_i - y_{i-2}) + \frac{3h}{8}\{\widetilde{f}_{i+1} + (2f_i - f_{i-1})\}, \tag{9.31a}$$

$$y_{i+1} = y^c - \frac{9}{160}(\widetilde{y} - y^c) \tag{9.31b}$$

**★ 4 次の予測子修正子法の計算メソッド**　アルゴリズム 9.6 による 4 次の予測子修正子法のメソッド例を Program 9.2 に示す．計算開始時 $(0 \leqq i \leqq 3)$ の値を 4 次の Runge–Kutta 法 (Program 9.1) により与え，また，修正子の計算は 1 回のみで済ませている．式 (9.30) による見積り誤差が指定した値 (eps) より大きい場合には，インスタンス変数 `status` に 9 の値を戻す．

**Program 9.2**　4 次の予測子修正子法の計算メソッド

```
/**  Predictor-Corrector method for differential equations
     入力：  xa=初期値，y[0]=y の初期値，h=刻み幅，N=計算回数
              func=被積分関数 (別途与えられるメソッド)
     出力：  y[]=解，status=0; 正常，9=h が過大                 */
   void PCmethod( double xa, double[] y, double h, int N ){
```

```
 6        double x = xa;
 7        double[] fxy = new double[5];
 8        RungeKutta( xa, y, h, N );
 9        for(int i=0; i<=3; i++){ fxy[i] = func( x, y[1] ); x = x+h; }
10        //  Predictor-Corrector method
11        double dh = h/24.0, yp, error, er0 = 19.0/270.0, eps=1.0E-5;
12        status = 0;     //  インスタンス変数
13        for(int i=4; i<N; i++){
14           yp=y[i]+dh*(55.0*fxy[3]-59.0*fxy[2]+37.0*fxy[1]-9.0*fxy[0]);
15           fxy[4] = func( x, yp );
16           y[i+1] = y[i]+dh*(9.0*fxy[4]+19.0*fxy[3]-5.0*fxy[2]+fxy[1]);
17           fxy[4] = func( x, y[i+1] );
18           error = er0*(yp-y[i+1]);
19           if(Math.abs( error ) > eps) status = 9;
20           for(int j=1; j<=4; j++) fxy[j-1] = fxy[j];
21           x += h;
22        }
23     }
```

**例題 9.4** 例題 9.1 と同じ問題を 4 次の予測子修正子法により計算する．

**(解)** 積分範囲を $x \leq 1.0$ に広げ，$h = 0.1$ で計算した結果 $y_{i+1}$ を，予測子による値 $\tilde{y}$ と式 (9.30) による誤差 $e$ とともに表 9.3 に示す．4 次の Runge–Kutta 法の場合と変わらぬ高精度が得られている．

表 **9.3** 予測子修正子法による解

| $x$ | $y_{i+1}$ | $\tilde{y}$ | $e = y_{i+1} - y^c$ |
|---|---|---|---|
| 0.4 | 1.491825 | 1.491820 | −0.000000 |
| 0.5 | 1.648721 | 1.648716 | −0.000000 |
| 0.6 | 1.822119 | 1.822114 | −0.000000 |
| 0.7 | 2.013753 | 2.013747 | −0.000000 |
| 0.8 | 2.225542 | 2.225535 | −0.000000 |
| 0.9 | 2.459604 | 2.459597 | −0.000001 |
| 1.0 | 2.718284 | 2.718276 | −0.000001 |

**問題 9.5** 次の常微分方程式の解を，区間 [1, 2] に対し，改良 Euler 法，4 次の Runge–Kutta 法，4 次の予測子修正子法により求めよ．
$$y'(x) = (1 - 1/x)y, \quad y(1) = 1 \quad (解析解は y = e^{x-1}/x)$$

## 9.4 連立および高階常微分方程式

### (1) 1 階連立微分方程式

$m$ 個の連立方程式

$$\left.\begin{aligned}\frac{dy_0}{dx} &= f_1(x,\ y_0,\ y_1,\ \ldots,\ y_{m-1})\\ \frac{dy_1}{dx} &= f_2(x,\ y_0,\ y_1,\ \ldots,\ y_{m-1})\\ &\vdots\\ \frac{dy_{m-1}}{dx} &= f_{m-1}(x,\ y_0,\ y_1,\ \ldots,\ y_{m-1})\end{aligned}\right\} \tag{9.32}$$

の初期値問題の解法を考える．区間 $[x_0,\ x_n]$ における初期値は，$m$ 個の定数を $c_j\,(j=0,1,\ldots,m-1)$ として次のように与えられるとする．

$$y_0(x_0) = c_0,\quad y_1(x_0) = c_1,\quad \ldots,\quad y_{m-1}(x_0) = c_{m-1} \tag{9.33}$$

ここで，

$$\boldsymbol{y}(x) = \begin{bmatrix} y_0(x)\\ y_1(x)\\ \vdots\\ y_{m-1}(x)\end{bmatrix},\qquad \boldsymbol{f}(x,\ \boldsymbol{y}) = \begin{bmatrix} f_0(x,\ y_0,\ y_1,\ \ldots,\ y_{m-1})\\ f_1(x,\ y_0,\ y_1,\ \ldots,\ y_{m-1})\\ \vdots\\ f_{m-1}(x,\ y_0,\ y_1,\ \ldots,\ y_{m-1})\end{bmatrix} \tag{9.34}$$

とおくと，式 (9.32) はベクトル形式で次式のように表される．

$$\boldsymbol{y}'(x) = \boldsymbol{f}(x, \boldsymbol{y}) \tag{9.35}$$

上式は 1 階常微分方程式 (9.3) と同形であり，前節までの解法がそのまま適用できる．例えば，2 次の Runge–Kutta 法を適用すれば，$\boldsymbol{y}_j$ に対する係数 $\boldsymbol{k}_{1j}$, $\boldsymbol{k}_{2j}$ を求めるとき，$\boldsymbol{k}_{2j}$ には $\boldsymbol{y}_i$ に対するすべての $\boldsymbol{k}_{1j}$ の値が既知でなければならない．つまり各変数 $\boldsymbol{y}_j$ に対する $\boldsymbol{k}_{1j}$ を求めた後に $\boldsymbol{k}_{2j}$ を求めるという計算順に注意する．

**例題 9.5**　次の連立方程式を改良 Euler 法で解く．

$$y' = f(x,\ y,\ z) = x + y + z,\quad y(0) = 1$$

$$z' = g(x,\ y,\ z) = y + z + 1,\quad z(0) = -1$$

**(解)**　$h = 0.1$ として，式 (9.10) より最初のステップのみの計算を示す．

$$k_{1y} = hf(0,\ 1,\ -1) = h(0 + 1 - 1 = 0)$$

$$k_{1z} = hg(0,\ 1,\ -1) = h(1 - 1 + 1) = 0.1$$

$$k_{2y} = hf(x_0 + h, y_0 + k_{1y}, z_0 + k_{1z}) = hf(0, 1, 1, -0.9) = 0.02$$

$$k_{2z} = hg(0.1, 1, -0.9) = 0.11$$

$$y_1 = y_0 + (k_{1y} + k_{2y})/2 = 1 + (0 + 0.02)/2 = 1.01$$

$$z_1 = z_0 + (k_{1z} + k_{2z})/2 = -1 + (0.1 + 0.11)/2 = -0.895$$

**例題 9.6** 次式は Lorenz (ローレンツ) 系と呼ばれる．これを Runge–Kutta 法で解く．

$$\frac{dx}{dt} = -a(x - y) \tag{9.36a}$$

$$\frac{dy}{dt} = -y + \mu x - xz \tag{9.36b}$$

$$\frac{dz}{dt} = -bz + xy \tag{9.36c}$$

**(解)** 計算結果を Java プログラムとともに，章末に示す．

## (2) 高階常微分方程式の初期値問題

一般的な $m$ 階常微分方程式を考える．

$$\frac{d^m y}{dx^m} = f(x, y, y', y'', y^{(3)}, \ldots, y^{(m-1)}) \tag{9.37}$$

$x = x_0$ において，定数 $c_0, c_1, \ldots, c_{m-1}$ からなる $m$ 個の条件

$$y(x_0) = c_0, \quad y'(x_0) = c_1, \quad y''(x_0) = c_2, \quad \ldots, \quad y^{(m-1)}(x_0) = c_{m-1} \tag{9.38}$$

が与えられる場合，これまで述べてきた初期値問題となる．ただし，条件が同じ値 $x$ に対して指定されていない場合は境界値問題となり，次節で扱う．

式 (9.37) を次のように変数変換を行うとき，

$$y_0(x) = y(x), \ \ y_1(x) = y'(x), \ \ y_2(x) = y''(x), \ \ \ldots, \ \ y_{m-1}(x) = y^{(m-1)}(x) \tag{9.39}$$

次の連立方程式で表される．

$$\frac{d}{dx}\begin{bmatrix} y_0 \\ y_1 \\ \vdots \\ y_{m-2} \\ y_{m-1} \end{bmatrix} = \begin{bmatrix} y_1 \\ y_2 \\ \vdots \\ y_{m-1} \\ f(x, y_0, y_1, \ldots, y_{m-1}) \end{bmatrix} \tag{9.40}$$

これは式 (9.32) と同形であり，同じ解法が適用できることが知れよう．

**例題 9.7**　ばねで支えられた質量の運動や，電池に接続されたコンデンサ回路の電流値 $x$ などは，時刻 $t$ に関する 2 階常微分方程式として表される．ただし，$m, k$ は定数である．

$$mx''(t) + kx(t) = 0, \quad (m = 1,\ k = 2)$$

初期条件 $x(0) = 1,\ x'(0) = 0$ に対し，$0 \leqq t \leqq \pi$ の範囲で上式を解け．

**(解)**　変数変換

$$x_0(t) = x(t),\ \ x_1(t) = x'(t)$$

を行うと，支配方程式は次の連立方程式として表される．

$$x_0'(t) = f(t, x_0, x_1) = x_1(t), \qquad x_0(0) = 1$$

$$x_1'(t) = g(t, x_0, x_1) = -(k/m)x_0(t), \quad x_1(0) = 0$$

4 次の Runge–Kutta 法を適用し，$\Delta t = 0.02$ ととり，$t = n\Delta t$ における $x_0$ を $x_0^n$ のように表せば，最初のステップは以下のようになる．

$$k_{1x_0} = \Delta t f(t^0, x_0^0, x_1^0) = \Delta t x_1^0 = 0, \quad k_{1x_1} = \Delta t g(t^0, x_0^0, x_1^0) = -\Delta t(k/m)x_0^0 = -0.04$$

$$k_{2x_0} = \Delta t f(t^0 + \Delta t/2,\ x_0^0 + k_{1x_0}/2,\ x_1^0 + k_{1x_1}/2) = \Delta t(x_1^0 + k_{1x_1}/2) = -0.0004$$

$$k_{2x_1} = \Delta t g(t^0 + /2,\ x_0^0 + k_{1x_0}/2,\ x_1^0 + k_{1x_1}/2) = -\Delta t(k/m)(x_0^0 + k_{1x_0}/2) = -0.04$$

$$k_{3x_0} = \Delta t(x_1^0 + k_{2x_1}/2) = -0.0004, \quad k_{3x_1} = -\Delta t(k/m)(x_0^0 + k_{2x_0}/2) = -0.03999$$

$$k_{4x_0} = \Delta t(x_1^0 + k_{3x_1}) = -0.000799, \quad k_{4x_1} = -\Delta t(k/m)(x_0^0 + k_{3x_0}) = -0.03840$$

$$t^1 = t^0 + \Delta t = 0.02$$

$$x_0^1 = x_0^0 + \{k_{0x_0} + 2(k_{2x_0} + k_{3x_0}) + k_{4x_0}\}/6 = 0.99960$$

$$x_1^1 = x_1^0 + \{k_{1x_1} + 2(k_{2x_1} + k_{3x_1}) + k_{4x_1}\}/6 = -0.03973$$

2 ステップ以降の計算は読者に委ねる (解析解は $x_0(t) = \cos t,\ x_1(t) = \sin t$).

### (3) 非線形常微分方程式の初期値問題

解析対象となる多くの問題は非線形常微分方程式である．線形とは，式 (9.37) において，$y, y', y''$ の係数が定数かあるいは $x$ だけの関数である場合をいう．例えば，2 階常微分方程式の場合は，次式のように表現できる場合である．

$$\frac{d^2y}{dx^2} + p(x)\frac{dy}{dx} + q(x)y = r(x) \tag{9.41}$$

非線形方程式の解は初期値に大きく依存し，わずかな初期値の変化により解の挙動が大きく異なることに特徴がある．このため高精度の解法が必要であることに留意すれば，前述の各種解法がそのまま適用できる．

ここでは次式で与えられる非線形方程式を例にしてその解をみてみよう．この式は，ばねと非線形ダンパによりつるされた質点系の運動方程式など，多方面の分野でよく現れる形の式である．

$$\frac{d^2y}{dx^2} = -\frac{1}{2}\frac{dy}{dx} - 6y - 3y^2 \tag{9.42}$$

上式は，前述のような変数変換 $y_1 = y$, $y_2 = (dy/dx)$ により，2 元連立方程式となる．力学系における直感性を重じて，この式の $x$ を時間 $t$ とし，変位 $y$ と速度 $v\ (= dy/dt)$ に関する連立方程式として考えることにしよう．すなわち，

$$\frac{dy}{dt} = v, \qquad \frac{dv}{dt} = -\frac{1}{2}v - 6y - 3y^2 \tag{9.43}$$

$v$ の初期値を $v_0 = -8$ としたときの上式の解の一例を図 9.2 に示す．図 (a) は $y$ と $t$ の関係を示し，振動を繰り返しながら定常解 $y = 0$ に収束していく．実はこのような解の振る舞いは $y$ の初期値が概略 $-4.25 \leqq y_0 \leqq -3.8$ の場合に限られ，これより $y_0$ が大きいかまたは小さい場合，$y$ は $-\infty$ に向かって発散していく．

上述の状況は図 (b) に示す $dy/dt$ と $y$ との関係を示す位相線図でより明瞭となる．この図は，$v_0$ は一定値 $(= -8)$ のまま，$y_0$ を $-6 \leqq y_0 \leqq -2$ の範囲で変えた 5 種の結果を示してある．初期位置は図の左上であり，$y_0$ が上記の範囲内であれば解は原点 $(y_0, v = 0)$ に収束する．$y$ が小さいと原点を左に見て $-\infty$ に，$y$ が大きい場合は原点を右に見て回り込み $-\infty$ に向かい，原点には収束しない．

上式の定常解 $(dv/dt = dy/dt = 0)$ は，$y(y + 2) = 0$ より $y = 0, -2$ である．この点に相当する位相線図の原点 $(0, 0)$ と $(-2, 0)$ は平衡点と呼ばれる．上述のように原点は運動の静止点に相当するが，もう一方の平衡点は解がこれに漸近する場合も近傍になると急反発して避けて通り，解の一部となることはない．

☆ **非線形方程式の Java シミュレーション**　式 (9.42) を例にして，そのシミュレーション Java プログラムを Program 9.3 に示す．解析結果を図 9.2(a)(b) のように描く例であり，方程式の解法には Runge–Kutta 法を用いた．

シミュレーションでは，計算条件や初期条件などを任意に変えたときの結果が知りたいものであり，これらの条件を対話的に変更して実行できるプログラムが望まれる．初期値 $y_0$ を変えるには，プルダウン形の**チョイス**によりあらかじめ用意した値の中から選択できるようにすれば，問題に精通していない人でも容易に初期値を変更できる．また，再計算のため**ボタン**を押すと画面を消去できるようにすれば，何回も対話型処理を楽しめる．チョイスで項目を選択したりボタンを押したときなど，これに反応して計算を変える処理を**イベント処理**という．

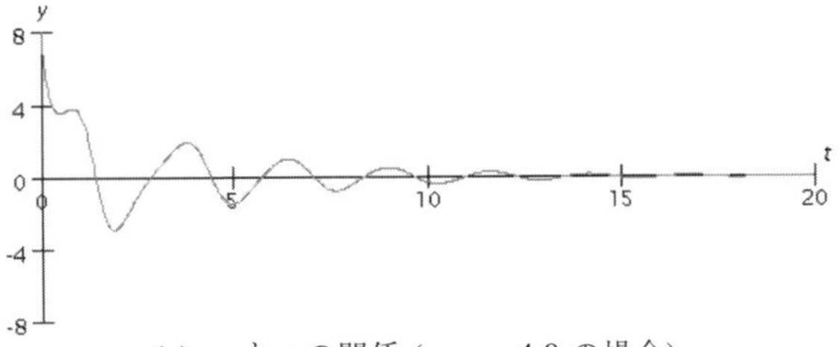


(a) $y$ と $t$ の関係 ($y_0 = -4.0$ の場合)

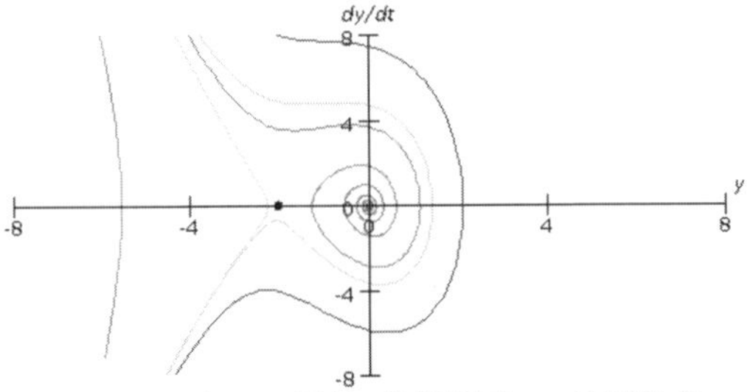


(b) $dy/dt$ と $y$ の関係 (位相線図)( ● は平衡点)

**図 9.2　式 (9.42) の解**

Java には，チョイスやボタンなどイベント処理を受け付ける **GUI** (Graphical User Interface) 部品が豊富に用意されており，また各 GUI 部品に応じてイベント処理のためのインターフェースやメソッドが用意されている．各イベントには定型的なプログラミング法があるので，それをみならうことによりプログラムは容易に構築できる．

このアプレットを起動すると，あらかじめ指定した初期値 ($y_0 = -4.0, v_0 = 8$) に対する計算結果が赤線で図示される．チョイス項目に記述された異なる初期位置 ($y_0$) の値をチョイスにより選択すると，初期速度 ($v_0$) を同じくする解析結果が違った色で上書きされ，初期位置の違いによる影響を比較できる．再計算用ボタンを押すと計算結果が消去され，最後の計算結果のみが図示される．

シミュレーションプログラムでは，アプレットのメイン部 (`NonlDamper`)，解析部 (`NonlSolver`) とグラフィックツール部 (`GraphTools`) というように，機能ごとに別のクラスに分けると，他のプログラムへの再利用や転用が容易である．メイン部は，計算条件などを対話型に処理する GUI 環境の設定とイベントに応じた計算制御を行う．解析部は個別の問題に対する解析を行い，クラス `GraphTools` は第 6 章で用いたものと変わらない内容である．

---

**Program 9.3** 2階非線形方程式のシミュレーション

```
1   /*   Simulation of nonlinear equation                          */
2   import java.applet.Applet;
3   import java.awt.*;
4   import java.awt.event.*;
5
6   public class NonlDamper extends Applet
7               implements ItemListener, ActionListener{ // interface
8       private Image img;   private GraphTools gt;   private Graphics bg;
9       //   このプログラムで新たに使用するメンバ名
10      private NonlSolver so = new NonlSolver();   //  解析クラス
11      private Choice Ychoice;                      //  チョイス
12      private Button Reset;                        //  ボタン
13      private Color col=Color.red;     // 初期設定条件に対する描画色
14
15      // GUI 環境 (対話型画面) の設定
16      public void init(){
17         int width = getSize().width,  height = getSize().height;
18         img = createImage( width, height );
19         bg = img.getGraphics();
20         gt = new GraphTools( width, height, bg );
21         //    初期位置の選択値
22         add(new Label("y0(-6.0,-4.3,-4.25,-4.0,-3.8,-3.75,-2.0)="));
23         double[] y0 ={-6.0, -4.3, -4.25, -4.0, -3.8, -3.75, -2.0};
24         Ychoice = new Choice();            // チョイスの生成
25         for(int i=0; i<=6 ; i++) Ychoice.addItem(" "+ y0[i]);
26         Ychoice.select(3);                 // 初期値は y0 の要素 3 の値
27         add( Ychoice );                    // チョイスを取り付け
28         Reset = new Button("Reset");       // 再計算用ボタン生成
29         add( Reset );                      //
30         Ychoice.addItemListener( this );   // チョイスイベントの登録
31         Reset.addActionListener( this );   //  ボタンイベントの登録
32      }
33      // GUI 環境を用いたイベント処理メソッド
34      public void actionPerformed( ActionEvent ev ){   //  ボタン
35         if(ev.getSource() == Reset ){   // ボタンイベントを感知
36            gt.clearImage();             // 再計算用に画面の初期化
37            repaint();                   // update メソッドを呼び出し
38         }
39      }
40      public void itemStateChanged( ItemEvent ev ){   //  チョイス
41         Color[] colda={Color.magenta,Color.green,Color.blue,Color.red,
42                        Color.cyan,Color.orange,Color.darkGray};
43         if( ev.getSource() == Ychoice ){      //  チョイスイベントを感知
44            String str = Ychoice.getSelectedItem();// 項目を文字列に
45            so.xin=Double.valueOf( str ).doubleValue();//文字列を実数に
46            int jmod = Ychoice.getSelectedIndex();  // y0 の要素番号を取得
47            col = colda[jmod];                      // 色の変更
48            repaint();
49         }
50      }
51      //   paint を呼び出すオーバーライドメソッド
```

```
   public void update( Graphics g ){ paint( g ); }
   //  メインルーチン
   public void paint( Graphics g ){
      solveNonl();                        //  非線形ダンパ問題の解析
      g.drawImage( img, 0, 0, this ); //  裏画面の複写
   }
   //  非線形ダンパ問題の解析と描画メソッド
   private void solveNonl(){
      so.inputData();                       // 初期値の設定
      so.Runge_Kutta2( so.x, so.y, so.dt, so.iMax ); // Runge-Kutta
      //  y-t の関係を図示
      gt.viewPort( 30, 250, false, so.range0 ); // 座標変換
      gt.drawAxis( "t", 4, "y", 4 );              // 座標軸の描画
      int N = so.Max; if(so.Max > so.jMax) N = so.jMax;
      gt.plotData( so.tt, so.y, N, col, null ); // 結果の図示
      //  dy/dt-y の位相線図作図
      gt.viewPort( 220, 0, false, so.range1 );
      gt.drawAxis( "y", 4, "dy/dt", 4 );
      gt.plotData( so.x, so.y, so.Max, col, null );
      // 平衡点の表示
      bg.setColor( Color.cyan );
      bg.fillOval( gt.xtr(-2.0)-3, gt.ytr(0.0)-3, 6, 6);
   }
}
//  非線形ダンパ問題の Rugen-Kutta 法による計算
class NonlSolver{
   public int Max, iMax = 1500, jMax=1000; // 計算するステップ数
   public double[] x = new double [iMax], y = new double [iMax];
   public double[] tt = new double[iMax];
   public double xin = -4.0,  v0 = 8.0;    // 初期値
   public double dt = 0.02;                // 時間の刻み幅
   private double diff = 1.0E-4;           // 計算打切り条件
   public double[] range0 = { 0.0, 20.0, -8.0, 8.0 };
   public double[] range1 = {-8.0, 8.0, -8.0, 8.0 };
   double ymin = range1[2];
   public void inputData(){  // 初期条件
      x[0] = xin;   y[0] = v0;
      for(int i=1; i<iMax; i++) tt[i]=dt*(double)i;
   }
   // 2 階常微分方程式に対する Runge-Kutta 法解析メソッド
   public void Runge_Kutta2(double[] x, double[] y,double dt,int N){
      double xi, vi, k1, k2, k3, k4, l1, l2, l3, l4;
      for(int i = 0; i < N-1; i++){
         xi = x[i];          vi=y[i];
         k1 = dt*vi;            l1 = dt*func(vi, xi);
         k2 = dt*(vi+0.5*l1);  l2 = dt*func(vi+0.5*l1, xi+0.5*k1);
         k3 = dt*(vi+0.5*l2);  l3 = dt*func(vi+0.5*l2, xi+0.5*k2);
         k4 = dt*(vi+l3);      l4 = dt*func(vi+l3, xi+k3);
         x[i+1] = xi+(k1+2.0*(k2+k3)+k4)/6.0;
         y[i+1] = vi+(l1+2.0*(l2+l3)+l4)/6.0;
         if(y[i] < ymin){ Max = i;  break;}
         if(Math.abs(y[i+1]-y[i])<diff && Math.abs(x[i+1]-x[i])<diff)
            { Max = i;  break;}
      }
   }
```

```
107     //  関数： 式 (9.38) の場合
108     private double func(double v, double x){
109        return (-0.5*v-3.0*x*(2.0+x));
110     }
111  }
112  // グラフ描画用各種ツール=========================================
113  class GraphTools{
114     public void clearImage(){
115        g.setColor( Color.white );  g.fillRect(0,0,Width-1,Height-1);
116     }
```

イベント処理などに必要な追加部分は以下のような事項である.

行 4,7: イベント処理に必要なパッケージの import と，GUI 部品に応じて定まるインターフェースの実装 (implement) が必要であり，`ItemListener` はチョイス，`ActionListener` はボタンによるイベントに関わるインターフェースである.

行 10～12：解析クラスを別のクラス (`NonlSolver`) として分離したので，そのオブジェクト名を `so` と定義し，また，GUI のチョイスおよびボタン名を `Ychoice,Reset` と名付けている.

行 16～32：アプレットの起動時に最初に自動的に読み込まれる `init` メソッドを利用して，初期値として選択できる値を示すラベルを生成して画面に取り付け (add) (行 22)，行 24 でチョイスのオブジェクトを生成し，行 25 で配列に用意 (行 23) した値をチョイスの選択項目として加え，行 26 で初期選択番号は要素番号にして 3 とし (解析クラスで設定した初期値と同一とするため)，行 30 でインターフェースに関連付けている.

ボタンのオブジェクト生成は，ボタンに "Reset" というラベルを付けて，行 28 で行い，画面への取り付けは行 29，インターフェースへの関連付けは行 31 である.

行 34～39：`actionPerformed` メソッドはボタンが押されたときのイベント処理を定義するもので，行 35 でボタンが押されたことを感知すると，行 36 で画面を消去し，行 37 で `repaint` メソッドにより再描画を要求する．`repaint` メソッドは行 52 の `update` メソッドを自動的に呼び出し，画面を消去せずに `paint` メソッドを呼び出すため，オーバーライドしてある (本来のものは消去してから呼び出す).

行 40～50：`itemStateChanged` メソッドはチョイスに対するイベント処理を定義するためのものであり，チョイスイベントを行 43 で感知すると，選択項目を行 44 で取得して文字変数 `str` に代入し，行 45 でこれを double 型数値に変えて解析オブジェクトの変数 `xin` に渡す．行 46 では，その項目の番号を取得して，行 41,42 で用意した描画色に変更する.

行 54～75：`paint` メソッドで呼び出される `solveNonl` メソッドは，個別の問題に依存するメインルーチンである．このメソッドでは，行 60 で初期値を読み込ませ，行 61 で Runge–Kutta 法により解析し，その結果を行 63～66 で $y-t$ の関係を画面の上側，行 68～73 で $(dy/dt)-y$ の関係を画面の下側に描画させている．行 63，68 で `viewPort` メソッドに異なる引数を与えており，2種の図を同一アプレット内に描画させることができる．

行76〜111：解析クラス `NonlSolver` では，他のクラスからアクセスを許す変数には `public`，許さない変数には `private` 修飾子をつけ，内部処理をさせており，例えば，チョイスにより初期値 `v0` が変更されると，行81の public 変数 `v0` の値が変化し，同時に行87の `inputData` メソッドが読み込まれるので，初期値が変更される．

Runge–Kutta 法による計算メソッドは行92〜106であり，配列 `y` に結果を出力する．計算内容は Program 9.1 と同様である．ただし，$(dy/dt) - y$ の関係を示す位相線図では，解が描画範囲をはみ出すときや解が原点に収束していき原点からの距離がある程度以下になったときに，計算を中止してそのときの計算回数を `Max` とし，その範囲までを描画させる．このため，行102〜104で条件分岐させている．被積分関数，式(9.43)の第2式は，別に，行108〜110の func メソッドに定義してある．

## (4) 力学系の2次精度解法

物性を分子レベルから解明する分子動力学法が近年多用される傾向にある．分子間に作用する力はポテンシャルのみ，したがって位置のみの関数であり，また多数の分子の運動を同時並行的に解く必要から，刻み幅が大きくても高精度の計算法として**速度 Verlet**（ベルレ）**法**と呼ばれる方法が広く採用されている．

分子1個の運動方程式は

$$m\frac{d^2x}{dt^2} = F(x) \tag{9.44}$$

と表せることから，位置 $x_i$ のまわりでの Taylor 級数展開式

$$x_i^{n+1} = x_i^n + \Delta t\frac{dx}{dt} + \frac{(\Delta t)^2}{2}\frac{d^2x}{dt^2} + O(\Delta t^3) \tag{9.45}$$

より，右辺第2項の $dx/dt$ には速度 $v_i^n$，第3項の $d^2x/dt^2$ には式(9.44)により $F_i^n/m$ で置き換え，右辺第4項を打切り誤差とするのが速度 Verlet 法である．

一方，速度に関しても，その Taylor 級数展開

$$v_i^{n+1} = v_i^n + \Delta t\frac{dv}{dt} + \frac{\Delta t^2}{2}\frac{d^2v}{dt^2} + O(\Delta t^3) \tag{9.46}$$

において，$dv/dt$ には $F_i^n/m$，$d^2v/dt^2$ には前進差分 $(F_i^{n+1} - F_i^n)/(m\Delta t)$ を用いて

$$v_i^{n+1} = v_i^n + \frac{\Delta t}{m}(F_i^{n+1} + F_i^n) \tag{9.47}$$

と表す．上式右辺の陰的な外力項 $F_i^{n+1}$ は式(9.44)により式(9.46)から既知である．よって，位置および速度ともに2次精度で求められる．

**問題 9.6**　次式を，区間 [0, 1] において，初期値 $y(0) = 1$, $y'(0) = 0$ のもとで解け．

$$y'' + xy'2y + x = 0 \qquad (\text{解析解は } y = x^2 + x + 1)$$

**問題 9.7**　惑星運動や人工衛星の軌道が次式で表されるとする．4 次の予測子修正子法を用いて軌道 $(x, y)$ を計算し，$h = 0.2, 0.1, 0.05, 0.02, 0.01$ の場合の結果を図示して比較せよ．ただし，$r^2 = x^2 + y^2$ である．

$$dx/dt = u, \quad du/dt = -x/r^3, \quad dy/dt = v, \quad dv/dt = -y/r^3$$
$$x(0) = 3, \quad u(0) = 0.3, \quad y(0) = 0, \quad v(0) = 0.2$$

**問題 9.8**　次式は弛緩振動を表すとして知られる van der Pol(ファン・デル・ポール) の方程式である．$x = x_1$, $(dx/dt) = x_2$ と変数変換し，$\varepsilon = 5$ の場合を解け．初期値は，$(x_1, x_2)$ に対し $(-0.001, 0)$, $(-3, 1.5)$, $(3, 4)$ とする．

$$\frac{d^2x}{dt^2} - \varepsilon(1 - x^2)\frac{dx}{dt} + x = 0$$

**問題 9.9**　前問を予測子修正子法により解き，位相線図を描く Java プログラムをつくれ．

## 9.5　境界値問題

$m$ 階常微分方程式 (9.1) が唯 1 つの解をもつには $m$ 個の条件が必要である．前節までは同一の $x_0$ に対して $m$ 個の条件が与えられた初期値問題を述べたが，区間 $[a, b]$ の両端点での $y$ の値が指定 (第 1 種境界条件あるいは Dirichlet (ディレクレ) 条件ともいう) される場合や，導関数の値が指定 (第 2 種境界条件あるいは Neumann (ノイマン) 条件という) される場合も多い．このような問題は **境界値問題** (boundary value problem) という．簡単のため，2 階常微分方程式

$$y'' = f(x, y, y'), \quad y(a) = A, \quad y(b) = B \tag{9.48}$$

を例に，その数値解法を考えてみよう．

### (1) 第 1 種境界条件の場合

次の線形 2 階常微分方程式

$$y'' + p(x)y' + q(x)y = s(x), \qquad y(a) = A, \qquad y(b) = B \tag{9.49}$$

に対し，区間 $[a, b]$ を $n$ 個の等しい長さ $h$ の小区間に分け，$x_0 = a$, $x_i = x_0 + ih$ $(i =$

$1, 2, \ldots, n-1$), $x_n = b$ とする (ただし，必ずしも $h$ が等長である必要はない).

8.1 節で，関数の微係数が次の差分式で近似できることを示した.

$$y'_{x_i} = \frac{y(x_{i+1}) - y(x_{i-1})}{2h} + O(h^2) \tag{9.50a}$$

$$y''_{x_i} = \frac{y(x_{i+1}) - 2y(x_i) + y(x_{i-1})}{h^2} + O(h^2) \tag{9.50b}$$

上式はともに中心差分であり，2 次である.

式 (9.50) を式 (9.49) に代入し $y(x_i)$ を $y_i$ などと記して整理すれば次式を得る.

$$l_i\, y_{i-1} + c_i\, y_i + r_i\, y_{i+1} = b_i \qquad (i = 1, 2, \ldots, n-1) \tag{9.51}$$

ただし，$l_i = 1 - hp(x_i)/2$, $c_i = -2 + h^2 q(x_i)$, $r_i = 1 + hp(x_i)/2$, $b_i = h^2 s(x_i)$ である.

上式は，$n+1$ 個 の未知変数 $y_i$ に対し $n-1$ 個の式を与えるが，式 (9.49) による境界条件により $y_0, y_n$ は既知であるから，$n-1$ 個の未知変数 $y_i$ に対する $n-1$ 元の 3 項連立方程式となる．$h \ll 1$ を考慮すれば，ほとんどの場合その係数行列は対角優位となり，解は一意に求められる．その解法をアルゴリズム 9.7 に示す.

**アルゴリズム 9.7　境界値問題に対する差分解法**

```
h = (b − a)/n ;
for ( i=1; i<n ; i++){
    x_i = a + i h ;
    l_i = 1 − hp(x_i)/2 ;      c_i = −2 + h^2 q(x_i) ;
    r_i = 1 + hp(x_i)/2 ;      b_i = h^2 s(x_i) ;
}
b_1 = b_1 − l_1 A ;      b_{n−1} = b_{n−1} − r_{n−1} B ;
3 項方程式を解く;
```

## (2) 第 2 種境界条件の場合

境界条件が，両端における導関数などで与えられる場合，例えば，条件が次式

$$y'(a) - y(a) = A, \quad y'(b) = B \tag{9.52}$$

で与えられた場合，前章で述べたように 2 次 Lagrange 多項式の導関数より

$$y'_0 = \frac{-1}{2h}(3y_0 - 4y_1 + y_2), \quad y'_n = \frac{1}{2h}(y_{n-2} - 4y_{n-1} + 3y_n)$$

であるから，式 (9.52) に対する条件は次式で表される.

$$(3+2h)y_0 - 4y_1 + y_2 = -2hA, \qquad y_{n-2} - 4y_{n-1} + 3y_n = 2hB$$

これら両式を式 (9.51) と合わせると，$n+1$ 個の未知数に対する $n+1$ 元連立方程式となり，解くことができる．上式をそのまま用いると 3 項方程式とはならないが，3 項方程式への変更は容易である．

境界値問題，式 (9.48)，が非線形方程式の場合，すなわち，係数 $p, q, s$ が未知変数 $y$ を含む場合は，式 (9.51) の左辺の係数 $l_i, c_i, r_i$ に未知変数が含まれる．この場合，これら未知変数に前段階での値を用いて定数扱いとし，解いて得られた値を反復的に係数行列に用いて修正し，解が収束するまでこれを繰り返す反復解法が必要になる．より高速に解を得るには 3.3 節で述べた方法が適用できる．

**例題 9.8** 次の境界値問題を解く．

$$y'' + (1/x)y' - (y/x^2) = 3, \qquad y(1) = 2, \qquad y(2) = 3$$

**(解)** 区間 [1, 2] を 5 等分し，$h = 0.2$ とすると，次の 4 元連立方程式を得る．

$$\begin{bmatrix} -2.0278 & 1.0833 & & \\ 0.9286 & -2.0204 & 1.0714 & \\ & 0.9375 & -2.0156 & 1.0625 \\ & & 0.9444 & -2.0123 \end{bmatrix} \begin{bmatrix} y_1 \\ y_2 \\ y_3 \\ y_4 \end{bmatrix} = \begin{bmatrix} -1.7133 \\ 0.12 \\ 0.12 \\ -3.0467 \end{bmatrix}$$

これを解くと表 9.4 の第 4 列のようになる．表には，解析解 $y = x(x-1) + 2/x$ の値も示してあるが，小数点以下 2 桁まで等しい．刻み幅が小さい $h = 0.1$ の場合には小数点以下 3 桁まで正しく，正確な数値解を得るには微小な刻み幅が必要である．

**表 9.4** 境界値問題 (例題 **9.8**) の解

| $s$ | 解析解 | $h = 0.1$ | $h = 0.2$ |
|---|---|---|---|
| 1.0 | 2.0 | 2.0 | 2.0 |
| 1.1 | 1.928182 | 1.928455 | |
| 1.2 | 1.906667 | 1.907071 | 1.908246 |
| 1.3 | 1.928462 | 1.928912 | |
| 1.4 | 1.988571 | 1.989014 | 1.990307 |
| 1.5 | 2.083333 | 2.083736 | |
| 1.6 | 2.210000 | 2.210341 | 2.211336 |
| 1.7 | 2.366471 | 2.366736 | |
| 1.8 | 2.551111 | 2.551242 | 2.551824 |
| 1.9 | 2.762632 | 2.762724 | |
| 2.0 | 3.0 | 3.0 | 3.0 |

**問題 9.10** 次の微分方程式を解け．

$$y'' - yy' = (2/x^2)\{1 + (4/x)\}$$

$$2y(1) + y'(1) = 4, \qquad y(2) + 2y'(2) = 1$$

## (3) 有限要素法

微分方程式の解法には，これまで述べてきた差分法のほかに**有限要素法** (finite element method) も広く用いられている．これにも色々な方法がある[17]が，非線形方程式にも適用できる基本的な方法を紹介しておこう．

未知関数 $y(x)$ の方程式が

$$\frac{d^2y}{dx^2} + f(x) = 0 \tag{9.53}$$

で与えられ，領域 [0, 1] での境界条件を $y(0) = 0$, $dy(1)/dx = \sigma$ とする．

解析領域を任意の長さに分割し，分点 ($j = 0, 1, \ldots, m$) を**節点** (nodal point)，節点で区分けされる部分を**有限要素** (finite element) と呼ぶ．有限要素にも番号を付け，節点 $j$ と $j+1$ の間の要素番号を $j$ とし，変数には節点番号を下付き，要素番号を上付き添字で示すとしよう (図 9.3)．

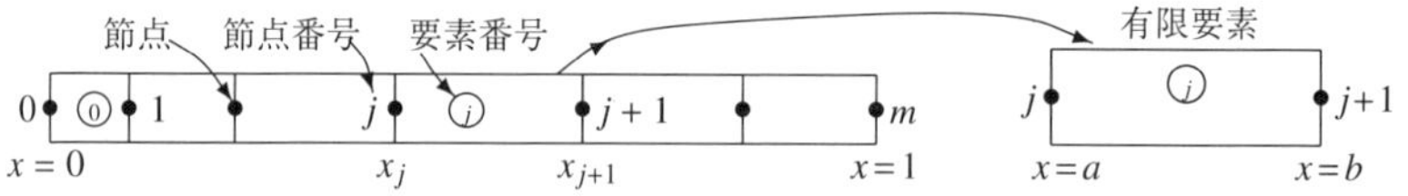


図 **9.3**　領域の分割と有限要素

1 つの有限要素に対し，式 (9.53) に重み $w^*(x)$ を掛けてその領域で積分した**重み付き残差方程式** (weighted residual equation)

$$\int_a^b w^*(x)\left(\frac{d^2y}{dx^2} + f(x)\right)dx = 0 \tag{9.54}$$

もまたよい近似で成立すると考える．

有限要素内の $y$ の変化は小さく，任意の点の値は両節点の値から推し量れると仮定する．このための補間関数と, 同形の関数を重み関数に用いる Galerkin (ガレルキン) 法を適用し，上式に部分積分法を適用すれば

$$\int_a^b w^*\left(\frac{d^2y}{dx^2} + f\right)dx = \left[w^*\frac{dy}{dx}\right]_a^b - \int_a^b \frac{dy}{dx}\frac{dw^*}{dx}\,dx + \int_a^b w^* f\,dx = 0 \tag{9.55}$$

を得る．$x_{j+1} - x_j = \Delta x^j$，端点における $y$ の値を $y_a, y_b$，補間関数は線形とすれば,

$$y = \left(1 - \frac{x}{\Delta x^j}\right)y_a + \frac{x}{\Delta x^j}\,y_b, \quad w^* = \left(1 - \frac{x}{\Delta x^j}\right)y_a^* + \frac{x}{\Delta x^j}\,y_b^* \tag{9.56}$$

であるから，式 (9.55) の右辺第 1 項を

$$\left[w^*\,\frac{dy}{dx}\right]_a^b = -\,y_a^*\,\frac{dy}{dx}\bigg|_a + y_b^*\,\frac{dy}{dx}\bigg|_b \equiv -y_a^*N_a + y_b^*N_b \tag{9.57}$$

とおけば，式 (9.55) は

$$y_a^*\left\{-N_a+\int_a^b\left(-\frac{y_a}{\Delta x^j}+\frac{y_b}{\Delta x^j}\right)\left(-\frac{1}{\Delta x^j}\right)dx+\int_a^b f(x)\left(1-\frac{x}{\Delta x^j}\right)dx\right\}$$

$$+y_b^*\left\{N_b-\int_a^b\left(-\frac{y_a}{\Delta x^j}+\frac{y_b}{\Delta x^j}\right)\left(\frac{1}{\Delta x^j}\right)dx+\int_a^b f(x)\left(\frac{x}{\Delta x^j}\right)dx\right\}=0 \qquad (9.58)$$

となる．簡単のため，$f(x)$ は要素内で一定である $(=f^j)$ と仮定すれば，重み関数の $y_a^*$, $y_b^*$ は任意の数値であるから，

$$\begin{bmatrix} N_a \\ N_b \end{bmatrix}=\frac{1}{\Delta x^j}\begin{bmatrix} -1 & 1 \\ -1 & 1 \end{bmatrix}\begin{bmatrix} y_a \\ y_b \end{bmatrix}-\frac{\Delta x^j}{2}\begin{bmatrix} -f^j \\ f^j \end{bmatrix} \qquad (9.59)$$

を得る．節点を共有する両側の要素は節点での 1 次微分 $dy/dx$ が同じ値をもつから，要素 $j$ の $N_b$ の値 $N_b^j$ と隣の要素 $j+1$ での値 $N_a^{j+1}$ は同じである．すなわち，

$$N_b^j=N_a^{j+1}$$

上式に式 (9.59) を代入すれば有限要素方程式と呼ばれる次式を得る．

$$\frac{1}{\Delta x^j}y_{j-1}-\left(\frac{1}{\Delta x^j}+\frac{1}{\Delta x^{j+1}}\right)y_j+\frac{1}{\Delta x^{j+1}}y_{j+1}=\frac{1}{2}\left(\Delta x^j f^j+\Delta x^{j+1}f^{j+1}\right) \qquad (9.60)$$

第 0 要素から第 $m-1$ 要素までの個々の要素に対してつくった $m-1$ 個の有限要素方程式を重ね合わせると，$m-1$ 元方程式が得られる．一方，境界条件より

$$y_0=0, \quad -\frac{1}{\Delta x^{m-1}}y_{m-1}+\frac{1}{\Delta x^{m-1}}y_m=\frac{\Delta x^{m-1}}{2}f^{m-1}+\sigma$$

が得られる．これを加えて解くべき全体方程式は $m$ 元線形連立方程式となる．

一方，式 (9.53) に対する等間隔格子による差分式は

$$\frac{y_{j-1}-2y_j+y_{j+1}}{\Delta x^2}=-f_j \qquad (9.61)$$

であるから，式 (9.60) と上式は同等な離散化式であることが知れよう．

有限要素法は領域を任意の長さで区分でき，境界条件を自然に取り込めるなどの長所があり，次章で扱う偏微分方程式の解法にも多用されている．

**問題 9.11** 次式で与えられる方程式を $y(0)=0, y(1)=1$ の境界条件を用いて有限要素法で解け (厳密解と比較すること).

$$\frac{d^2y}{dx^2}-a\frac{dy}{dx}=0, \quad (0\leqq x\leqq 1, \quad a=\text{定数})$$

領域は適当な数の要素に等分し，$a=0,10,20$ に対する解を求めよ．

**★ Lorenz 系方程式 (例題 9.6) のシミュレーションプログラム** 式 (9.36) において，初期座標を $(x_0=0, y_0=2, z_0=28)$ とし，$a=8, b=3, \mu=28$ としたときの

時々刻々の解を示すとともに，$a, b, \mu$ の値をスクロールバーで可変できるプログラム例を Program 9.4 に，その解の状態を図 9.4 に示す．このプログラムでは，座標 $(x, y, z)$ を表す 3 次元グラフとなるので，これを軸測投影図として表す[6] とともに，解をリアルタイムに表現するアニメーションの手法を取り入れている．といっても，計算は瞬時に済んでしまうので，わざと間をおきながら表現する手法をとっている．先のプログラム Program 9.3 に比べ，一段と多機能化しているので，アニメーションの手法についてはより簡単な Program 10.1 で解説することにする．

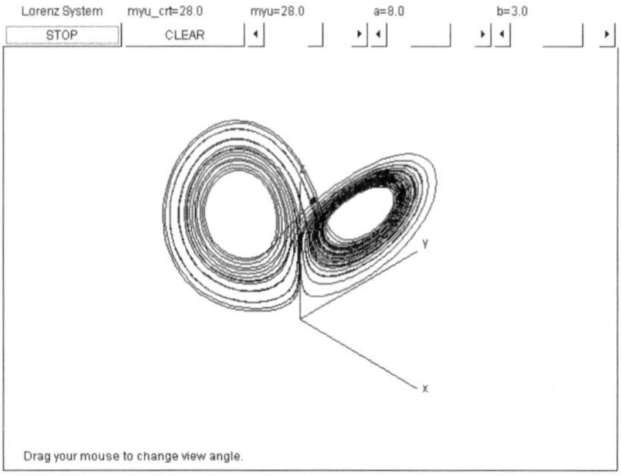


図 **9.4** **Lorenz** 系方程式の解軌道の一例

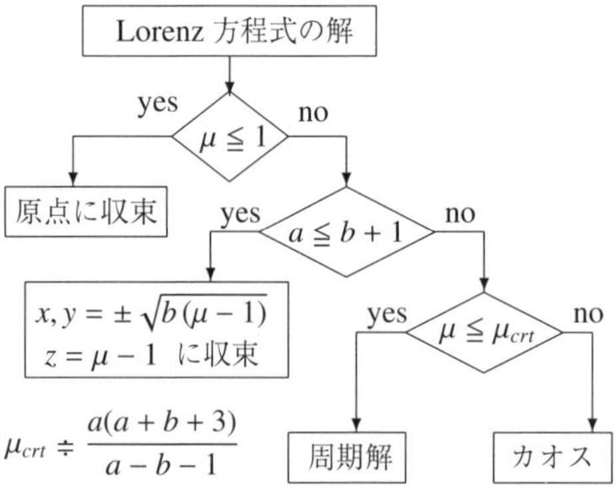


図 **9.5** **Lorenz** 系方程式の解のクラス

Lorenz 系方程式の解の挙動を観察すると，$a, b, \mu$ の値により解の挙動が全く異なる．定点に収束する場合や周期軌道を描く場合がある一方，$a > b + 1$ で $\mu > \mu_{crt}$ の場合 (図 9.5) は不安定になり，アトラクタと呼ばれる 2 種の領域を 8 の字状に周回するだけで，定点に収束したり，周期軌道をたどることもなく，将来の状態が予測できないことを示している．この状態を**カオス** (Chaos) と呼ぶ．自然科学は，Newton 以来，現象を適正に方程式として定式化すると，その現象を予測できるとするパラダイムがあったが，カオスの発見によって将来予測が本質的にできない場合があるということが認識されたのである．生態系の神経細胞の活動を始め，カオス的挙動を呈するものは多く見出されている．

**Program 9.4** Lorenz 系方程式のシミュレーション

```
/*  Simulation of Lorenz's system equations                        */
 ⋮
public class LorenzEq extends Applet implements
                 ActionListener, AdjustmentListener, Runnable{
   private Image img;  private GraphTools gt;  private Graphics bg;
   private LorenzSolver sol = new LorenzSolver();
   private Scrollbar scrMyu, scrA, scrB; // スクロールバー名
   private Label Lmyu, La, Lb, LmyuCrt;  // ラベル名
   private Thread anime = new Thread();  // スレッド名と生成
   private int moX0, moY0;               // マウスによる取得座標
   private Button button, clear;         // ボタン名
   private float RAD = (float)Math.PI/180.0f;  // 定数
   private float theta = 45.0f*RAD, phi=35.24f*RAD; // 軸測投影角
   private int No = 0;                   // 計算ステップ数
   public void init(){  //  最初に呼び出される初期化メソッド
      int width = getSize().width,  height = getSize().height;
      img = createImage( width, height );
      bg = img.getGraphics();
      //  レイアウトマネージャーを使用し, Panel で配置
      setLayout( new BorderLayout() );
      Panel p = new Panel();
      p.setLayout( new GridLayout( 2, 5, 3, 0 ));
      // ラベルとボタンの配置
      p.add( new Label("Lorenz System", Label.CENTER ));
      LmyuCrt = new Label("myu_crt="+(float)sol.crtMyu() );
      p.add( LmyuCrt );
      Lmyu=new Label( "myu="+(float)sol.myu ); p.add( Lmyu );
      La = new Label( "a="+(float)sol.a );   p.add( La );
      Lb = new Label( "b="+(float)sol.b );   p.add( Lb );
      clear = new Button("CLEAR");   p.add( button );
      button = new Button("STOP");   p.add( clear );
      //  スクロールバーを指定
      scrMyu=new Scrollbar( Scrollbar.HORIZONTAL,  28, 10, 0, 56 );
      scrA=new Scrollbar( Scrollbar.HORIZONTAL, 6, 10, 0, 22 );
      scrB=new Scrollbar( Scrollbar.HORIZONTAL, 8, 10, 0, 22 );
      p.add( scrMyu );  p.add( scrA );   p.add( scrB );
      add( "North", p);         //  パネルを取付け

      gt = new GraphTools( width, height, bg );
      gt.viewPort( 20, 0, true, sol.getRange() );
```

```
      gt.transAxono( theta, phi );             //  軸測投影変換
      button.addActionListener( this );
      clear.addActionListener( this );
      scrMyu.addAdjustmentListener( this );
      scrB.addAdjustmentListener( this );
      scrA.addAdjustmentListener( this );
      initDraw();                            //  初期画面を描画
      // マウスアダプタ(インターフェースの代わりに使用)
      //   == マウスが押されたときの処理
      addMouseListener( new MouseAdapter(){
         public void mousePressed( MouseEvent ev ){
            moX0 = ev.getX();   moY0 = ev.getY();
      }});
      //   == マウスがドラッグしたときの処理
      addMouseMotionListener( new MouseMotionAdapter(){
         public void mouseDragged( MouseEvent ev ){
            int moX = ev.getX(),   moY = ev.getY();
            phi +=(0.5f*(float)(moY-moY0))*RAD;  // x軸周りの回転角
            theta +=(0.5f*(float)(moX-moX0))*RAD;// y軸周りの回転角
            gt.transAxono( theta, phi );
            reDraw();  repaint();
            moY0 = moY;    moX0 = moX;
       }});
   }
   //  スクロールバーに対する処理メソッド
   public void adjustmentValueChanged( AdjustmentEvent e ){
      String str;   int slider;
      if( e.getSource() == scrMyu ){
         slider = scrMyu.getValue();  sol.myu = (double)slider;
         Lmyu.setText( "myu="+(float)sol.myu );
      }
      if( e.getSource() == scrA ){
         slider = scrA.getValue();  sol.a = (double)slider;
         Lb.setText( "a="+(float)sol.a );
         LmyuCrt.setText( "myu_crt="+(float)sol.crtMyu() );
      }
      if( e.getSource() == scrB ){
         slider = scrB.getValue();  Lb.setText( "b="+slider );
         sol.b = (double)slider;
         LmyuCrt.setText( "myu_crt="+(float)sol.crtMyu() );
      }
      stop();  No = 0;  button.setLabel("START");
   }
   public void actionPerformed( ActionEvent ev ){
      String str;
      if( ev.getSource() == button ){
         str = button.getLabel();
         if( str == "START" ){
            if( anime == null ){
               anime = new Thread( this );  anime.start();
               button.setLabel( "STOP" );
            }
         }else if( str == "STOP" ){
            stop();  button.setLabel("START");
         }
```

```
      }
      if( ev.getSource() == clear ){
         stop();   button.setLabel("START");
         initDraw();  No = 0;  repaint();
      }
     }
   public void run(){
      while( anime != null ){
         if( No == 0 ) sol.RungeKutta( 0 );
         No++;
         if( No > sol.Nmax-5) stop();
         sol.RungeKutta( No );
         //  どこを描いているか明示するため描画部分を赤色に
         gt.drawInstant( sol.x, sol.y, sol.z, No, Color.red );
         repaint();
         try{ anime.sleep( 50 ); }  // 50 ms 休止
         catch( InterruptedException e ){}
         if(No!=0) gt.drawInstant( sol.x, sol.y, sol.z, No, null );
         repaint();
      }
   }
   public void start(){ anime = new Thread( this ); anime.start();}
   public void updata( Graphics g ){ paint( g ) ; }
   public void stop(){ anime = null; }
   public void paint( Graphics g ){
      g.drawImage( img, 0, 0, this );
   }
   public void initDraw(){
      gt.clearImage();
      gt.drawAxAxis( 35.0f );
      gt.plotPoint( sol.x[0], sol.y[0], sol.z[0] );
   }
   public void reDraw(){
      initDraw();
      for(int i=1; i<No; i++)
         gt.drawInstant( sol.x, sol.y, sol.z, i, null );
   }
}
class LorenzSolver{
   public int  Nmax=10000;
   public double myu=28.0, a=8.0, b=3.0, dt=0.0075;
   public double[] x=new double[Nmax], y=new double[Nmax];
   public double[] z=new double[Nmax];
   private double x0 = 0.0,  y0 = 4.0,  z0 = 28.0;
   private double xmin=-40.0, xmax=50.0, ymin=-20.0, ymax=50.0;
   private double range [] = { xmin, xmax, ymin, ymax };
   //  コンストラクタ
   public LorenzSolver(){
      x[0] = x0;  y[0] = y0;  z[0] = z0;
      RungeKutta( 0 );
   }
   //  4 変数に対する Runge-Kutta 法
   public void RungeKutta( int i ){
      if( myu < 10.0 ){     dt = 0.01; }
      else if( myu > 40.0){ dt = 0.005;}
```

```
      double dh = 0.5*dt;
      double kx1 = funx( x[i], y[i] ),  ky1 = funy( x[i], y[i], z[i] ),
        kz1 = funz( x[i], y[i], z[i] );
      double x1 = x[i]+dh*kx1,  y1 = y[i]+dh*ky1,  z1 = z[i]+dh*kz1;
      double kx2 = funx( x1, y1),  ky2 = funy( x1, y1, z1 ),
        kz2 = funz( x1, y1, z1 );
      double x2 = x[i]+dh*kx2,  y2 = y[i]+dh*ky2,  z2 = z[i]+dh*kz2;
      double kx3 = funx( x2, y2 ),  ky3 = funy( x2, y2, z2),
        kz3 = funz( x2, y2, z2 );
      double x3 = x[i]+dt*kx3,  y3 = y[i]+dt*ky3,  z3 = z[i]+dt*kz3;
      double kx4 = funx( x3, y3 ),  ky4 = funy( x3, y3, z3 ),
        kz4 = funz( x3, y3, z3 );
      x[i+1] = x[i]+dt*(kx1+2.0*(kx2+kx3)+kx4)/6.0;
      y[i+1] = y[i]+dt*(ky1+2.0*(ky2+ky3)+ky4)/6.0;
      z[i+1] = z[i]+dt*(kz1+2.0*(kz2+kz3)+kz4)/6.0;
   }
   public float crtMyu(){
      return (float)( a*(a+b+3.0)/(a-b-1.0) );
   }
   public double funx(double x, double y){ return -a*(x-y); }
   public double funy(double x, double y, double z){
      return -y+x*(myu-z);
   }
   public double funz(double x, double y, double z){
     return -b*z+x*y;
   }
   public double[] getRange(){ return range; }
}
⋮

   //  ===  GraphTools クラスに以下を追加  ===
   //  軸測投影変換メソッド
   private float[] ax=new float[3], ay=new float[3], az=new float[3];
   public void transAxono( double theta, double phi ){
      float sp, cp, st, ct;          // 角度の sin,cos の値
      // theta ; y 軸周りの回転角度  phi;  x 軸周りの回転角度
      ct = (float)Math.cos( theta );  st = (float)Math.sin( theta );
      cp = (float)Math.cos( phi );    sp = (float)Math.sin( phi );
      ax[0] = cp*ct;  ax[1] = -st*cp;  ax[2] = sp;
      ay[0] = st;     ay[1] = ct;
      az[0] = -ct*sp; az[1] = st*sp;   az[2] = cp;
   }
   //   軸測投影図の作画メソッド
   public void drawInstant( double[] x, double[] y, double[] z,
                            int k, Color col ){
      int px0, py0, px1, py1;
      float zdepth = (float)z[0];
      px0 = xtr(ay[0]*(float)x[k-1]+ay[1]*(float)y[k-1]);
      py0 = ytr(az[0]*(float)x[k-1]+az[1]*(float)y[k-1]
            +az[2]*(float)z[k-1]);
      px1 = xtr(ay[0]*(float)x[k]+ay[1]*(float)y[k]);
      py1 = ytr(az[0]*(float)x[k]+az[1]*(float)y[k]
            +az[2]*(float)z[k]);
      zdepth =(az[0]*(float)x[k]+az[1]*(float)y[k]
             +az[2]*(float)z[k])/60.0f;
```

```
        if( col == null )   //  原点から距離に応じて色変
            g.setColor( Color.getHSBColor( zdepth, 1.0f, 1.0f ) );
        g.drawLine( px0, py0, px1, py1 );
    }
    //   軸測投影図の座標軸作画メソッド (引数は軸の長さ)
    public void drawAxAxis( float length ){
        float xa[]={0F,0F,0F}, ya[]={0F,0F,0F}, za[]={0F,0F,0F};
        xa[0] = length;  ya[1] = length;  za[2] = length;
        float xe, ye;
        g.setColor( Color.blue );
        for( int i = 0;  i < 3; i++){  // 座標軸
            xe =  ay[0]*xa[i]+ay[1]*ya[i];
            ye =  az[0]*xa[i]+az[1]*ya[i]+az[2]*za[i];
            g.drawLine( xtr(0.0), ytr(0.0), xtr(xe), ytr(ye));
            if(i==0){
                xe = ay[0]*(xa[0]+2.0f); ye = az[0]*(xa[0]+2.0f);
                g.drawString("x", xtr(xe), ytr(ye) ); }
            if(i==1){
                xe = ay[1]*(ya[1]+2.0f); ye = az[1]*(ya[1]+2.0f);
                g.drawString("y", xtr(xe), ytr(ye) ); }
            if(i==2){
                xe = 0.0f;  ye = az[2]*(za[2]+2.0f);
                g.drawString("z", xtr(xe), ytr(ye) ); }
        }
    }
    //  座標点 (x0,y0,z0) に赤色で丸印を描く
    public void plotPoint(double x0, double y0, double z0 ){
        g.setColor( Color.red );
        float xe = ay[0]*(float)x0+ay[1]*(float)y0;
        float ye = az[0]*(float)x0+az[1]*(float)y0+az[2]*(float)z0;
        g.fillOval( xtr(xe)-3, ytr(ye)-3, 6, 6 );
        g.setColor( Color.blue );
    }
```

# 第10章 偏微分方程式

シミュレーションの対象は多くの場合，複数の独立変数からなる**偏微分方程式** (partial differential equation) に対してである．物理的現象を例にとれば，その主要な変数 (従属変数) が時間経過ばかりでなく 3 次元の位置空間 (独立変数) によっても変化するため，具体的な問題を対象とする限り避けられない．偏微分方程式は双曲型，放物型，楕円型の 3 種に分類でき，この型により解の性質や解の挙動が大きく異なることから，解法も方程式の型に依存する．

## 10.1 偏微分方程式の分類と境界条件

自然科学の多くの現象は，未知変数 $f$ が独立変数 $(x, y)$ に関する 2 階までの偏導関数の線形結合として表される 2 階偏微分方程式

$$A\frac{\partial^2 f}{\partial x^2} + B\frac{\partial^2 f}{\partial x \partial y} + C\frac{\partial^2 f}{\partial y^2} + D\frac{\partial f}{\partial x} + E\frac{\partial f}{\partial y} + Ff + G = 0 \tag{10.1}$$

として記述される場合が多い．ここで，$A, B, C, D, F, F, G$ が $x, y$ のみの関数であるとき，偏微分方程式は線形であるという．

偏微分方程式が線形の場合は，係数 $A, B, C$ により，次の 3 種類

$B^2 - 4AC < 0$ であれば **楕円型** (elliptic)
$B^2 - 4AC = 0$ であれば **放物型** (parabolic)
$B^2 - 4AC > 0$ であれば **双曲型** (hyperbolic)

に分類でき，それぞれの型に応じてその解は特徴ある挙動を示し，解法の特徴も自ずから異なってくる．これについては次節以降で詳述する．偏微分方程式が線形の場合は解析解が得られる[19]場合も多いが，非線形の場合は数値解法でしか解が求まらない場合が多く，数値解法は重要である．非線形方程式の場合，上記のような分類法はないが，この場合も局所的に線形化したときの方程式により型を判断し，それに応じた線形方程式に対する解法を適用することになる．

前章でみたように $m$ 階常微分方程式の解析には $m$ 個の境界条件または初期条件

を必要とした．2 階の偏微分方程式の場合もこれら 2 種の条件が必要であり，初期条件は解析の全領域に対して変数 $f$ の分布を与える必要があり，常微分方程式の場合とはかなり様相を異にする．具体的な条件付与は，次節以降で述べる．境界条件は，偏微分方程式の場合も，前章で述べたように第 1 種や第 2 種などがある．

## 10.2 双曲型方程式

双曲型のもっとも簡単な典型例は**波動方程式** (wave equation)

$$\frac{\partial^2 f}{\partial t^2} - u^2 \frac{\partial^2 f}{\partial x^2} = 0 \tag{10.2}$$

である．$f$ は平面上を伝わる波の上下方向の変位，独立変数 $t$ は時間，$x$ は位置であるとし，波が一定速度 $u$ で $x$ 方向に伝播する 1 次元の波動の伝播や弦の振動を表すとみなせば，上式の物理的な理解は容易であろう．$f$ を電場の強さとすれば，上式は真空中の電場の伝播を表す．

上式は因数分解できて次のように表せる．

$$\left(\frac{\partial}{\partial t} + u\frac{\partial}{\partial x}\right)\left(\frac{\partial}{\partial t} - u\frac{\partial}{\partial x}\right) f = 0 \tag{10.3}$$

この第 1 番目のかっこに相当する式を取り出すと，波動方程式と等価な **移流方程式** (advection equation) と呼ばれる次式が得られる．

$$\frac{\partial f}{\partial t} + u\frac{\partial f}{\partial x} = 0 \tag{10.4}$$

この式の一般解は，任意の関数を $F$ として，

$$f(x,t) = F(x - ut) \tag{10.5}$$

で与えられ，例えば，$f = \sin(x - ut)$ や $f = e^{x-ut}$ が式 (10.4) を満たすことは容易に確かめられよう．つまり，移流方程式の変数 $f$ は波の伝播などを特徴的に表すものであり，波形を一定に保ったまま一定速度 $u$ で $x$ 方向に伝播する現象を表す．以下，簡単のため $u$ は正とする．

図 10.1 に三角波の移動を例にして式 (10.5) の状況を示す．$x = ut$ は特性線と呼ばれ，$f$ はこの線に沿って常に同じ値をもつ性質がある．

初期条件にはすべての位置 $x$ における $f$ の分布 $f(x, t_0)$ を必要とする．境界条件としては，例えば，領域 $[a, b]$ の両端点において $x$ 方向への $f$ の変化がないと仮定できれば，次のような第 2 種境界条件となる．

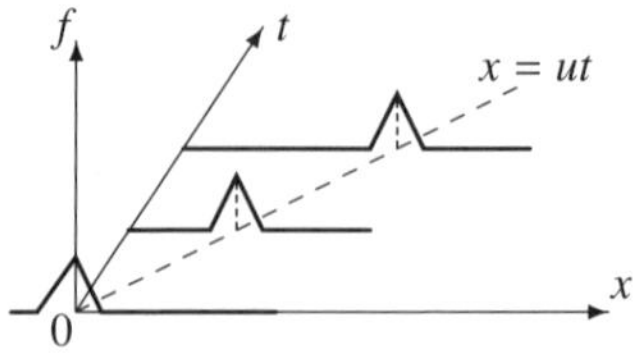


図 **10.1**　三角波の一次元波動

$$\frac{\partial}{\partial x}f(a,\ t) = 0, \quad \frac{\partial}{\partial x}f(b,\ t) = 0 \tag{10.6}$$

## (1) 差分近似式

計算領域 $[a, b]$ を $m$ 等分して (図 10.2)，長さ $\Delta x \{= (b-a)/m\}$ の小区間に分割し，位置 $x_j$ $(j = 0, 1, \ldots, m)$ における初期値 $f_j^0$ は与えられるとする．変数 $f$ の下付き添字は位置，上付き添字は時刻を表す．また，各小区間の内部の状態はその両端における値から推し量れると仮定する．つまり，各小区間内部でも連続性が成り立っているとする．ただし，等分ということは説明の簡単化のためであって，差分化のための絶対条件ではない．

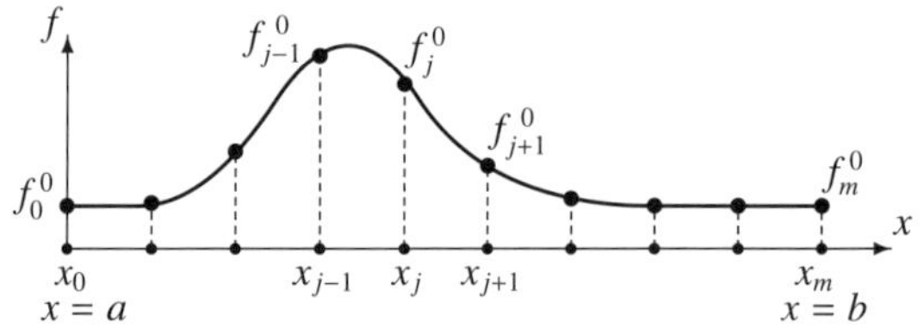


図 **10.2**　領域の離散化と初期値

式 (10.4) の左辺第 1 項 (**非定常項**と呼ばれる) は，時刻 $t = n\Delta t$，位置 $x = j\Delta x$ に対して，Taylor 級数展開による前進差分を用いると次のように表される．

$$\frac{\partial f}{\partial t} = \frac{f_j^{n+1} - f_j^n}{\Delta t} + O(\Delta t) \tag{10.7}$$

一方，左辺第 2 項 (**移流項** (advection term)，または対流項と呼ばれる) に対しては，中心差分

$$u\frac{\partial f}{\partial x} = u\frac{f_{j+1}^n - f_{j-1}^n}{2\Delta x} + O(\Delta x^2) \tag{10.8}$$

あるいは，後退差分 (**上流差分** (upstream difference) と呼ばれる)

$$u\frac{\partial f}{\partial x} = u\frac{f_j^n - f_{j-1}^n}{\Delta x} + O(\Delta x) \tag{10.9}$$

などで表すことができる．打切り誤差は中心差分の方が上流差分より小さいが，差分を考えている点での物理的現象が上流から伝わってくるので，この直感を重んじて上流差分を用いることにしよう．中心差分を用いた場合については後に示す．

式 (10.7)(10.9) の微小項を無視して移流方程式 (10.4) に代入すると，

$$\frac{f_j^{n+1} - f_j^n}{\Delta t} + u\frac{f_j^n - f_{j-1}^n}{\Delta x} = 0 \tag{10.10}$$

となり，これより **上流スキーム** (upstream scheme) と呼ばれる差分式

$$f_j^{n+1} = f_j^n - \frac{u\Delta t}{\Delta x}(f_j^n - f_{j-1}^n) \tag{10.11}$$

が得られる．ここで，$u\Delta t/\Delta x$ は無次元数であり，**Courant** (クーラン) **数**と呼ばれる．以後この値を記号 $\mu$ $(= u\Delta t/\Delta x)$ で表すことにする．

差分近似式に対して，前述のように，初期値

$$f_j^0 = f(x_j, 0), \quad (1 \leqq j \leqq m-1)$$

が与えられ，境界条件が式 (10.6) により与えられると，$f_0^n, f_m^n$ の値は

$$f_0^n = f_1^n, \quad f_m^n = f_{m-1}^n, \quad (n = 0, 1, \ldots)$$

である．時間 $t$ $(= n\Delta t)$ の進行 $(n=1, 2, \ldots)$ に応じて $f_i^n$ の値がすべての $i$ において求まれば，移流方程式は数値的に解けたということになる．

式 (10.11) は，$\mu = 1$ の場合 $f_i^{n+1} = f_{i-1}^n$ となり，波が $i$ の増加方向に形を変えずにそのまま伝わることを示している．すなわち，$\mu = 1$ のとき，式 (10.11) の解は移流方程式の厳密解に一致していることに注意しよう．

式 (10.11) は，時刻 $n$+1 に対する計算に，時刻 $n$ における既知の値を用いて積分する Euler 法による陽解法である．この場合，数値的な信号が周辺の格子点に伝わる速度 $\Delta x/\Delta t$ が物理的な撹乱の伝播速度 $u$ より大きくなければ，数値的にその現象を把握することはできない．すなわち，

$$\frac{\Delta x}{\Delta t} \geqq u \quad \therefore \quad \mu = \frac{u\Delta t}{\Delta x} \leqq 1 \tag{10.12}$$

でなければならない．この条件 $(\mu \leqq 1)$ を **CFL** (Courant-Friedrich-Lewy) **条件**といい，陽解法で解が求まるための必要条件となる．

$\mu$ はプログラマまたはシミュレーションを実行する人が決めるべき数値計算上重要な値であり，空間の解像度を増すため刻み $\Delta x$ を細かくしたければ，時間の刻み $\Delta t$ も小さくしなければならない．

**例題 10.1**　領域 [0, 1] で，初期条件として $x < 0.2$ で $f(x, 0) = 1$，$x \geqq 0.2$ で $f(x, 0) = 0$，$u = 2$ として式 (10.11) を解く．

**(解)**　領域の等分数を $m = 20$ として解いた結果を図 10.3 に示す．$\mu = 1$ の場合の解は省略したが，波が初期状態の形状を保ったまま，右方向へ進んでいく．図の (a) は $\mu = 0.8$ ($\Delta t = 0.02$) の結果であり，安定に解が得られるが，波の形状は次第に丸みを帯びていく．一方，図の (b) は $\mu = 1.04$ ($\Delta t = 0.026$) の場合であり，波形の先端部の値が急速に拡大して解が発散し，安定な解は $\mu \leqq 1$ のときのみに得られる．

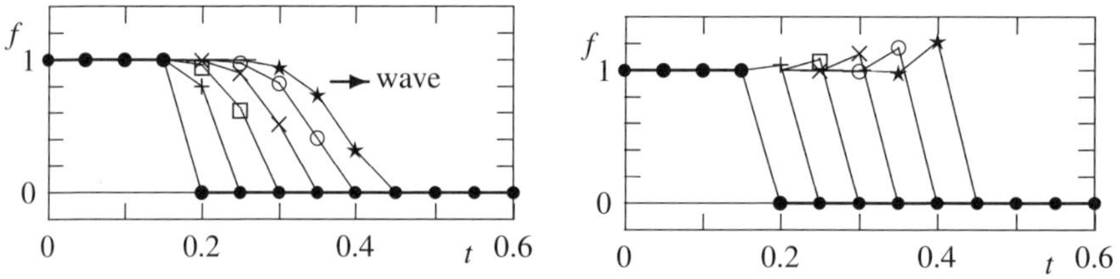


(a) $\mu = 0.8$ の場合　　(b) $\mu = 1.04$ の場合

**図 10.3　移流方程式の解**

上例でみたように，偏微分方程式の初期値問題に対する数値解でも，同じ差分式で収束する場合もあれば不安定になる場合もある．これに関して Lax (ラックス) **の同等定理** (equivalence)[18] は重要である．この定理は正確には線形方程式に対するものであるが，初期値問題で収束する唯一のスキームは安定で**適合** (consistent) するスキームであるとしている．スキームが適合とは，差分式が $\Delta x \to 0$ のとき元の微分方程式のよい近似であるときをいう．差分式 (10.10) は明らかに適合条件を満たす．したがって，差分式の安定性は収束する ($\Delta x \to 0$ のとき元の偏微分方程式の解に近づく) ための必要十分条件である．

## (2) von Neuman (フォン・ノイマン) の安定判別

解法が安定でなければ収束解は得られない．差分スキームの安定判別を行うのに von Neumann の方法は非常に有用であり，安定性の評価に重要な指針を与える．この方法は，厳密には等間隔格子上の線形な初期値問題に適用されるものであり，差分方程式の解を Fourier 級数に展開して，それぞれの Fourier 成分の振幅が増大するか減衰するかを調べる方法である．

解の Fourier 級数のそれぞれの成分は次式で代表的に表すことができる．

$$f_j^n = V^n e^{ikj\Delta x} = V^n e^{ij\theta} \quad (\theta = k\Delta x) \tag{10.13}$$

ただし，$k$ は波数 (波長を $\lambda$ とすると，$k = 2\pi/\lambda$)，$V^n$ は波数が $k$ である特定の成分の時刻 $n$ における振幅 (複素数)，$i$ は虚数 $i = \sqrt{-1}$ である．したがって，周波数を決める変数 $\theta$ の取り得る範囲は $0 \leqq \theta \leqq \pi$ であり，$\theta$ が大きいほど高周波の成分を表す (図 10.4).

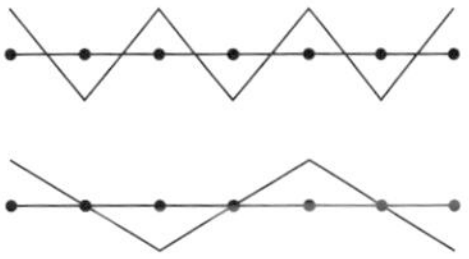


**図 10.4** $\theta$ の値と波の形

上式を，上流差分スキーム，式 (10.11)，に代入し，ついで両辺を $e^{ij\theta}$ で割ると次式を得る．

$$V^{n+1} = V^n\{1 - \mu(1 - e^{-i\theta})\} \equiv GV^n \tag{10.14}$$

ここで，$G$ は $\theta$ に対する増幅割合 (複素数) を表し，増幅係数行列と呼ばれる．$e^{i\theta} = \cos\theta + i\sin\theta$ であるから，上式の $G$ の値は

$$G = 1 - \mu(1 - \cos\theta + i\sin\theta) = |G|e^{i\phi} \tag{10.15}$$

のように表せる．ただし，$\phi$ は位相角 $\{\tan\phi = \mathcal{I}(G)/\mathcal{R}(G)\}$ である．

数値的な擾乱が減衰するためには $|G| \leqq 1$ でなければならないから，上式より

$$|G|^2 = \{1 - \mu(1 - \cos\theta)\}^2 + (\mu\sin\theta)^2 = 1 - 2\mu(1 - \mu)(1 - \cos\theta) \tag{10.16}$$

となり，$(1 - \cos\theta) \geqq 0$ であるから，上流スキームの安定条件は次式で表され，

$$\mu \leqq 1, \qquad \text{あるいは} \qquad \Delta t \leqq \Delta x/u \tag{10.17}$$

よって，CFL 条件が成立する範囲では安定であることがわかる．また，式 (10.16) より $|G|^2$ は $\theta$ が大きいほど (高調波ほど) 大きく減衰することが知れる．

位相角 $\phi$ は，式 (10.15) より次式で表される．

$$\tan\phi = \frac{-\mu\sin\theta}{1 - \mu(1 - \cos\theta)} \tag{10.18}$$

移流方程式の一般解が $e^{x-ut}$ であることから，解を $f = Ce^{x-ut}$ とみなせば，

$$f_j^n = Ce^{ik(j\Delta x - un\Delta t)}, \tag{10.19a}$$

$$f_j^{n+1} = Cf_j^n e^{-iku\Delta t} = Cf_j^n e^{-i\mu\theta} \tag{10.19b}$$

となるので，$|G|$ の厳密解は 1，$\phi$ の厳密解は $-\mu\theta$ である．そこで，式 (10.16) か

らの $|G|$ と式 (10.18) よりの $\phi$ を，それぞれの厳密解との比として表し，$\theta$ との関係を極座標で表すと図 10.5 のようになる．$\mu = 1$ の場合はいずれにも誤差はないが，$\mu < 1$ では $|G|$ が大きく減ずるばかりか，$\mu < 0.5$ で位相も大幅に遅れ，$0.5 < \mu < 1.0$ では位相が進んでいる．

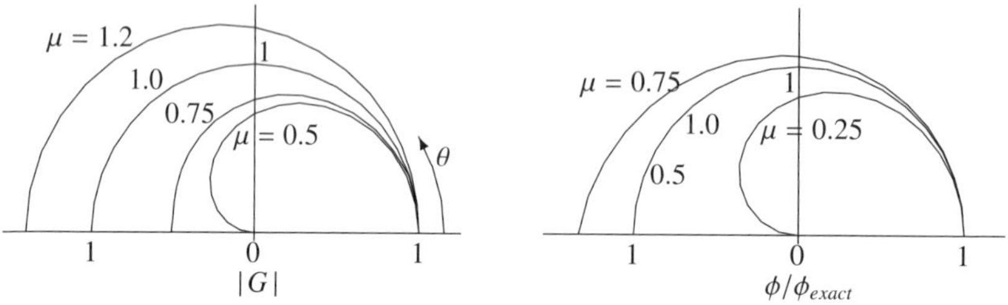


図 **10.5** 上流スキームの増幅係数と相対位相誤差

一方，移流項に，上流差分の代わりに中心差分, 式 (10.8), を用いた場合の陽解法スキーム ( **FTCS** ( forward time and centered space ) スキームという) は

$$f_j^{n+1} = f_j^n - \frac{\mu}{2}(f_{j+1}^n - f_{j-1}^n) \tag{10.20}$$

と表せる．これに対する安定解析をすれば，

$$|G|^2 = 1 + 4\mu^2 \sin^2\theta$$

となり，$|G| \geqq 1$ であるから無条件に不安定であり，移流方程式の計算には利用できないことが知れる．

## (3) 数値拡散

移流方程式の厳密解は波形は変わらずに位置のみが移動していくが，$\mu$ の小さい値をとるとき，図 10.3(a) で見たように，波形の形がなまってくる．その原因を調べてみよう．

移流方程式を離散化した際に，非定常項に対しては

$$\frac{\partial f}{\partial t} = \frac{f_j^{n+1} - f_j^n}{\Delta t} + \frac{1}{2}\Delta t\frac{\partial^2 f}{\partial t^2} + O\{\Delta t^2\} \tag{10.21}$$

より，右辺第2項以降を打切って使用した．この打切り項の筆頭項を残し，また，移流項に対し後退差分式 (10.9) 式で表した際に打切った剰余項の筆頭項を残すと，

$$\frac{f_j^{n+1} - f_j^n}{\Delta t} + u\frac{f_j^n - f_{j-1}^n}{\Delta x} = \frac{\partial f}{\partial t} + u\frac{\partial f}{\partial x} - \frac{1}{2}\Delta t\frac{\partial^2 f}{\partial t^2} - \frac{1}{2}u\Delta x\frac{\partial^2 f}{\partial x^2} = 0 \tag{10.22}$$

となる．$u$ は一定と仮定しているから，

$$\frac{\partial^2 f}{\partial t^2} = \frac{\partial}{\partial t}\left(-u\frac{\partial f}{\partial x}\right) = -u\frac{\partial}{\partial x}\left(\frac{\partial f}{\partial t}\right) = u^2\frac{\partial^2 f}{\partial x^2} \tag{10.23}$$

の関係が成り立つ．よって，上流差分式 (10.10) は次式

$$\frac{\partial f}{\partial t} + u\frac{\partial f}{\partial x} = \alpha_e\frac{\partial^2 f}{\partial x^2}, \qquad \alpha_e = \frac{u\Delta x}{2}(1-\mu) \geqq 0 \tag{10.24}$$

と等価ということになる．すなわち，移流方程式を上流差分式に変換した際に，上式右辺の項 $\alpha_e\,\partial^2 f/\partial x^2$ が誘起されたことがわかる．この 2 階の微分項は**拡散項**と呼ばれ，後述するように，煙が空中で拡散して平均化するような拡散効果を表し，これが解をなまらせる原因となっている．この差分により導入された影響を**数値拡散** (numerical diffusion) という．Courant 数 $\mu$ が小さいほど計算は一般に安定化するが，数値拡散は大になるので，刻み幅 $\Delta x$ を小さくしなければならない．

一方，式 (10.23) を式 (10.21) の右辺第 2 項に代入することにより，時間微分の 2 次精度差分式が次式で与えられることがわかる．

$$\frac{\partial f}{\partial t} = \frac{f_j^{n+1} - f_j^n}{\Delta t} - \frac{u^2\Delta t}{2}\frac{\partial^2 f}{\partial x^2} + O\{\Delta t^2\} \tag{10.25}$$

この右辺第 2 項の拡散項に対して 2 次精度の中心差分

$$\frac{\partial^2 f}{\partial x^2} = \frac{f_{j+1}^{\,n} - 2f_j^{\,n} + f_{j-1}^{\,n}}{\Delta x^2} + O(\Delta x^2) \tag{10.26}$$

を用い，移流項にも 2 次精度の中心差分，式 (10.8), を用いれば，**Lax–Wendroff** (ベンドロフ) **法**と呼ばれる次式が得られる．

$$f_j^{n+1} = f_j^n - \frac{\mu}{2}(f_{j+1}^{\,n} - f_{j-1}^{\,n}) + \frac{\mu^2}{2}(f_{j+1}^{\,n} - 2f_j^{\,n} + f_{j-1}^{\,n}) \tag{10.27}$$

上記スキームの安定解析により

$$|G|^2 = 1 - \mu^2(1-\cos\theta)^2(1-\mu^2) \tag{10.28}$$

が得られ，$\mu \leqq 1$ で安定であることがわかる．付加項の拡散作用の影響は上流差分スキームより小さいことから，この方法は航空分野でよく用いられている[20]．

式 (10.27) の打切り誤差の筆頭項は $(\Delta x^2)\partial^3 f/\partial x^3$ であり，3 階微分項も 2 階微分項と同様な数値拡散効果をもたらすが，奇数階の微分項は振動解をもたらし[20]，$f$ の勾配が急変する近傍でオーバーシュートする傾向がある．

双曲型の問題は，波形が形を変えずに進み，波形の進み速度に応じて解が局所的に大きく変動する特徴がある．その解析には数値拡散が小さく，高い Courant 数 ($\mu \leqq 1$) で計算できる安定な解法が必要になる．また，上述の上流スキームは 1 次精度であるが，普通，2 次あるいは 3 次精度の上流スキーム (表 8.1 参照) が用いら

れる．また，式 (10.27) のように Euler 法で非定常項の精度を上げるほかに，多段法を用いる方法も効果的であり，これについては後に {10.3(3) 項 } 示す．

**問題 10.1**　初期条件に図 10.1 に示すような三角波を与えた移流方程式の解を, $t = 0.05$ とし，$t \leqq 0.25$ の範囲で解いて，結果を図示せよ．

**問題 10.2**　線形偏微分方程式の多くは変数分離法により解析的に解ける．この方法は，関数 $f(x,t)$ に対し $t$ のみの関数 $F(t)$ と $x$ のみの関数 $G(x)$ の積として $f(x,t) = F(t)G(x)$ と表し，$F(t), G(x)$ を求める方法である．移流方程式を変数分離法で解け．

**問題 10.3**　移流方程式に対する Lax-Wendroff 法の増幅係数と相対位相誤差を求め，図示せよ．

**問題 10.4**　Lax-Wendroff 法，式 (10.27) の数値拡散はどのように表せるか．

## 10.3　放物型方程式

### (1) 拡散方程式

放物型偏微分方程式の最も簡単な例として，熱伝導方程式などとも同じ型をもつ**拡散方程式**を取り上げてみよう．

$$\frac{\partial f}{\partial t} = \alpha \frac{\partial^2 f}{\partial x^2} \tag{10.29}$$

ここで $\alpha$ は定数であり，拡散係数と呼ばれる．

時間に前進，空間に中心差分を用いる FTCS スキームを適用すると，

$$f_j^{n+1} = f_j^n + \frac{\alpha \Delta t}{\Delta x^2}(f_{j+1}^n - 2f_j^n + f_{j-1}^n) \tag{10.30}$$

を得る．ここで，$\alpha \Delta t / \Delta x^2$ は無次元数であり，**拡散数** (diffusion number) と呼ばれる．この値を以後 $\nu\ (= \alpha \Delta t / \Delta x^2\ )$ と表すことにする．

von Neumann の安定解析によれば,

$$G = 1 - 2\nu(1 - \cos\theta) \tag{10.31}$$

が得られ，位相誤差はない．$G$ は $\theta$ とともに単調に減少し，$|G| \leqq 1$ が成り立つための条件は次のようになる．

$\nu \leqq 1/2,$　　または　$\Delta t \leqq \Delta x^2/2\alpha$

拡散方程式を変数分離法により解けば，その基本解が $A_k e^{-\alpha k^2 t} \sin kx \ (k = 1, 2, \ldots)$ となるので，その Fourier 成分

$$f_j^n = A_k e^{-\alpha k^2 n \Delta t} \sin(kj\Delta x), \tag{10.32a}$$

$$f_j^{n+1} = f_j^n e^{-\alpha k^2 \Delta t} \tag{10.32b}$$

より，$G$ の厳密解は $e^{-\nu\theta^2}$ である．

この $G$ の厳密解 $G_{exact}$ と式 (10.31) による値を求め，$\theta$ による変化を図 10.6 に示す．$\nu$ が小さい $\nu = 0.25$ の場合は $G$ と $G_{exact}$ の差が小さく，誤差は少ない．しかし，$\nu$ が大きい $\nu = 0.5$ の場合は $\theta$ が大きい高周波領域で誤差がかなり大になる．

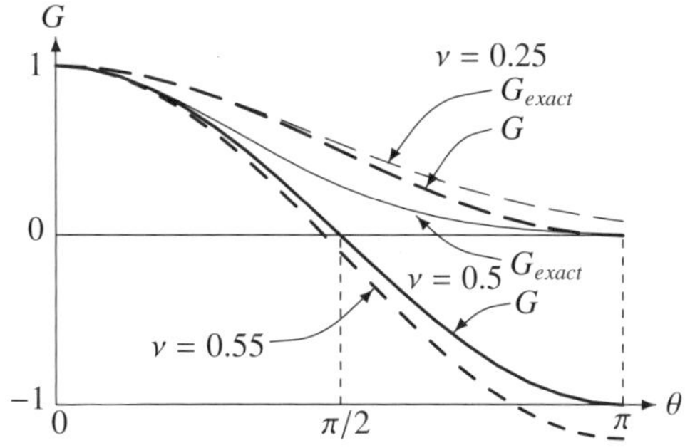


**図 10.6　拡散方程式の増幅係数**

拡散方程式の FTCS スキームの安定条件 $\nu \leqq 0.5$ は，CFL 条件 $(\mu \leqq 1)$ よりも制約が厳しい．つまり近似度を上げようと空間の刻み幅 $\Delta x$ を小さくすると，時間の刻み幅 $\Delta t$ はその 2 乗に比例して小さくしなくてはいけないことを意味する．例えば $\Delta x$ を 1/4 にすれば $\Delta t$ を 1/16 にしなければならず，同じ問題の解析に 16 倍の計算時間がかかることになる．

**例題 10.2**　拡散方程式に対する差分スキーム，式 (10.30)，を，領域 [0, 1] において，初期条件を $x = 0.5$ において $f = 1$ であるがほかの $x$ では $z = 0$ とし，境界条件式 (10.6) を用いて解く．

**(解)**　$\Delta x = 1/20,\ \alpha = 0.01,\ \Delta t = 0.075\ (d = 0.3)$ としたときの $n = 0, 3, 6, 9$ における計算結果を図 10.7 に示す．

拡散方程式の解 (図 10.7) は，濃度や温度などが周囲に拡散し，平均化する状況

を表している．高周波成分ほど速く減衰し，きわめて短時間に最高点の値は低下するが，平坦化がある程度進むと，平均化は極めてわずかづつしか進まない．

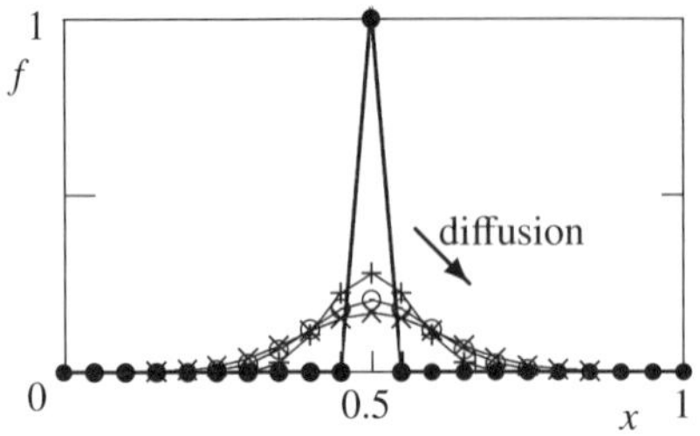


図 **10.7**　拡散方程式の解

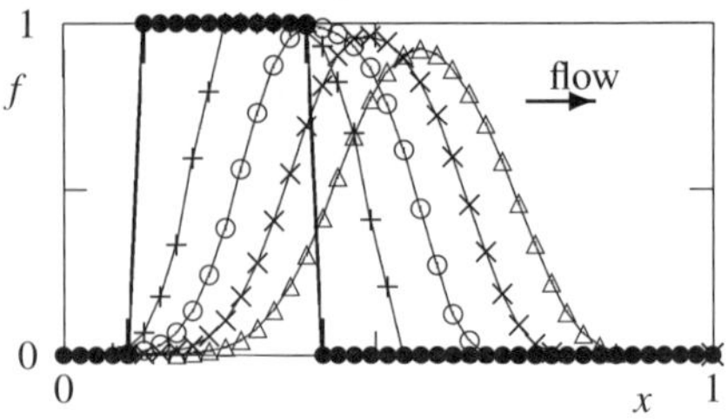


図 **10.8**　移流拡散方程式の解

## (2) 移流拡散方程式

拡散方程式に移流項を含んだ移流拡散方程式

$$\frac{\partial f}{\partial t} + u\frac{\partial f}{\partial x} = \alpha\frac{\partial^2 f}{\partial x^2} \tag{10.33}$$

の方がより一般的であり，多くの分野に見られる．この場合も，放物型である．

時間に前進差分，空間に中心差分 (FTCS) を用いると次式を得る．

$$f_j^{n+1} = f_j^n - \frac{\mu}{2}(f_{j+1}^n - f_{j-1}^n) + \nu(f_{j+1}^n - 2f_j^n + f_{j-1}^n) \tag{10.34}$$

von Neumann の安定解析から

$$G = 1 - i\mu\sin\theta - 2\nu(1-\cos\theta)$$

が得られ，これより，

$$|G|^2 = 1 - (1-\cos\theta)\{4\nu - 4\nu^2(1-\cos\theta) - \mu^2(1+\cos\theta)\} \tag{10.35}$$

を得る．$\theta$ が大きい高周波のとき ($\cos\theta \doteqdot -1$) は $|G|^2 \leqq 1$ となる条件は $\nu \leqq 1/2$，また $\theta \to 0$ のときは $|G|^2 \to 1$ となり，安定条件は $\nu \leqq 1/2$ である．

図 10.8 は，式 (10.34) に台形状の初期値 (黒丸印) を与え，$u = 3$, $\alpha = 0.016$, $dt = 0.005$, $h = 0.025$ ($\nu = 0.128$, $\mu = 0.6$) としたときの計算結果を示す．移動に伴なう拡散現象を表し，高周波成分を伴う波形の鋭角部が鈍化し平均化していく様子が知れる．

## (3) 非定常項の高精度化

放物型では拡散数 $\nu$ が大きい場合，高周波成分を含む領域での解が正確ではなかった．大きい拡散数でも正確に計算できるようにするには，前述のような非定常項に対して前進差分 (Euler 法) を用いるのではなく，より高精度の Runge-Kutta 法や多段法の利用が考えらる．

ここでは，先の移流拡散方程式を例にとり，次のように表し，

$$\frac{\partial f}{\partial t} = -u\frac{\partial f}{\partial x} + \alpha\frac{\partial^2 f}{\partial x^2} \equiv g(x,t) \tag{10.36}$$

上式に改良 Euler 法を，予測子修正子法として用いると

$$\widetilde{f}_j = f_j^n + \Delta t\, g_j^n, \tag{10.37a}$$

$$f_j^{n+1} = f_j^n + \frac{1}{2}\Delta t\,(g_j^n + \widetilde{g}_j) \tag{10.37b}$$

となる．通常，記憶容量を節約するため，式 (10.37b) は次式に変形して用いる．

$$f_j^{n+1} = \frac{1}{2}(f_j^n + \widetilde{f}_j + \Delta t\,\widetilde{g}_j) \tag{10.37c}$$

あるいは Adams–Bashforth 公式，式 (9,26)，を用いて時間進行させることもできる．$g$ の計算負荷が小さければ Adams–Bashforth–Moulton 公式による予測子修正子法を適用することもできよう．ただし，2 次元や 3 次元計算では一般に $g$ の計算負荷が大きいので，Adams–Bashforth 公式の予測子のみを用いる[21] 場合が多い．

改良 Euler 法の安定条件は $\nu \leqq 1/2$ であるが，Adams–Bashforth 公式による予測子や Adams–Bashforth–Moulton 公式よる予測子修正子法はより小さい $\nu$ でなければ安定ではない．

時空間で高精度に時間進行させることができる方法として **CIP 法** (Cubic Interpolated Pseudo-particle method)[22] がある．この方法は，上流の 1 つの格子間 (セル) における $f$ の変化を 3 次式 (1 曲線セグメントに対する 3 次スプライン補間関数) としてとらえ，移流方程式の性質を利用して波形を平行移動させる方法である．式 (10.33) とこれを $x$ で偏微分した式は，$g = \partial f/\partial x$ と表せば，

$$\frac{\partial f}{\partial t} + u\frac{\partial f}{\partial x} = \alpha\frac{\partial^2 f}{\partial x^2} \equiv H, \tag{10.38a}$$

$$\frac{\partial g}{\partial t} + u\frac{\partial g}{\partial x} = \frac{\partial H}{\partial x} \quad \left(= \alpha\frac{\partial^2 g}{\partial x^2}\right) \tag{10.38b}$$

となり，これを $f, g$ につきそれぞれ 2 段階で解く．第 1 段 (移流相という) では上式右辺の拡散項を無視し移流方程式として中間値 $\overline{f}, \overline{g}$ を求め，第 2 段 (非移流相と呼ばれる) では無視した拡散項を差分式で解いて時間発展させる．すなわち，

$$\frac{\widetilde{f} - f_j^n}{\Delta t} + u\frac{\partial f}{\partial x} = 0, \qquad \frac{\widetilde{g} - g_j^n}{\Delta t} + u\frac{\partial g}{\partial x} = 0 \tag{10.39a}$$

$$\frac{f_j^{n+1}-\widetilde{f}}{\Delta t}=\alpha\frac{f_{j-1}^{n}-2f_j^{n}+f_{j+1}^{n}}{\Delta x},\qquad \frac{g_j^{n+1}-\widetilde{g}}{\Delta t}=\alpha\frac{g_{j-1}^{n}-2g_j^{n}+g_{j+1}^{n}}{\Delta x} \tag{10.39b}$$

この第1段の移流方程式の解は，$f, g$ の関数形 $F, G$ が既知であれば $\widetilde{f}=F(-u\Delta t)$, $\widetilde{g}=G(-u\Delta t)$ として正確に解が求まり，第2段は拡散方程式の差分式である．

上流側セルにおける格子点 $(x_{j-1}, x_j)$ の $f$ の値 $(f_{j-1}, f_j)$ とその微係数 $(g_{j-1}, g_j)$ が既知の場合，3次スプライン補間関数

$$f(x)=a+bx+cx^2+dx^3,\quad f'(x)\equiv g(x)=b+2cx+3dx^2 \tag{10.40}$$

の係数 $a, b, c, d$ は $e$ を定数として次のようにして求められる．

$$a=f_j,\quad b=f'_j,\quad e=\frac{f_{j-1}-f_j}{\Delta x},\quad c=\frac{3e+(2f'_j+f'_{j-1})}{\Delta x},\quad d=\frac{2e+(f'_j+f'_{j-1})}{\Delta x^2}$$

CIP法は液体，気体，固体に関わるどの問題に対しても統一的に適用できる方法として提案されており，精度は時間・空間ともに3次精度である[22]とされ，正確で安定性に定評がある．ただし，計算負荷は高い．

移流方程式に対する陽解法では，拡散数 $\nu$ が支配的な無次元数であるが，Courant数 $\mu$ も影響を及ぼす．これまでに挙げた種々のスキームに対して，$\nu, \mu$ の値を変えてその影響を知ることができるJavaプログラムを以下に示す．このプログラムでは，解をリアルタイムで示すためアニメーションの手法を導入する．

このプログラムを実行することにより，以下のようなことが観察できよう．

1) 移流速度が小さい場合，すなわちCourant数が小さい場合 ($\mu \fallingdotseq 0.1$) は，$\nu \leqq 0.45$ ですべてのスキームは安定であり，誤差は少ない．
2) Courant数が大きくなると，$\nu > 0.3$ 程度で不安定になるスキームが多い．ただし，FTCSスキームと改良Euler法は $\nu \leqq 1/2$ の範囲で安定であり，CIP法は $\nu$ が1/2により若干大きい範囲まで安定である．
3) 改良Euler法やCIP法などの高精度解法は，安定ならばいずれもほぼ同じ値を示し，正確な解を与える．これらに比べ，FTCSスキームは過大な値を与え，非定常項に対して精度の低いEuler解法を用いた影響が現れる．また，1次上流差分は過少な値を与え，数値拡散の影響が現れる．

**☆ 移流拡散方程式に対するプログラム**　移流拡散方程式に対する種々のスキームによる解析結果を比較するため，空間刻み幅 $\Delta x$ は一定のまま，時間刻み幅 $\Delta t$ を変えて拡散数 $\nu$ を変え，また移流速度を変えてCourant数 $\mu$ を変えることができるようにしたJavaシミュレーションのプログラム例をProgram 10.1に示す．図10.9

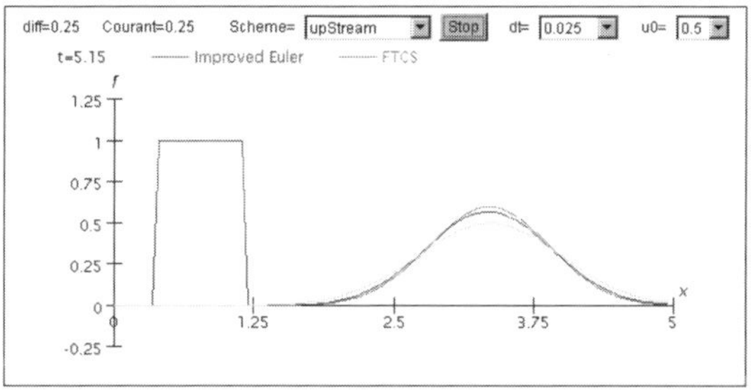


図 **10.9** プログラム **10.1** のアプレット画面

がその出力画面である．改良 Euler 法の精度はかなり高いので，この結果と標準的な FTCS 法と対比して，それぞれのスキームの結果を併記することにより，精度や安定性が対比できるようにしてある．プログラム構成法は従前のものと同じであり，アプレットの制御クラス，解析クラスと `GraphTools` とから構成されている．

**Program 10.1** 移流拡散方程式のシミュレーション (スキームの比較)

```
/**      移流拡散方程式のシミュレーション
import java.applet.Applet;
import java.awt.*;
import java.awt.event.*;

public class Convection extends Applet
               implements ItemListener,ActionListener,Runnable{
   private Image img;  private GraphTools gt;  private Graphics bg;
   private ConvecSolver sol = new ConvecSolver();
   private Choice dtChoice = new Choice(), schemCh = new Choice();
   private Choice uChoice  = new Choice();
   private Label diffLabel = new Label(), courLabel = new Label();
   private Button button = new Button();
   private Thread anime = null;    // 並列処理のためのスレッド
   private String scheme = "CIP";  // スキーム

   // GUI 環境 (対話型画面) の設定
   public void init(){
      int width=getSize().width,  height=getSize().height;// 描画寸法
      img = createImage( width, height );
      bg = img.getGraphics();
      gt = new GraphTools( width, height, bg );
      //   拡散数, Courant 数の表示 (ラベル)
      String str = "diff="+sol.getDiff()+"   ";
      diffLabel.setText( str );  add( diffLabel );
      str = "Courant="+sol.getCour()+"  ";
      courLabel.setText( str ); add( courLabel );
      //  スキームの表示 (チョイス)
      add(new Label("Scheme=", Label.RIGHT ));
      schemCh.addItem( "CIP" );   schemCh.addItem( "upStream" );
```

```
        schemCh.addItem("LaxWendroff"); schemCh.addItem("AdamsBash2");
        schemCh.addItem( "AdamsBash3" ); schemCh.addItem( "PC2" );
        schemCh.select( 0 );   add( schemCh );
        //  ボタン取付け
        button.setLabel( "Start" );  add(button);
        //  時間の刻みと速度の選択 (チョイス)
        double[] dt ={ 0.01,0.025,0.035,0.045,0.05,0.0505,0.052,0.054};
        for(int i=0; i<dt.length ; i++) dtChoice.addItem(""+ dt[i]);
        dtChoice.select(4);                // 初期値を 3 番目の値に設定
          add( new Label("dt=",Label.RIGHT));  add( dtChoice );
        double[] u = { 0.1, 0.5, 0.8, 1.0, 1.2 };
        for(int i=0; i<u.length; i++) uChoice.addItem(""+u[i]);
        uChoice.select(2);
          add( new Label("u=",Label.RIGHT)); add( uChoice);
        //  イベントの登録
        dtChoice.addItemListener( this );
        button.addActionListener( this );
        schemCh.addItemListener( this );
        uChoice.addItemListener( this );
        //  初期化
        gt.viewPort( 40, 0, false, sol.range );
    }
    //  GUI 環境を用いたイベント処理
    public void actionPerformed( ActionEvent ev ){  // ボタン
        String str;
        if( ev.getSource() == button ){
            str = button.getLabel();      // ボタンのラベルを取得
            if( str.equals("Start")){     // Start ボタンが押されたとき
                if( anime == null ){
                    anime = new Thread( this );  // スレッドの生成
                    anime.start();               // アニメーション開始
                    button.setLabel("Stop");     // ボタンの表示を変更
                }
            }
            if( str.equals("Stop")){  stop(); }
        }
    }
    public void stop(){
        anime = null;                          // スレッドの消滅
        button.setLabel("Start");              // ボタンの表示変更
    }
    public void itemStateChanged( ItemEvent ev ){  // チョイス
        String str;
        if( ev.getSource() == dtChoice ){      // 時刻刻みの変更処理
            stop();
            str = dtChoice.getSelectedItem(); // 選択項目の文字を取得
            sol.dt = Double.valueOf( str ).doubleValue();// 実数に変更
            diffLabel.setText("diff="+sol.getDiff() ); // 拡散数を更新
            courLabel.setText("Courant="+sol.getCour() );
            sol.initData();  repaint();        // 再初期化
        }
        if( ev.getSource() == schemCh){        // スキームの変更処置
            stop();
            scheme = schemCh.getSelectedItem();
            sol.initData();  repaint();        // 再描画
```

```
      }
      if( ev.getSource() == uChoice ){      // 速度 u の変更処理
         stop();
         str = uChoice.getSelectedItem();
         sol.u0 = Double.valueOf( str ).doubleValue();
         courLabel.setText("Courant="+sol.getCour() );
         sol.initData();  repaint();
      }
   }
   public void update( Graphics g ){  paint(g); }
   //  アニメーションの実行処理
   public void run(){
      while( anime != null ){
         if( sol.t >= 7.0 ) stop();           //  計算終了
         sol.FTCSmethod();                    //  FTCS scheme
         sol.improvedEuler();                 //  改良 Euler 法
         if( scheme.equals( "CIP") )          sol.CIPmethod();// CIP 法
         if( scheme.equals("upStream") )      sol.upStream();
         if( scheme.equals("LaxWendroff"))    sol.LaxWendroff();
         if( scheme.equals("AdamsBash2" ))    sol.AdamsBash2();
         if( scheme.equals( "PC2" ))          sol.PC2method();
         sol.step++;
         repaint();
         try{ anime.sleep( 100 ); }      //  1 回計算ごとに 100ms 休止
         catch( InterruptedException e ){ }// 割込みエラーは無視
      }
   }
   //  ペイントメソッド (メインルーチンとして使用)
   public void paint( Graphics g ){
      drawConvec( );
      g.drawImage( img, 0, 0, this );
   }
   //  移流拡散方程式特有の計算・描画処置
   private void drawConvec( ){
      gt.clearImage();
      int N = sol.Nx;
      gt.plotData(sol.x, sol.fs, N, Color.lightGray, null);//初期値
      gt.drawAxis( "x", 4, "f", 6 );           // 座標軸の描画
      if(sol.t != 0.0){
         gt.plotData( sol.x, sol.ft, N, Color.red,  null );
         gt.plotData( sol.x, sol.fr, N, Color.blue, null );
         gt.plotData( sol.x, sol.fc, N, Color.green, null );
      }
      bg.setColor( Color.blue );
      bg.drawLine(120,40,150,40);
         bg.drawString("Improved Euler",155,45);
      bg.setColor( Color.red );
      bg.drawLine( 270,40,300,40); bg.drawString("FTCS",305,45);
      bg.clearRect(40,15,80,3);     bg.setColor( Color.black );
      bg.drawString(" t="+(float)sol.t, 40, 45 );
   }
}
// =====  移流拡散方程式の解析クラス  =====
class ConvecSolver{
   public double dt = 0.05, dx;       // 時間と空間の刻み幅
```

```
    public int Nx = 100,  step = 1;  // 分割数とステップ数
    public double[] x= new double[Nx+1],    fs = new double[Nx+1];
    public double[] ft = new double[Nx+1],  fr = new double[Nx+1];
    public double[] fc = new double[Nx+1];
    private double[] ft0 =new double[Nx+1], fr0= new double[Nx+1];
    private double[] fc0= new double[Nx+1], fp = new double [Nx+1];
    private double alpha = 0.025;   // 拡散係数
    private double diff;            // 拡散数
    private double Cour;            // Courant 数
    public double u0 = 0.8;         // 移流速度
    public double t;    ;           // 時間
    //   グラフィック表示用の変数
    public double[] range={ 0.0, 5.0, -0.25, 1.25 };

    // コンストラクタ (起動時の初期化メソッド)
    public ConvecSolver(){
       dx = (range[1]-range[0])/(double)(Nx);
       for(int i=0; i<Nx; i++) x[i]=dx*(double)i;
       for(int i=0; i<Nx; i++){    //  初期条件
          fs[i] = 1.0;
          if( i < (int)(0.4/dx) || i> (int)(1.2/dx)) fs[i] = 0.0;
       }
       initData();
    }
    public void initData(){         //    初期条件の代入
       Cour = u0*dt/dx;       t = 0.0 ;  step = 1;
       diff = alpha*dt/(dx*dx);
       System.arraycopy( fs, 0, ft0, 0, Nx+1 ); // 配列 fs を ft0 に複写
       System.arraycopy( fs, 0, fr0, 0, Nx+1 );
       System.arraycopy( fs, 0, fc0, 0, Nx+1 );
    }
    //  拡散数・Courant 数の変更，取得メソッド
    public float getDiff(){
       diff = alpha*dt/(dx*dx); return (float)diff;
    }
    public float getCour(){
       Cour= u0*dt/dx;  return (float)Cour;
    }
    //  FTCS スキームによる移対流拡散方程式の計算
    public void FTCSmethod(){
       for(int i=1;i<Nx;i++)
          ft[i] = ft0[i]+convec(ft0[i-1],ft0[i],ft0[i+1]);
       setBoundary( ft );           //  境界条件の代入
       System.arraycopy( ft, 0, ft0, 0, Nx );
       t += dt;
    }
    //  関数計算メソッド (移流項と拡散項の計算)
    private double convec( double fm1, double f0, double fp1){
       return -0.5*Cour*(fp1-fm1)+diff*(fp1-2.0*f0+fm1);
    }
    //  境界条件の代入
    public void setBoundary( double f[] ){
       f[0] = 0.0;     f[Nx-1] = f[Nx-2];
    }
    // ===  改良 Euler 法による予測子修正子法 ===
```

## 10.3 放物型方程式

```java
196     vpublic void improvedEuler(){
197         for( int i=1; i<Nx; i++)
198             fp[i] = fr0[i]+convec( fr0[i-1], fr0[i], fr0[i+1] );
199         setBoundary( fp );              // 境界条件の代入
200         for(int i=1; i<Nx; i++)
201             fr[i]=0.5*( fr0[i]+fp[i]+convec(fp[i-1],fp[i],fp[i+1]) );
202         setBoundary( fr );
203         System.arraycopy( fr, 0, fr0, 0, Nx );
204     }
205     //   1次上流差分
206     public void upStream(){
207         for(int i=1; i<Nx; i++)
208             fc[i] = fc0[i]+convecUp( fc0[i-1], fc0[i], fc0[i+1] );
209         setBoundary( fc );
210         System.arraycopy( fc, 0, fc0, 0, Nx );
211     }
212     private double convecUp( double fm1, double f0, double fp1 ){
213         return -Cour*(f0-fm1)+diff*(fp1-2.0*f0+fm1);
214     }
215     //    Lax-Wendroff 法
216     public void LaxWendroff(){
217         double aa = 0.5*Cour*Cour+diff;
218         for(int i=1; i<Nx; i++)
219             fc[i] = convecLW(fc0[i-1],fc0[i],fc0[i+1],aa);
220         setBoundary( fc );
221         System.arraycopy( fc, 0, fc0, 0, Nx );
222     }
223     private double convecLW(double fm1,double f0,double fp1,
224                             double a){
225         return -0.5*Cour*(fp1-f0)+a*(fm1-2.0*f0+fp1);
226     }
227     //   2次の Adams-Bashforth 公式
228     private double[] g1=new double[Nx+1], g2=new double[Nx+1];
229     public void AdamsBash2(){
230         double aa;
231         if( step == 1 ){
232             for(int i=1; i<Nx; i++)
233                 g1[i] = convec( fs[i-1], fs[i], fs[i+1] );
234             System.arraycopy( fr, 0, fc0, 0, Nx );
235             System.arraycopy( fr, 0, fc, 0, Nx );
236         }else{
237             for(int i=1; i<Nx; i++){
238                 aa = convec( fc0[i-1], fc0[i], fc0[i+1] );
239                 fc[i] = fc0[i]+0.5*(3.0*aa-g1[i]);
240                 g1[i] = aa;
241             }
242             setBoundary( fc );
243             System.arraycopy( fc, 0, fc0, 0, Nx );
244         }
245     }
246     //   2次の Adams-Bashforth-Moulton 法
247     public void PC2method(){
248         double aa;
249         if( step == 1 ) AdamsBash2();
250         else{
```

```
251            for(int i=1; i<Nx; i++){
252               aa = convec( fc0[i-1], fc0[i], fc0[i+1] );
253               fp[i] = fc0[i]+0.5*(3.0*aa-g1[i]);
254               g1[i] = aa;
255            }
256            setBoundary( fp );
257            for(int i=1; i<Nx; i++){
258               aa = convec( fp[i-1], fp[i], fp[i+1] );
259               fc[i] = fc0[i]+0.5*(aa+g1[i]);
260            }
261            setBoundary( fc );
262            System.arraycopy( fc, 0, fc0, 0, Nx );
263         }
264      }
265      //  CIP 法
266      public void CIPmethod(){
267         double xx, fdif, xam1, xbm1;
268         // 移流相 (advection phase of Fractional Step)
269         for(int i=1; i<Nx-1; i++){
270            xx = -u0*dt;
271            fdif = (fc0[i]-fc0[i-1])/dx;
272            xam1 = (g1[i]+g1[i-1]-2.0*fdif)/(dx*dx);
273            xbm1 = (-3.0*fdif+2.0*g1[i]+g1[i-1])/dx;
274            fc[i] = ((xam1*xx+xbm1)*xx+g1[i])*xx+fc0[i];
275            g2[i] = (3.0*xam1*xx+2.0*xbm1)*xx+g1[i];
276         }
277         setBoundary( fc );  setBoundary( g2 );
278         System.arraycopy( fc, 0, fc0, 0, Nx );
279         System.arraycopy( g2, 0, g1, 0, Nx );
280         //  非移流相 (non-advective phase of Fractional Step)
281         for(int i=1; i<Nx-1; i++){
282            fc[i] = fc0[i]+diff*(fc0[i-1]-2.0*fc0[i]+fc0[i+1]);
283            g2[i] = g1[i] +diff*(g1[i-1] -2.0*g1[i] +g1[i+1]);
284         }
285         setBoundary( fc ); setBoundary( g2 );
286         System.arraycopy( fc, 0, fc0, 0, Nx );
287         System.arraycopy( g2, 0, g1, 0, Nx );
288      }
289   }
290   class GraphTools{
291    // =====  class GraphTools は Program 6.1 のものと同一につき省略
```

アニメーションの手法の導入および新たに用いた主な方法は以下のようである.

行7： アニメーションには，計算結果の画面への描画と，これを定期的に更新処理するための並列処理が必要であり，これには新たな実行単位であるスレッドを生成して実行させるための Runnable インターフェースの実装が必要である.

行14： アニメーションのための新たなスレッド名を anime とし，アプレット起動時にはスレッドを生成せずに (null とし)，Start ボタンを押したときに生成 (行60) してアニメーションを開始させる．生成された anime スレッドは，行61 でこのクラスの start メソッドの呼出しにより行97 以下の run メソッドを実行させ，anime 生存中は一連の計算・描画を繰り返す．anime スレッドは，Stop ボタンが押されると (行 65 で感知)，行 68 の stop メソッドが実行され消滅する．

行 47： アニメーションの開始 (再開) と一時停止を 1 つのボタンで処理できるよう，始動時はボタンに Start のラベルをつけ (行 35)，ボタンが押されたときは行 57 でこのラベル名を取得し，行 58 でラベルが Start であると判断すれば行 62 でラベルを Stop に変える．ボタン押し下げ時には，行 70 でラベルを Start に変更する．

行 72〜94： 3 種のチョイスのどれかが選択されると，stop メソッドによりアニメーションが停止し，チョイスの選択項目により計算条件が変更される．初期値を読み直して，画面を最初の状態に戻す機能をもたせている．

行 97〜112： 1 こまの画面に必要な計算処理 (行 100〜107) を行い，行 109 で 100 ミリセカンド休止させ，アニメーションの動きを遅くしている．計算量が膨大な場合はこの休止は不要である．この休止期間中にアプレットを停止するなどの割込みが入ることもあり，これを感知する行 110 が必要になる．普通，この割込みに対する特別な例外処理を要しない．

**問題 10.5**　移流拡散方程式の増幅係数，式 (10.35)，の $\theta$ による変化を，$\nu = 0.25, 0.5, 0.51$ の場合に対して示せ．その際，$\mu$ を $0.25, 0.5, 0.75, 1.0$ の変えたときの結果を極座標形式で示し，安定性を考察せよ．

## (4) 非線形方程式

多くの問題は非線形方程式である．その典型的な例を，移流拡散方程式とよく似た次の **Burgers** (バーガーズ) **方程式** でみてみよう．

$$\frac{\partial f}{\partial t} + f\frac{\partial f}{\partial x} = \alpha\frac{\partial^2 f}{\partial x^2} \tag{10.41}$$

非線形移流項に中心差分を適用すると，

$$\frac{f_j^{n+1} - f_j^n}{\Delta t} + f_j^n\frac{f_{j+1}^n - f_{j-1}^n}{2\Delta x} = \alpha\frac{f_{j+1}^n - 2f_j^n + f_{j-1}^n}{\Delta x^2} \tag{10.42}$$

となり，これより $\nu = \alpha\Delta t/\Delta x^2$ として次式を得る．

$$f_j^{n+1} = f_j^n - \frac{\Delta t}{2\Delta x}f_j^n(f_{j+1}^n - f_{j-1}^n) + \nu(f_{j+1}^n - 2f_j^n + f_{j-1}^n) \tag{10.43}$$

非線形方程式には von Neumann の安定解析は適用できない．このため，非線形項のかっこ前の $f_j^n$ の値を $f_j^n$ $(j = 1, 2, \ldots)$ の中から適当に選んだ代表値 $f_0$ (= 一定) を用いて安定解析を行えば，先の移流拡散方程式に対する安定条件がそのまま適用できることになるが，非線形性を考慮して $\nu$ を小さ目になるように設定する．つまり，非線形方程式の場合，対応する線形化方程式の安定性を考察して，その近傍について得られる安定性を解の指針として用いる．

図 10.10 は，計算領域 $[0 \leqq x \leqq 5\pi/2]$ における初期条件を $f(x,0) = 1 - \cos\theta$ $(x \leqq \pi)$，$f(x,0) = 0$ $(x > \pi)$，境界条件は $f$ の勾配を 0 とする第 2 種境界条件として，式 (10.43) を $\alpha = 0.01$ として解いたときの結果を示す．

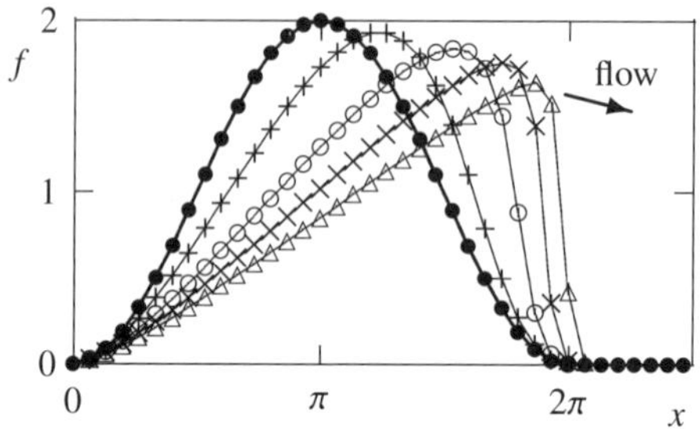


**図 10.10　Burgers 方程式の解**

Burgers 方程式の移流項は，波高 $f$ が大きいほど速い速度で右方向に移動するので，波の突き立ちが生じ，流体力学でいう衝撃波に似た急峻な不連続面を形成する．また，$f$ が急激に変化する $f$ の頂点近傍の値は，右辺の拡散効果によって低下していく．このように，Burgers 方程式は流体の流れの方程式における非線形性の様相をもつことから，乱流や衝撃波のモデル式として，計算スキームの吟味のためによく用いられる．

移流方程式 (10.4) は，移流項に高精度の中央差分を用いると解けず，上流スキームにより解けた．その実質的な理由は数値拡散項の付加によるものであった．したがって拡散項が加わるとその本質を見失う恐れがあるので，拡散項のない Burgers 方程式で非線形性の特徴をみてみよう．

$$\frac{\partial f}{\partial t} + f\frac{\partial f}{\partial x} = 0 \tag{10.44}$$

上式の上流スキームは

$$f_j^{n+1} = f_j^n - (\Delta t/\Delta x) f_j^n (f_j^n - f_{j-1}^n)$$

であるから，これに図 10.11 に示した状態での解を求めれば，いかに $\Delta t$ を小さくしても，波が右方向に移動することがなく，解けないことがわかる．

そこで，式 (10.44) で，$\hat{u} \equiv f^2/2$ とおくと，

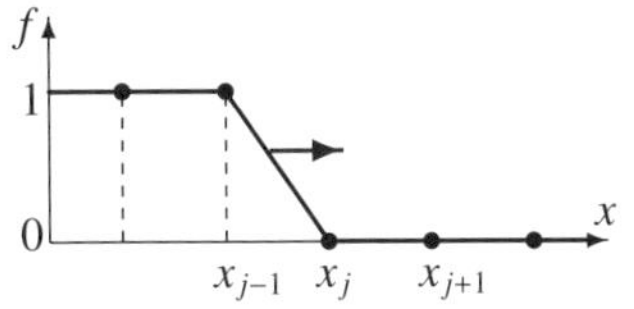


図 **10.11** 右方へ伝わる波

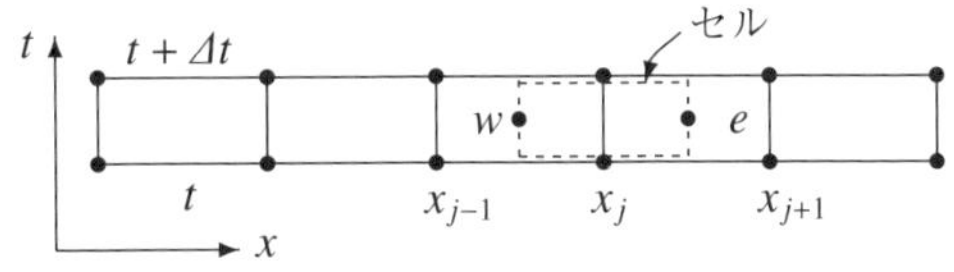


図 **10.12** 時空間にわたる積分セル

$$\frac{\partial f}{\partial t} + \frac{\partial \hat{u}}{\partial x} = 0 \tag{10.45}$$

これを時空間において (図 10.12)，例えば，点 $x_j$ を含むセルに対して積分すると

$$\int_{j-\frac{1}{2}}^{j+\frac{1}{2}} \int_{t}^{t+\Delta t} \frac{\partial f}{\partial t} dt\, dx + \int_{t}^{t+\Delta t} \int_{j-\frac{1}{2}}^{j+\frac{1}{2}} \frac{\partial \hat{u}}{\partial x} dx\, dt = 0, \tag{10.46a}$$

$$\therefore \quad (f_j^{n+1} - f_j^n)\Delta x + (\hat{u}_{j-\frac{1}{2}} - \hat{u}_{j+\frac{1}{2}})\Delta t = 0 \tag{10.46b}$$

ここで，$\hat{u}_{j-\frac{1}{2}}, \hat{u}_{j+\frac{1}{2}}$ は隣の格子点との中間点における値であり，格子点ではないのでこれらの値を評価するには自由度がある．例えば，両側の格子点における値の平均値，あるいは情報が上流から伝わることから上流格子点での値で評価する考えなどがあろう．後者の考えをとれば上式は次のように表せる．

$$f_j^{n+1} = f_j^n - \left(\frac{\Delta t}{\Delta x}\right)\frac{f_{j-1}^n + f_j^n}{2}(f_j^n - f_{j-1}^n) \tag{10.47}$$

上式は図 10.11 の状態に対して解ける (両格子点での値の平均値を用いると中心差分となり，解けない)．時空間にわたる積分法は**有限体積法** (control volume method)[23] によるものであり，1 つのセルから次のセルに伝わる変数 ($\hat{u}$) の保存性が正しく捕捉できる計算法となっている．式 (10.44) を式 (10.45) のようにして解析する方法を保存スキームといい，今日の差分法に広く取り入れられている[24]．

**問題 10.5** Burgers 方程式に対し，$f$ の初期値の最大値を定数とみなして Courant 数を評価し，種々のスキームを用いて拡散数と Courant 数の解に及ぼす影響を調べよ．

**問題 10.6** 拡散項は 2 階の微分項であるが，3 階の微分項も同様な効果をもつ．そこで，3 階の微分項をもつ KdV (Korteweg–de Vries) 方程式*1

$$\frac{\partial f}{\partial t} + f\frac{\partial f}{\partial x} + \delta^2 \frac{\partial^3 f}{\partial x^3} = 0$$

に対し，解析領域 $x$ を [0, 1]，初期条件を $\cos \pi x$，境界条件は周期境界条件 (1

*1 解は，初期波形が突き出して孤立波 (solitary wave) が生じ，ついでいくつかの孤立波が生れてこれらが左右別々の方向に移動する．孤立波とは，波形がくずれていかない安定な波形を意味し，ソリトン (soliton) と呼ばれ，非線形波動の最も特徴的な運動の 1 つとされている．

周期を $m$ 等分したとすると，$f_0 = f_{m-1}$，$f_1 = f_m$) とし，$\delta = 0.22$ として解け．

**問題 10.7**　上式と同様な解は Boussinesq (ブジネ) 方程式によっても与えられる．

$$\frac{\partial^2 f}{\partial t^2} - \frac{\partial^2 f}{\partial x^2} = \frac{\partial^2}{\partial x^2}\left(\frac{f^2}{2}\right) + \varepsilon \frac{\partial^4 f}{\partial x^4}$$

初期条件と境界条件をそれぞれ次式で与え，$\varepsilon = 0.005$ として解を求めよ．

$$f(x, 0) = 0.072\,\mathrm{sech}^2\{1.073(x-10)\} + 0.048\,\mathrm{sech}^2\{0.876(x-20)\}$$

$$f = \frac{\partial f}{\partial x} = \frac{\partial^2 f}{\partial x^2} = \frac{\partial^3 f}{\partial x^3} = 0 \quad (x = \pm\infty)$$

## (5) 陰解法

放物型方程式に対する陽解法は，安定に計算を進める上で空間の刻み幅 $\Delta x$ に比べ時間の刻み幅 $\Delta t$ を大きくとれず，拡散数の制約 ($\nu \leqq 1/2$) を受けた．多次元の計算ではこの制約はより深刻となる．この欠点は，プログラムは複雑になるものの，陰解法を採用することにより大幅に改善できる．

拡散方程式 (10.29) を例にとり，中心差分の空間微分項に，時刻 $n$ と $n+1$ のときの値に重み $\lambda$ をつけてその平均を用いれば，

$$f_j^{n+1} - f_j^n = \nu\left\{\lambda(f_{j+1}^{n+1} - 2f_j^{n+1} + f_{j-1}^{n+1}) + (1-\lambda)(f_{j+1}^n - 2f_j^n + f_{j-1}^n)\right\} \quad (10.48)$$

ここで，$\lambda = 0$ とおけば陽解法の FTCS スキーム (10.30) に還元する．

上式で $\lambda = 1$ とおけば，時間後退差分に相当する**完全陰解法**と呼ばれる差分式

$$-\nu f_{j+1}^{n+1} + (1+2\nu) f_j^{n+1} - \nu f_{j-1}^{n+1} = f_j^n \quad (10.49)$$

を与える．また，$\lambda = 1/2$ とおけば，半陰解法として知られる **Crank–Nicolson** (クランク–ニコルソン) **法**を与える．

$$-\frac{\nu}{2} f_{j+1}^{n+1} + (1+\nu) f_j^{n+1} - \frac{\nu}{2} f_{j-1}^{n+1} = \frac{\nu}{2} f_{j+1}^n - (1-\nu) f_j^n + \frac{\nu}{2} f_{j-1}^n \quad (10.50)$$

式 (10.48) に von Neumann の安定解析を適用すれば，

$$G = \frac{1 - 2\nu(1-\lambda)(1-\cos\theta)}{1 + 2\nu\lambda(1-\cos\theta)} \quad (10.51)$$

となり，位相誤差はなく，$\nu > 0$ であるから $G$ は単調減少し，

$$|G|^2 = \left|\frac{1 - 4\nu(1-\lambda)}{1 + 4\nu\lambda}\right| \leqq 1$$

より，$\lambda > 1/2$ であれば無条件に安定である．したがって，CFL 条件の制約を受けないので，$\Delta t$ を大きくとり計算を進めることができる．

式 (10.51) において，$\nu = 0.5, 1$ に対して $\lambda = 1/2, 1$ としたときの結果を図 10.13

に示す．Crank–Nicolson 法は，$\nu = 1/2$ の場合にほぼ厳密解が得られ，好んで用いられる．$\nu \geqq 1$ でも安定であるが，高周波領域で誤差を伴うので $\Delta t$ を大きくとりすぎると過度的な計算精度は悪くなる．

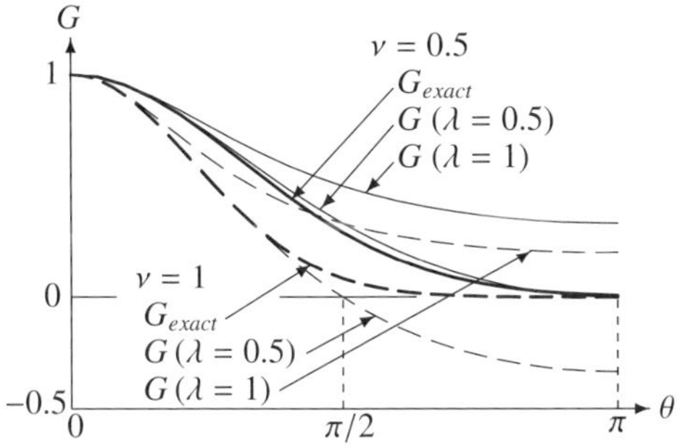


図 **10.13** 拡散方程式の陰解法による増幅係数

陰解法が CFL 条件の影響を受けないという性質は，移流拡散方程式の場合でも変わらない．ただし，移流方程式の場合は，Courant 数を増すと高周波領域での位相の遅れが過大になるため，双曲型の問題に陰解法が使用されるのは稀である．

式 (10.49) と式 (10.50) の右辺はいずれも既知の値であるから，行列の形で書くと優対角な三重対角行列の式で表せる．これは，4.6 節で述べた方法により一意に解くことができる．

**問題 10.8** 移流方程式 (10.4) および移流拡散方程式 (10.33) の移流項に中心差分を用いた半陰解法および完全陰解法に対し，von Neumann の安定条件を調べ，安定であることを示せ．

## 10.4 楕円型方程式

楕円型の問題は時間依存性がないのが特徴であり，その 1 次元問題は前章で述べた境界値問題に還元するので，ここでは 2 次元問題を扱う．楕円型方程式の代表的なものは **Laplace** (ラプラス) **方程式**，$\nabla^2\phi = 0$，である．電磁場や地下の浸透水など，多くの現象が Laplace 式で表される．この式の右辺が独立変数の関数として与えられる場合は **Poisson** (ポアソン) **方程式**と呼ばれる．すなわち，

$$\frac{\partial^2 f}{\partial x^2} + \frac{\partial^2 f}{\partial y^2} = -g(x, y) \tag{10.52}$$

上式は，例えば，平板が周囲温度 0° のもとで下部からの加熱割合が右辺の $g(x, y)$ であり，その平板の温度 $f$ の分布を表しているとみれば，理解しやすいであろう．上式の解の一例を図 10.14 に示す．

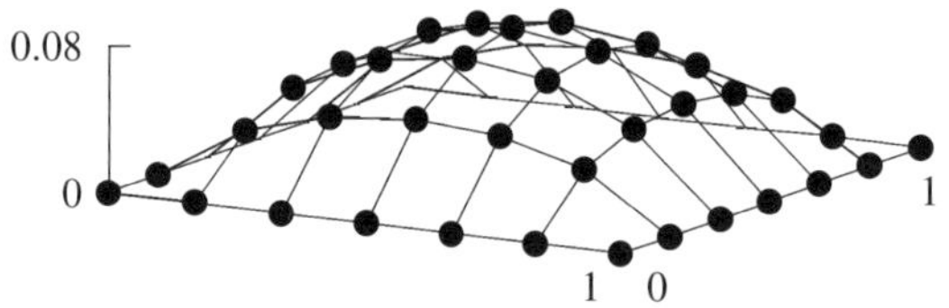


**図 10.14　Poisson 方程式の解**
$g(x, y) = \exp\{(x - 1/2)^2 + (y - 1/2)^2\}$
解析領域は $[-1/2, 1/2]$，境界条件は $f = 0$ の場合

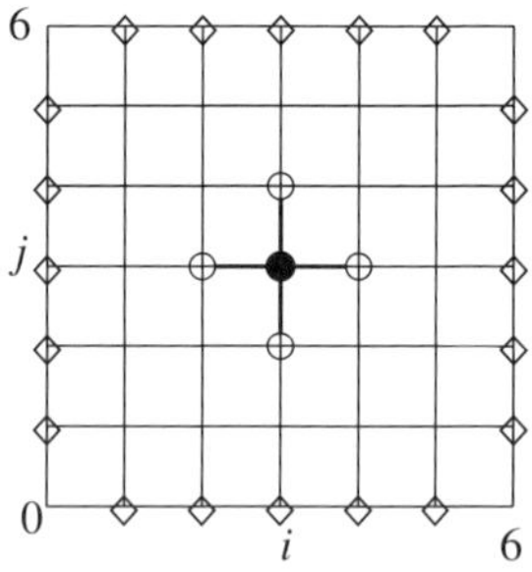


**図 10.15　楕円型の差分格子**

上式左辺に中心差分を適用し，$x$ 方向を添字 $i$，$y$ 方向を添字 $j$ を用いて表せば，

$$\frac{f_{i+1,j} - 2f_{ij} + f_{i-1,j}}{\Delta x^2} + \frac{f_{i,j+1} - 2f_{ij} + f_{i,j-1}}{\Delta y^2} = -g_{ij} \tag{10.53}$$

を得る．以下では，簡単のため，刻み幅 $\Delta x$ と $\Delta y$ は等しいとしよう．この場合，上式は次のように表せる．

$$f_{ij} = \frac{1}{4}(f_{i+1,j} + f_{i-1,j} + f_{i,j+1} + f_{i,j-1}) + \frac{\Delta x^2}{4} g_{ij} \tag{10.54}$$

解析の対象領域が正方形であるとし，この領域を $x, y$ 方向ともに 6 等分して計算するとしよう．この場合，2 次元の解析空間 $(x, y)$ は，図 10.15 に示すように，格子状に分割され，境界上に ◇ 印で示した格子点では，第 1 種または第 2 種などの境界条件により関数値 $f$ が指定される．図に黒丸で示した点 $(i, j)$ は，上式より，○印で示した近傍の 4 点に関係し，また，実際に，これら 4 点の平均を表していることは，上式において $g_{ij} = 0$ とおいてみれば容易に知れよう．式 (10.52) の左辺は拡散項に相当し，近傍の平均化を表す効果が矛盾なく定式化されていることがわかる．

式 (10.53) は，右辺が座標により定まる定数であるから，内部の格子点における値 $f_{ij}$ を未知数とする線形連立方程式を与える．すなわち，

$$\begin{bmatrix} A & B & & & \\ B & A & B & & \\ & B & A & B & \\ & & B & A & B \\ & & & B & A \end{bmatrix} \begin{bmatrix} \vdots \\ f_{ij} \\ \vdots \end{bmatrix} = \begin{bmatrix} \vdots \\ g_{ij} \\ \vdots \end{bmatrix} \tag{10.55}$$

この式の係数行列は次のような行列 $\boldsymbol{A}, \boldsymbol{B}$ からなるブロック 3 重対角行列となる．

$$\boldsymbol{A} = \begin{bmatrix} 4 & -1 & 0 & 0 \\ -1 & 4 & -1 & 0 \\ 0 & -1 & 4 & -1 \\ 0 & 0 & -1 & 4 \end{bmatrix}, \quad \boldsymbol{B} = \begin{bmatrix} -1 & & & \\ & -1 & & \\ & & -1 & \\ & & & -1 \end{bmatrix}$$

$$f_{ij} = [f_{11}, f_{12}, f_{13}, f_{14}, f_{15}, f_{21}, f_{22}, \ldots, f_{55}]^T$$

$$g_{ij} = [g_{11}, g_{12}, g_{13}, g_{14}, g_{15}, g_{21}, g_{22}, \ldots, g_{44}]^T$$

したがって，その解法には，第 4 章で述べた Gauss 消去法などによる直接解法や SOR 法などの反復解法が適用でき，一意の解を求めることができる．比較的小規模な 2 次元問題には，反復解法における収束性の判定を避ける意味から，一般に，直接解法が用いられる．しかし，上式の係数行列は，対角要素近傍に非ゼロ要素が集まり，0 要素が多い疎行列であり，かつ，対角優位であることから，大規模な問題には反復解法を用いるのが有利である．

線形反復法を用いたとすると，内部格子点における関数値 $f_{ij}$ に適当な初期値を与えて，反復回数 $n$ を上付き添字で示すと，式 (10.54) は

$$f_{ij}^{n+1} = f_{ij}^{n} + \frac{1}{4}(f_{i+1,j}^{n} + f_{i-1}^{n} - 4f_{ij}^{n} + f_{i,j+1}^{n} + f_{i,j-1}^{n}) + \frac{\Delta x^2}{4} g_{ij}$$

と表される．これは熱伝導方程式などに対する式 ($\alpha = 1$)

$$\frac{\partial f}{\partial t} = \nabla^2 f - g(x, y)$$

で，$\Delta t / \Delta x = 1$ とおいた差分式と等価である．したがって，楕円型の問題に反復法を用いた場合は，放物型の時間発展問題としてもとらえることができる．

**問題 10.9**　図 10.14 に与えた関数 $g(x, y)$ を用いて，式 (10.52) を SOR 法により解け．内点は $10 \times 10$ として，緩和係数を変えて収束状況の比較も行うこと．

# 付録
# Javaの実行方法とプログラム

## A.1 Javaの実行方法

### (1) 下準備

Java プログラムをコンパイルし実行するには，Java の開発環境 JDK を入手し，検索パスを通しておくことが必要である．ここでは，WindowsXP で行うことを前提にして説明する．

**Java 開発環境の入手** Java の中核 J2SE (Java 2 Platform Standard Edition) の開発環境 JDK(J2SE Development Kit) は，その開発元 Sun Microsystems 社の下記サイトから，使用許諾に同意することにより無償でダウンロードできる．Windows 版，Linux/Intel 版，Solaris Sparc/Intel 版などが用意されている．また，雑誌などに付録として添付された CD-ROM からインストールできる機会も多い．本書執筆時の最新バージョンは 5.0(v.1.5.0) であるが，不具合の修正，ファイル入出力関係やセキュリティ関連の向上など，絶えず更新されている．

[ Java 開発環境 JDK のダウンロード先 URL ]

```
http://java.sun.com/j2se/
```

このサイトには，文法の解説やサンプルプログラムを含むドキュメント (J2SE Document)，インストール方法を説明した日本語 Web ページも用意されている．また，Java のこの開発環境に，エディタ，実行やデバック機能などを加えて 1 つの環境で行えるようにした統合型開発環境も別途いくつか市販されている．

ダウンロードした JDK をインストーラの指示に従い解凍すると，デフォルトでは，バージョン No を付記したディレクトリが生成され，ここに全ファイルが格納される．

```
c:>¥j2sdk1.5.0
```

**JDK の検索パス** コンパイルは DOS のコマンドプロンプトにおいて行うので，コンパイラの所在をマシンに知らせるための検索パスを通しておく必要がある．

パスの設定は，PC 画面の「スタート」から，「設定」⇒「コントロールパネル」⇒「システム」⇒「詳細」⇒「環境変数」の順に選び，その「システム」の「環境変数」に対して変数 Path の編集を選び，Path の末尾に次の語を追記すればよい．

```
;c:¥j2sdk1.5.0¥bin
```

DOS プロンプトを起動するごとにパスを通すことでよい場合は，「スタート」から「プログラム」⇒「アクセサリ」⇒「コマンド プロンプト」をクリックすると黒いコンソールが表れる．この画面のプロンプト "C:¥>" に続けて次のように入力する．

```
C:¥>  path=%path%;C:¥jdk1.5.0¥bin ↵
```

**ディレクトリ** コンピュータでは，ファイル内容ごとにフォルダに分け，整理して格納するのが普通である．フォルダの所在を示すディレクトリ構造の例を下に示す (付図 A.1).

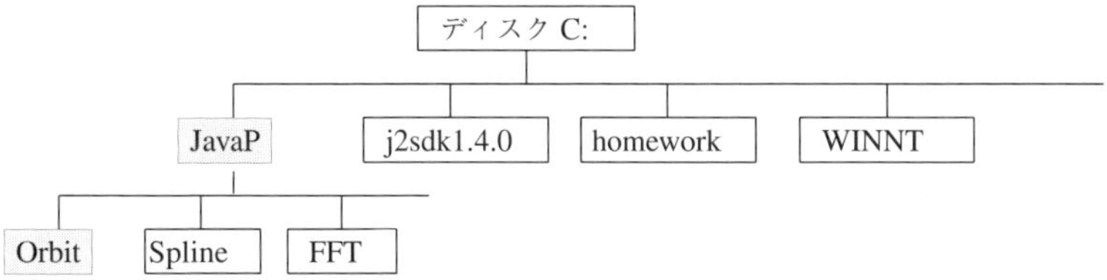


付図 **A.1** ファイル格納のディレクトリ構造

ファイル名 Orbit.java のソースファイルを含むフォルダ Orbit がディスク C:の下のフォルダ JavaP にあるとしよう．この場合，コンパイルに先立ってディレクトリを変えておくと便利である．コマンド cd (Change Directory) を用いて，C:の状態から変えるには，

```
C:¥> cd  ¥JavaP¥Orbit ↵
C:¥JavaP¥Orbit>
```

1 つ上のディレクトリに戻るには次の通り．

```
C:¥JavaP¥Orbit>  cd..  ↵
```

**エディタ** ソースプログラムの入力・編集にはエディタが必要である．Windows の場合，メモ帳が利用できる．これを利用するには，「スタート」から「プログラム」⇒「アクセサリ」⇒「メモ帳」をクリックする．多機能で便利なエディタが多々インターネット上に公開され，無償で提供されているものもある．

## (2) Java の実行手順

Java の実行手順は，他のコンパイラ型言語 (C や FORTRAN) と同様に，ソースファイルの入力，コンパイル，実行の順である (付図 A.2).

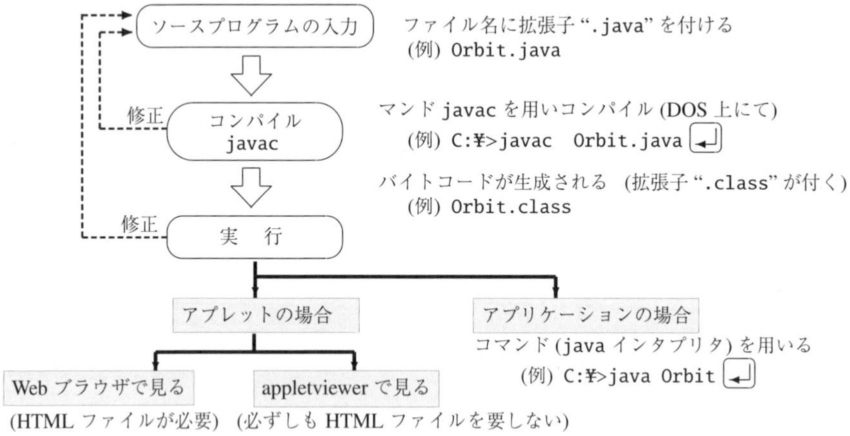


付図 **A.2　Java** のコンパイルと実行手順

コンパイル　DOS プロンプトから Java のコマンド javac によりコンパイルを行う．ファイル名 Orbit.java のディレクトリが C:>¥JavaP¥Orbit の場合，

```
C:¥JavaP¥Orbit>  javac  Orbit.java ⏎
```

とすると，Orbit.class という Java のバイトコード (**クラスファイル**という) が同じフォルダ Orbit に出力される．大きなプログラムは複数の Java ファイルから構成されるのが普通である．これらが同一フォルダにあれば，Java コンパイラはソースファイルとクラスファイルの生成日時を比較し，コンパイルされていないソースを見い出し最新の状況を実現する．

**コンパイルエラー**　コンパイルの段階でエラーがある場合は，コマンドプロンプトにエラーメッセージが表示される．

例えば，第 2 章の Program 2.2 の行 10 の a を A と打ち間違っていたとすれば，エラーは 10 行目で，変数 A であるとするメッセージを表示する．

```
SumAvg.java:10:  シンボルを解釈処理できません．
シンボル：変数 A
位置    ： SumAvg のクラス
        for(int i=0; i<A.length; i++) s += a[i];
                       ^
エラー  1 個
```

また，行 6 の extends を extend に打ち間違っていたとすれば，文の構造が把握できないため，エラーの推定個所 (3 行目と 14 行目) が示される．

```
SumAvg.java:6:  '{' がありません.
punblic class SumAvg extend Applet{
                        ^
SumAvg.java:14:  '}' がありません.
}
 ^
エラー  2個
```

## (3) 実 行

アプリケーションとアプレットとでは実行方法が異なる.

アプリケーションの場合 コマンド java (インタプリタ) により行う. この場合は拡張子 ".class" を付けない.

```
C:¥JavaP¥Orbit> java  Orbit ↵
```

アプレットの場合 Java 対応ブラウザか, または JDK のアプレットビューワ (appletviewer) で見ることができる.

ブラウザで見るには, クラスファイル名 (Orbit.class) をタグに記載した HTML ファイルを同じフォルダにおき, この HTML 文書をブラウザで呼び出す. エクスプローラで該当する HTML ファイル名をダブルクリックしても開ける.

JDK の appletviewer で見るには,

```
C:¥JavaP¥Orbit> appletviewer  Orbit.html ↵
```

アプレットタグを Java ファイルに注釈として含めておけば (Program 2.2 の行 2 参照), クラスファイルの作成後, HTML ファイルがなくても直接 appletviewer で見ることができる.

```
C:¥JavaP¥Orbit> appletviewer  Orbit.java ↵
```

**実行時エラー** 実行時エラーの場合も, 該当するメソッド名と行番号が表示される. 例えば, Kepler メソッドの行 22 にある除算の式で, ゼロで割ったとすると,

```
Exception occured during event dispatching:
java.lang.ArithmeticException:  /by zero
        at Orbit.Kepler(Orbit.java:22)
          ......
```

✎ アプレットの実行時エラーの場合, ブラウザやアプレットビューワのウィンドウ下枠部に「アプレットが初期化されていません」などと表示される. 多くの場合, 配列オーバーに原因がある.

## (4) Web ページの公開

ホームページの公開には Web サーバにアカウントを有していることが必要である．サーバの個人用トップディレクトリに，普通，`public_html` という名前のフォルダを作り，該当するアプレットの HTML ファイル，クラスファイル，ソースファイルを含むフォルダをコピーしてこのディレクトリに貼り付ける．その際，自分が用いる PC のディレクトリ (付図 A1.1 の例では `JavaP` 以下) と同じ構造で `public_html` の下にディレクトリをつくると混乱が少ない．この場合，URL は以下のようになる．

```
http://Web サーバ名/~ 個人名/JavaP/Orbit/Orbit.html
```

**HTML ファイル**　アプレットでは，普通，ブラウザに表示するための HTML ファイルを別個に作成しておく必要がある．HTML 言語の規則に従って，アプレットの**タグ** (tag) に，プログラムをコンパイルしてできるクラスファイル名 (Orbit.java の場合は Orbit.class) と表示領域の大きさを記入する．

HTML 言語の文法はバージョン 4.01 が最終とされ，この機能を抜本的に拡張するための後継バージョン，XHTML (eXtensible HTML) 1.0 が既に定められている[*1]．これに応じて最新版の Web ブラウザ[*2] は，HTML の上位互換として XHTML にも対応している．これまでの HTML 文書は，今後，順次 XHTML に移行していくものと思われる．以下に，新しい XHTML の文法に基づく HTML ファイルの記述例を示しておく．

☆ **HTML ファイルの例**　　(ファイル名は `Orbit.html` とし，Orbit フォルダにおく)

```
1: <?xml version="1.0" encoding="Shift_JIS"?>
2: <!DOCTYPE html PUBLIC ”-//W3C//DTD XHTML 1.0 Transitional//EN”>
3: <html xml:lang="ja" lang="ja">
4:    <head>
5:       <title>Java プログラム</title>
6:    </head>
7:    <body>
8:       <h3>日本 太郎のページ</h3>
9:       <applet code="Orbit.class" width="100" height="100"></applet>
10:      <p><a href="Orbit.java">Sourth</a></p>
11:   </body>
12: </html>
```

行 1,2: 文書型宣言の記載行である．ページはパソコンの日本語文字仕様である `Shift-JIS` コードにより，XHTML 規格の文法に従って記述されているが，Transitional 宣言によ

---

*1 HTML の公式仕様は，WWW コンソーシアム (W3C) という機関によって作成・勧告され，一般に公開されている．http://www.w3c.org/ 参照．

*2 最新版とは，Netscape Navigator Ver.5，Internet Explorer Ver.5.5 以降を指す．

り非推奨の HTML での旧バージョンによる記述法をも含んでいることを示す.

行 3,12: 開始タグ<html>と終了タグ</html>の内側が HTML 文書の本体である. <html>タグに, 文書の使用言語が日本語 (ja) であることを指定でき, 音声や点字の出力, 自動翻訳などへの対応が考慮されている.

行 4,6: タグ<head>〜</head>の内側は文書の付加的情報を記述する個所であり, 文書の検索や統計, 整理などに利用することを想定した設定を記述できる.

行 5: タグ<title>〜</title>により文書のタイトルを指定する. 指定された語が, ブラウザではウィンドウのタイトルバーに表示される.

行 7,11: タグ<body>〜</body>の内側に HTML 文書の本文を記述する.

行 8: タグ<h3>〜</h3>で文書の見出しを指定する. 数字が小さいほど字体は大きい.

行 9: アプレットタグ<applet … ></applet>により, アプレットのクラスファイル名, アプレットの横幅と縦幅をピクセル (pixel) 単位で指定する.

行 10: タグ<p>〜</p>の内側は文の 1 つの段落 (paragraph) である.

**ソースファイルを配布**する場合のタグは, <a href=" (リンク先)"> (リンクの内容)</a> の形式で用いる. 別ページにリンクする場合も同じ. 上記の例はリンク先が HTML 文書と同じフォルダにある場合の相対的指定方法であるが, URL をフルネーム (http://www… で始まる絶対 URL) で指定することもできる.

**JAR ファイル** ブラウザがクラスファイルを読み込んだとき, ほかのクラスを使っていないか調べ, 使用している場合は Web サーバと再接続して取り込む. このため, 遅いネットワーク接続を使ってロードすると長い時間がかかる場合があるので, 必要なファイルをすべて 1 つの JAR (Java ARchive) ファイルに ZIP 形式で圧縮してまとめられるようになっている. これをつくるには, コマンドラインから,

```
C:¥JavaP¥Orbit>jar cvf OrbitClasses.jar *.java *.class *.gif ↵
```

Jar ファイルを用いる場合のアプレットタグの記載は次のようにする.

```
<applet code="Orbit.class" archive="OrbitClasses.jar"
        width="400" height="400"></applet>
```

## A.2 Java プログラム

### (1) イベント処理

ウィンドウ上のボタンなどの操作による対話型処理は GUI (Graphical User Interface) により行う．これには **awt** とこれを拡張した swing パッケージが用意され，豊富な機能を提供している．ここでは，本書で使用した `awt` の基本的なものに限定してその構成法を示す．イベント処理には `java.awt.even.*` の `import` が必要である．

GUI は**イベントリスナー** (event listener) と呼ばれるモデルに基づいており，ボタンなどの GUI 部品に対する操作が**イベント** (event) を発生させ，これを受け取って処理するイベントリスナーに伝達される仕組みになっている．GUI 部品によりイベントリスナーも異なるが，イベント処理のプログラミングではそのイベントリスナーの登録と処理メソッドの定義が必要となる．基本的なイベント処理プログラムの構成法を付図 A.3 に示す．図の②から④までの処理は普通 `int` メソッドで行う．

Java では 2 つ以上のクラスを継承したサブクラスをつくれない．このため，例えば，ボタンのイベント処理に `Applet` クラスのほかに，`ActionListener` という別のクラスが使えるように，必要なクラスのインターフェースが種々用意されていて，これを `implements` キーワードを使って追加する実装方法をとる．

イベント処理のプログラムは用いる GUI 部品やアニメーション動作により異なるが，それぞれ典型的な方法がある．その基本形は本書記載のプログラムや成書[6] を参照されたい．

### (2) オブジェクト指向プログラミング

オブジェクト指向の考え方の基本は，1 つの問題を機能ごとに小さなコンポーネント (クラス) に分けて解決することにある．もの (object) がそれぞれ独自の「状態」と「働き」をもっていることに似せて，そのプログラムでは，「状態」はデータで，値と属性 (型) を有するフィールド変数 (インスタンス変数や static 変数) であり，「働き」はメソッドによって定義される．その手順は ①「クラスを定義し」，② これを「実体化 (instanciate) して種々のオブジェクトを生成し (new 演算子使用)」，③「オブジェクト間の通信によって処理を進める」，ということになる (付図 A.4).

① インターフェースの実装
```
implements ActionListener        // ボタン，テキストフィールドの場合
           ItemListener          // チョイス，チェックボックスの場合
           AdjustmentListener    // スクロールバーの場合
           MouseListener, MouseMotionListener  // マウスの場合
```
② GUI 部品の生成
```
Button bt = new Button( "Start" );     // ボタンの場合
    Label lb = new Label( " a=" )      // ラベルの場合
    Choice ch = new Chice()            // チョイスの場合
    Scrollbar scr = new Scrollbar( … )
```
③ GUI 部品の貼付け　(Window 上には貼付け順に配置される)
```
add( bt );                             // ボタンの取付け例
```
④ イベントリスナーの登録
```
addActionListener( this );             // ボタンの場合
    addItemListener( this )            // チョイスの場合
    addAdjustmentListener( this )      // スクロールバーの場合
    addMouseListener( this )           // マウスを押した場合
    addMouseMotionListener( this )     // マウスをドラッグした場合
```
⑤ イベント処理メソッドの記述
```
actionPerformed( ActionEvent e ){ … } // ボタンの場合
  itemStateChanged( ItemEvent e ){ … } // チョイスの場合
  adjustmentValueChanged(AdjustmentEvent e){…} // スクロールバーの場合
  MousePressed( MouseEvent e ){ … }    // マウスを押した場合
  MouseDragged( MouseEvent e ){ … }    // マウスをドラッグした場合
```

付図 **A.3**　イベント処理のプログラム

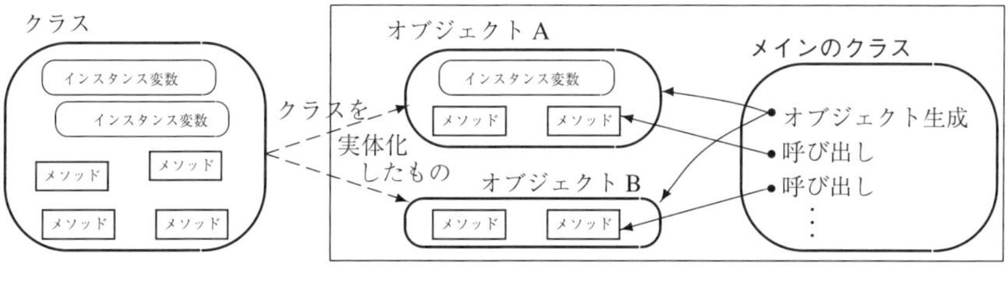


付図 **A.4**　オブジェクト指向プログラミングによるによる処理

## (3) アプリケーションプログラムへの変更

データのファイル入出力を望む場合は，アプレットがセキュリティー上制約を受けてファイル出力できないことから，アプリケーションプログラムとする必要がある．基本的なアニ

メーションのアプレットをアプリケーションに変更する例を示そう．アプレットに以下の変更を加えるだけでよい．

1. メインのclassは，画像を表現するコンポーネント`Frame`を継承したものとする．
2. `main`メソッドから自身のコンストラクタを呼び出し，そのinitメソッドを実行する．
3. `init`メソッドは，アプレットの`init`メソッドに，ウィンドウのサイズを決めるメソッドと表示するメソッドを追加し，ウインドウリスナーを登録する．
4. `paint`メソッド名を，代理の，例えば`draw()`メソッドに変更する．
5. ウィンドウイベントの各種処理メソッド (全7種) を追加する．
6. `repaint`メソッドはすべて上記の`draw( g )`メソッドに置き換える．
7. GUI部品の画面への取り付けは，addに加え，位置と大きさを指定して貼り付ける．例えば，ボタン`button`を貼り付ける場合，

   ```
   add( button );   button.setBounds( 50, 30, 40, 20);
   ```

   この場合，ピクセル座標にして水平方向位置が50，垂直位置が30で，横方向と縦方向のサイズが40×20のボタンを貼付けることを意味する．

以下にアプリケーションプログラムの構成例を示す．

```
//  アプリケーションプログラム
import java.awt.*;
import java.awt.event.*;
import java.io.*;
public class SplineApplication extends Frame
                        implements WindowListener, Runnable{
   public static void main( String[]  args ){
      SplineApplication frame = new SplineApplication(”spline”);
      frame.init();                          // init メソッドを起動
   }
   // 内部クラスのコンストラクタ (初期化し，フレームのタイトルを設定)
   public SplineApplication( String str ){ setTitle( str ); }

   private Thread anime;
   private Image img;  private GraphTools gt; private Graphics bg,g;
   private void init(){
      int width  = 600,  height = 400;
      setSize( width, height );              // ウィンドウの大きさを設定
      show();                                // ウィンドウを表示
      addWindowListener( this );             // ウィンドウリスナーの登録
      img = createImage( width, height );
      bg = img.getGraphics();
      gt = new GraphTools( width, height, bg );
      Graphics g = getGraphics();
      draw( g );                             // 描画メソッド呼び出し
   }
```

```
    //    ウィンドウイベントの処理メソッド
    public void windowOpened( WindowEvent e ){}
    public void windowClosing( WindowEvent e ){ dispose();}
    public void windowClosed( WindowEvent e ){ System.exit(0); }
    public void windowIconified( WindowEvent e ){}
    public void windowDeiconified( WindowEvent e ){}
    public void windowActivated( WindowEvent e ){}
    public void windowDeactivated( WindowEvent e ){}

    private void draw( Graphics g ){         // paint メソッドの代理メソッド
       drawSpline();
       g.drawImage( img, 0, 0, this );
    }
       ⋮
```

**a)** データをランダムアクセス可能なファイルに出力する例

```
       String str;
       try{                  // 出力先ファイル名 ↓        ↓再記入可能ファイル
          file = new RandomAccessFile( "data.dat", "rw" );
          file.seek( file.length() );        // ファイルの書き出し位置を探す
          for(int i=0; i<N; i++){   // 配列 intY の N 個のデータを書き出し
             str = ""+intY[i];   file.writeBytes( str );
             file.write('¥n');               // 1 データごとに改行
          }
          file.close();                      // ファイルを閉じる
       }catch( IOException ev){
          System.err.println(ev); System.exit(1);
       }
    }
    private  RandomAccessFile file;          // インスタンス変数
```

**b)** ファイルデータを読み込むアプリケーションの例

```
import java.io.*;
public class RandomFileReadout{
   public static void main( String[] args ){
      RandomAccessFile file;
      String str;
      try{
         file = new RandomAccessFile( "data.dat", "rw" );
         try{
            for(int i=0; i<10; i++){
               str = file.readLine(); // テキスト行を読み取る
               System.out.println( str );
            }
         }catch( IOException e ){
            System.err.println(e); System.exit(1);
         }finally{ file.close(); }   // file を閉じる
      }catch( IOException e){ System.err.println(e); }
   }
}
```

# 参考文献

[1] 高橋亮一・棚町芳宏，差分法，(1991)，培風館.

[2] 伊里正夫・藤野和建，数値計算の常識，(1985)，共立出版.

[3] Atkinson, L. V., Harley, P. J. and Hudson, J. D., Numerical Methods with FORTRAN77, (1989)，Addison Wesley Pu. (神谷紀生・大野信忠・佐脇 豊・北 栄輔訳，数値計算とその応用，(1993)，サイエンス社).

[4] 河村一樹，PAD による構造化プログラミング，(1988)，啓学出版.

[5] Horstmann, C. S. and Cornell, G., Core Java 2，(2001)，Prentice Hall. Inc. (福龍興業訳，コア Java2，(2001)，ASCII).

[6] 峯村吉泰，Java によるコンピュータグラフィックス，(2003)，森北出版.

[7] Conte, S. D., Elementary Numerical Analysis, (1965), McGraw-Hill Book Co..

[8] Hirt, C. W., Cook, J. L., SOLA – A Numerical Solution Algorithm for Transient Fluid Flows, LA–5852 (1975).

[9] 戸川隼人，共役勾配法，(1977)，教育出版.

[10] Kershaw, D. S., The Imcompressible Cholesky Conjugate Gradient Method for the Iterative Solution of Systems of Linear Equations, *J. Comput. Phys.*, **26** (1978)，pp.43-65.

[11] 山本哲朗，数値解析入門，(2003)，サイエンス社.

[12] Birkhoff, G. and de Boor, C., Error bounds for spline approximation, *J. Math. Mech,*, **13**，(1964)，pp.827-835.

[13] Varga, R. S., Matrix Iterative Analysis, (1962), Prentice-Hall, (渋谷政昭・他訳，大型行列の反復解法，(1972)，サイエンス社).

[14] Cooley, J.W. and Tukey, J.W., An Algolithm for the machine calculation of complex Fourier series, *Mathematics of Computation*, **90** – 90 (1965), 297-301.

[15] 小池慎一，C による科学技術計算，(1994)，CQ 出版.

[16] 三井斌友，数値解析入門–常微分方程式を中心に，(1981)，朝倉書店.

[17] 矢川元基・吉村 忍，有限要素法，(1991)，培風館.

[18] Ritchtmyer, R. D. and Morton, K. W., Difference Methods for Initial-Value Problems, (1967), Jhon Wiley and Sons Inc.

[19] Farlow, S. J., Partial Differential Equations for Scientists and Engineers, Jhon Wiley & Sons, 1982 (伊里正夫・伊里由美訳，偏微分方程式，(1983)，朝倉書店).

[20] 藤井孝蔵，流体力学の数値計算法，(1995)，東京大学出版会.

[21] 梶島岳夫，乱流の数値シミュレーション，(1999)，養賢堂.

[22] 矢部 孝・内海隆行・尾形陽一, CIP 法, (2003)，森北出版.

[23] Patanker, S. V., Numerical Heat Transfer and Fluid Flow, Hemisphere Pub. Co. 1980 (水谷幸夫・香月正司訳，コンピュータによる熱移動と流れの数値解析，(1985)，森北出版).

[24] 峯村吉泰，流体・熱流動の数値シミュレーション，(2001)，森北出版.

[25] 峯村吉泰，C と Java で学ぶ数値シミュレーション入門，(1999)，森北出版.

# 索　　引


## A

ActionListener インターフェース .........175,177,185,203
actionPerformed メソッド .....175,177,186,204,223
Adams–Bashforth (アダムス–バシュフォース) 公式 ...... 167
Adams–Moulton (ムルトン) 公式 ...... 167
add メソッド ............175,177,204,223
addActionListener ............175,204,223
addAdjustmentListener インターフェース ................186,223
addItem メソッド .................... 175
addItemListener メソッド .........175,204
addMouseListener メソッド ......................186,223
addMouseMotionListener メソッド 186,223
AdjustmentListener ..............185,223
adjustmentValueChanged メソッド ......................185,223
Aitken (エイトケン) の $\Delta^2$ 法 ............38
Applet クラス ....................22,222
<applet> タグ ....................21,220
appletviewer .................. 19,23,218
ArithmeticException ..................219
awt クラス ....................22,222,224

## B

BorderLayout クラス ................ 185
Boussinesq (ブジネ) 方程式 ...........211
Burgers (バーガーズ) 方程式 ..........210
Button クラス ...................175,203

## C

CFL 条件 ........................185,212
CG 法 ................................83
Choice クラス ...................175,203
Cholesky (コレスキー) 法 ........... 66,83
CIP 法 ..............................202
class ..............................19,20
clearImage メソッド .................175
Color クラス ........................175
Courant (クーラン) 数 ............... 193
Cramer (クラーメル) の公式 ........52,126
Crout (クラウト) 法 ................63,70
Crank–Nicolson (クランク–ニコルソン) 法 ...........................212
createImage メソッド ................121

## D

Dirichlet (ディレクレ) 条件 ........... 176
Doolittle (ドウーリトル) 法 .............63
double 型データ，変数 .........9,34,57,60
doubleValue メソッド ................175
drawAxis メソッド (private) ...... 31,32,34
drawImage メソッド .................175
drawPolyline メソッド ................32
drawString メソッド ..................22

## E

equals メソッド .....................204
Euler (オイラー) の公式 ...............157
Euler 法 .................... 157,170,193
extends キーワード ...................22

## F

FFT ................................139
fillOval メソッド .................32,176
float 型データ，変数 .................9,20
Font クラス ..........................32
FontMetrics クラス ...................32
for 文 ...............................20
Fourier (フーリエ) 解析 ..............132
　級数，変換，積分，逆変換 .....132,133

Frame クラス ........................ 224
FTCS スキーム ..................... 198

**G**

Galerkin (ガレルキン) 法 ..............183
Gauss (ガウス) 消去法 ............53,55
Gauss 積分法 ...................... 154
Gauss–Seidel (ザイデル) 法 ........... 79
Gauss–Jordan (ジョルダン) 法 ..........53
Gerschgorin (ゲルシュゴリン) の定理 ...94
getFontMetrics メソッド ..............32
getGraphics メソッド .....121,185,203,224
getHeight メソッド ..................32
getLabel メソッド ..............186,204
getSelectedIndex メソッド ........... 175
getSelectedItem メソッド ............ 175
getSize メソッド .............31,121,175
getSource メソッド ..............175,186
getValue メソッド ..................186
getX, getY メソッド ................. 186
Gibbs (ギブス) 現象 ................. 134
Givens (ギブンス) の行列 ............ 106
Graphics クラス ..................22,27
GraphTools クラス (private) .......121,124
GridLayout クラス .................. 185
GUI ......................174,203,222

**H**

Hamming (ハミング) 公式 ........... 168
Hermite (エルミート) 補間 ........... 124
Heun (ホイン) 法 ...................159
Horner (ホーナー) の方法 .............. 6
Householder (ハウスホルダー) 法 ......102
HTML .........................18,218
　<applet> タグ ..............18,21,220
　ソースファイルの配布 ........... 221

**I**

Image クラス ..................121,175
implements キーワード .......175,203,222
import 文 ...................22,57,175
indexOf メソッド ...................33
Infinity 定数 .......................10
init メソッド ................9,17,31,222
int 型データ，変数 ...........9,17,31,222
InterruptedException .................187
ItemListener インターフェース
　.............. 175,177,203,223
itemStateChanged メソッド
　.............. 175,177,204,223

**J, K**

Jacobian (ヤコビアン) ................ 46
Jacobi (ヤコビ) 法 ...................795
JAR ファイル .......................221
Java
　JDK ...........................18
　コンパイル ................17,19,218
　実行方法 ....................19,223
JavaScript ..........................18
Java 仮想マシン .....................18
JIT コンパイラ ......................18
KdV 方程式 ........................211
Kepler (ケプラー) の式 ................24
Kronecker (クロネッカ) のデルタ関数
　.......................... 111

**L**

Label クラス ...............175,185,203
Lagrange (ラグランジェ) 多項式 .......110
Lagrange 補間 ..................110,147
Laplace (ラプラス) 方程式 ........... 213
Lax–Wendroff (ベンドロフ) 法 ........ 197
Lax (ラックス) の同等定理 ...........194
Legendre (ルジャンドル) 多項式 .......154
length メソッド .....................21
Lorenz (ローレンツ) 系 ..........171,183
LU 分解法 ....................62,76,94

**M, N**

main メソッド ..................22,224
Milne (ミルン) 則 .............. 153,166
MouseAdapter クラス ............... 186
MouseListener インターフェース ......223
MouseMotionAdapter クラス ..........186
MouseMotionListener インターフェース
　.......................... 223
mouseDragged メソッド ..........186,223
mousePressed メソッド ...........186,223
NaN 定数 ..........................10

Neumann (ノイマン) 条件 ............. 179
new 演算子 ......................... 222
Newton (ニュートン) 法 ............. 39,46
　変種 ............................. 43
Newton–Cotes (コーツ) の積分公式 .... 152
Newton–Raphson (ラフソン) 法 ...... 45,47

**O, P, Q**

paint メソッド ........... 22,26,27,175,177
Panel クラス ....................... 185
Parseval (パーセバル) の等式 .......... 136
plotData メソッド (private) ......... 34,121
Poisson (ポアソン) 方程式 ............ 213
println, print ...................... 22
private 修飾子 ................... 121,175
public 修飾子 ................ 20,121,175
QR 法 .......................... 102,106

**R**

RandomAccessFile クラス ............ 225
repaint メソッド ................. 175,177
Richardson (リチャードソン) の外挿 ... 149
roundValue メソッド (private) .......... 33
run メソッド ................ 187,205,208
Runge–Kutta (ルンゲ–クッタ) 法
...................... 160,162
Runge–Kutta–Fehlberg 法 ............. 164
Runge–Kutta–Gill 法 ................. 163
Runnable インターフェース ... 185,203,208

**S**

Scrollbar クラス ................. 185,223
seek メソッド ...................... 225
select メソッド ................... 175,204
setBounds メソッド ................. 224
setColor メソッド ................... 32
setFont メソッド .................... 32
setLabel メソッド ................... 186
setLayout メソッド .................. 185
setSize メソッド .................... 224
setText メソッド ................. 186,203
show メソッド ...................... 224
Simpson (シンプソン) 則 .......... 152,166
sleep メソッド ...................... 187
SOR 法 ............................ 80
static メソッド ...................... 20
start, stop メソッド ........... 186,204,208
stringWidth メソッド ................. 33
String 型データ ...................... 21
substring メソッド ................... 33
System.out.println ................ 22,225

**T**

Taylor (テイラー) 級数 .............. 6,146
Taylor の定理 ........................ 6
this キーワード ............... 27,121,124
Thread クラス .................... 185,203
transView メソッド (private) ........ 31,123
try/catch ブロック ................ 187,205

**U, V**

Unicode 文字 ........................ 20
updata メソッド ..................... 187
URL .............................. 221
valueOf メソッド ................. 175,204
viewPort メソッド (private) ....... 121,143
von Neumann (フォン・ノイマン)
　の安定判別 ........................ 194

**W ~ Z**

Web ブラウザ ...................... 16,18
Web ページの公開 .................... 220
while 文 ..................... 28,80,158
window イベント処理メソッド ......... 224
WindowListener インターフェース .... 224
writeTable メソッド (private) ........ 64,66
XHTML ............................ 220
xtr, ytr メソッド (private) ............. 32

**あ行**

悪条件 .......................... 72,110
アクセス修飾子 ....................... 21
アニメーション ............. 123,184,202
アプリケーション ................. 18,219
　の実行 ....................... 19,219
　ファイル出力 ..................... 223
　プログラム .................... 20,223
アプレット ................ 18,22,23,219

アプリケーションへの変更 ........ 223
実行 .......................... 19,219
ファイルの配布 ................... 221
プログラム ...................... 22
アプレットウィンドウ ............. 29,34
アプレットタグ ............. 22,219,221
アプレットビューワ ................ 22
アルゴリズム .................. 4,14,24
安定性 .................. 4,13,16,194
安定判別法 ...................... 194
位相角 ....................... 135,195
位相誤差 ....................... 196
位相線図 ....................... 173
1 次収束 ........................ 37
1 次独立 ........................ 88
1 段法 ......................... 157
イベント処理 ................ 173,222
イベントリスナー ................. 222
移流拡散方程式 .................. 200
移流項 ......................... 192
移流方程式 ...................... 191
入れ子乗算 ........................ 6
陰解法 ......................... 212
インスタンス変数 ......... 19,105,124,222
インターフェース ............. 174,222
インタプリタ ................... 16,18
陰的公式 ....................... 167
ウィンドウ .................. 23,29,30
ウィンドウリスナー ............... 224
上三角行列 ............... 52,55,59,102
上 Hessenberg (ヘッセンベルグ) 行列 .. 102
打切り誤差 ................ 7,147,157
裏画面 ......................... 121
エイリアス，エイリアシング ........ 138
エディタ ....................... 216
エルミート (Hermite) 補間 ......... 124
演算回数 ........................ 56
オーバーフロー .................... 9
オーバーライド ............... 175,177
オーバーロード ................... 34
帯行列 ....................... 69,71
オブジェクト .................... 222
の生成 ......................... 222
オブジェクト指向言語 .............. 17
オブジェクト指向プログラミング
............. 14,17,120,123,222
重み付き残差方程式 ............... 182
折りまげ周波数 .................. 138
折れ線グラフ ..................... 29


## か行


開公式 ......................... 153
外挿 ........................... 110
階層構造 ........................ 15
回転行列 ................. 96,98,100
回転子 ......................... 139
改良 Euler 公式 ........... 159,161,201
改良子 ......................... 168
カオス ......................... 185
拡散項 ..................... 197,210
拡散数 ......................... 198
拡散方程式 ...................... 198
可視化 ......................... 2,4
画素 ............................ 23
型 ............................ 9,21
カプセル化 ....................... 15
ガーベジコレクション .............. 16
仮数 ............................. 9
完全陰解法 ...................... 212
緩和係数 ........................ 80
緩和法 .......................... 80
刻み幅 .................. 12,152,157
基底関数 ....................... 129
逆行列 ................. 46,48,51,76
逆べき乗法 ....................... 94
キャスト ........................ 21
境界条件 ............... 179,182,190
境界値問題 ................. 179,181
鏡像変換 ....................... 103
共役勾配法 ....................... 81
行列 ............................ 50
の正規化 ........................ 72
の積 ............... 51,63,88,98,104
の相似，直交 ..................... 88
のノルム ........................ 75
行列式 ....................... 51,76
局所打切り誤差 .............. 147,157
局所変数 ........................ 20

極値近傍の解 40
近似誤差 4,114,148
区分的多項式近似 128
クラス 15,18,19,218
クラスファイル 19,218
クラス名 19,218
グラフィックス 29,119
計算誤差 4,8
計算モデル 4
継承 22,222
係数行列 50
桁落ち 12
桁数の一致 9
検索パス 216
減速 Newton 法 45
原点移動 93,108
格子 183,193,201,211,214
後退差分 149,192
後退代入 55
高速 Fourier 変換 139
誤差公式 8
誤差の制御 164
固定条件 117
固有振動数 86,87
固有値 86,90,94
　固有値問題の定義と定理 86
固有ベクトル，固有モード 86,96
コンストラクタ 124,206
コンパイル 17,19,216

## さ行

最小 2 乗法 125
座標軸の描画 31,34
座標変換 29,31,33
サブクラス 23,222
差分化 43,192
差分式 146,193
3 項行列 69
3 項連立方程式 69
残差 73,126,127
3 次スプライン補間 115,153,201
　の誤差 119
サンプリング定理 139
軸測投影図 184
字下げ 20
指数 9
次数 148,157
自然条件 117
下三角行列 62,66
実行時エラー 219
実数型データ 21
支配方程式 3
周期関数 132
周期条件 117
修飾子 21,124
修正 Euler 法 161,162
修正 Cholesky 法 68
修正子 167
収束 24,34,36,160,184,194
　の加速法 38,92
　の速さ 37
収束加速因子 43
収束条件 25,35,39
収束判定 24
周波数 133,144
10 進数 9,10,11
消去法 52,53
条件数 74
乗数 54
常微分方程式 156
情報落ち 11
剰余 7
上流差分 192
初期条件 2,190,194
初期値問題 156,170,171,172,194
随伴行列 52
数学モデル 1,3
枢軸 54
数値拡散 196
数値積分 151
数値微分 146
スクロールバー 184
スケーリング 83
スコープ 20
スプライン曲線，定規 115
スプライン補間 115
スペクトル半径 78
スレッド 16,203,208

正割法 ……………… 44
正規化 ……………… 72
整数型データ，変数 ……………… 9
正則 ……………… 46,52
正定値 ……………… 67,81,89
正方行列 ……………… 50,76,86
セグメント ……………… 116
絶対誤差 ……………… 25
漸化式 ……………… 5,6,13,24
線形多段法 ……………… 166
線形パラメータ ……………… 125
線形反復法 ……………… 35,77
線形補間 ……………… 111
前進差分 ……………… 146
前進消去 ……………… 53
相関関数 ……………… 126
双曲型 ……………… 190
相似行列，相似変換 ……………… 88
相対誤差 ……………… 8,25
増幅係数 ……………… 195
増分関数 ……………… 157
疎行列 ……………… 53,71,215
速度 Verlet (ベレット) 法 ……………… 178
ソリトン ……………… 211

た行

対角行列 ……………… 48,67,77,83,88,95
対角項 ……………… 53,76,83
対角優位 ……………… 78,215
台形則 ……………… 155
対称行列 ……………… 67,71,88
楕円型 ……………… 190,213
タグ ……………… 221
多項式 ……………… 6,86,110
多項式近似 ……………… 126,128
多段法 ……………… 157,166
縦横比 ……………… 30
ダブルバッファリング ……………… 123
単位行列 ……………… 51,74
単精度 ……………… 9
端末条件 ……………… 116
逐次過大緩和法 ……………… 80
逐次近似 ……………… 5,24,35
注釈 ……………… 21
中心差分 ……………… 146,192
チョイス ……………… 173
調和成分 ……………… 133
直接法 ……………… 52
直交行列 ……………… 88,95,106
直交性 ……………… 82,136
ディレクトリ ……………… 216
適応積分法 ……………… 165
適合 ……………… 4,194
データのあてはめ ……………… 110
転置行列 ……………… 51
伝播誤差 ……………… 12
特性多項式 ……………… 86

な行

内挿 ……………… 110
2 次収束 ……………… 40
2 次の Runge–Kutta 法 ……………… 159
2 進数 ……………… 9
2 分法 ……………… 44
ネットワーク ……………… 16,17
ノルム ……………… 74

は行

倍精度 ……………… 9
バイト ……………… 9
配列 ……………… 21
　2 次元配列の 1 次元化 ……………… 60
　の要素数 ……………… 21
挟み込み法 ……………… 44
波動方程式 ……………… 191
パッケージ ……………… 15,22,124,177
発散 ……………… 36,160
パワースペクトル ……………… 135,142
バンド幅 ……………… 71
反復回数 ……………… 25,26
反復行列 ……………… 77
反復法 ……………… 35,52,76
引数 ……………… 21
ピクセル ……………… 23
ピクセル座標系 ……………… 23,29
非線形常微分方程式 ……………… 172
非線形パラメータ ……………… 130
非線形方程式 ……………… 35,45,172,181,190,209
ビット ……………… 9

非定常項 ........................ 193,200
ピボット ........................ 54,57
ピボット選択 ........................ 57,59,72
ファイル出力 ........................ 23,223
ファイルの読み込み ........................ 225
ファイル名 ........................ 19
不安定 ........................ 4,13,158
フィールド ........................ 19
フォルダ ........................ 217
複合 Simpson 則 ........................ 153
複合台形則 ........................ 152
複素平面 ........................ 139
節点 ........................ 116,182
物理座標系 ........................ 29,30
浮動小数点数 ........................ 9
部分ピボット選択 ........................ 59
ブラウザ ........................ 16,17
フローチャート ........................ 26
ブロック ........................ 20
ブロック 3 重対角行列 ........................ 215
文書型宣言 ........................ 220
平均値の定理 ........................ 36
閉公式 ........................ 153
平衡点 ........................ 173
べき乗法 ........................ 89
ベクトル ........................ 45,50
　の 1 次独立 ........................ 88
　の直交 ........................ 82,88
変数
　インスタンス変数 ........................ 19
　型 ........................ 21
　型宣言 ........................ 21
　局所変数 ........................ 20
　有効範囲 (スコープ) ........................ 20
変数変換 ........................ 125,132,171
偏微分方程式 ........................ 190
放物型 ........................ 190,198
補外 ........................ 110
補間 ........................ 110
補間曲線 ........................ 112,115
補間多項式 ........................ 110
　の誤差 ........................ 114
保存性 ........................ 211
ボタン ........................ 173,177

## ま行

マウス ........................ 223
マウス・アダプタ ........................ 186
前処理 ........................ 83
マシンイプシロン ........................ 25
マルチスレッド ........................ 16
丸め誤差 ........................ 11,148
密行列 ........................ 52
メソッド ........................ 19
　アクセス修飾子 ........................ 21
　アクセスできる範囲 ........................ 20
　のオーバーライド ........................ 175,177
　のオーバーロード ........................ 34
　の引数 ........................ 21
文字型データ ........................ 21
モジュール ........................ 15,17
文字列 ........................ 22
モデル誤差 ........................ 3

## や行

ヤコビアン (Jacobian) ........................ 46
ユークリッド・ノルム ........................ 74,83
有限体積法 ........................ 211
有限要素法 ........................ 183
有効桁数 ........................ 9
優対角化法 ........................ 48
余因子行列 ........................ 52
陽解法 ........................ 193
陽的公式 ........................ 167
予測子修正子法 ........................ 167

## ら，わ行

ラベル ........................ 177
ランダムアクセスファイル ........................ 225
離散化 ........................ 4,5
離散 Fourier 変換 ........................ 132
例外処理 ........................ 209
列ベクトル ........................ 50
連立 1 次方程式 ........................ 50
連立非線形方程式 ........................ 45
連立微分方程式 ........................ 170

ワード ........................ 9

## 著者略歴


峯村 吉泰　(みねむら きよし)

1942 年　生まれ
1972 年　名古屋大学大学院工学研究科 博士課程修了
1998 年　名古屋大学大学院人間情報学研究科 教授
2003 年　名古屋大学大学院情報科学研究科 教授
2005 年　名古屋大学名誉教授，愛知工科大学 教授
2011 年　愛知工科大学名誉教授
　　　　　現在に至る．工学博士

研　究　ターボ機械内混相流の数値解析など

著　書　日本混相流学会編「混相流ハンドブック」分担執筆，(2004)，朝倉書店
　　　　「Java によるコンピュータグラフィックス」(2003)，森北出版
　　　　「Java による流体・熱流動の数値シミュレーション」(2001)，森北出版
　　　　「C と Java で学ぶ数値シミュレーション入門」(1999)，森北出版
　　　　「流体機械ハンドブック」分担執筆，(1998)，朝倉書店
　　　　ほか


本書記載の Java プログラムは下記 URL から入手することができます．

http://www-in.aut.ac.jp/~minemura/pub/Jsimu/index.html


Java で学ぶ
シミュレーションの基礎




2006 年 3 月 31 日　第 1 版第 1 刷発行
2016 年 8 月 10 日　第 1 版第 4 刷発行




著　　者　峯村吉泰
発 行 者　森北博巳
発 行 所　**森北出版株式会社**
東京都千代田区富士見 1–4–11(〒102–0071)
電話 03–3265–8341 ／ FAX 03–3264–8709
日本書籍出版協会・自然科学書協会　会員
http://www.morikita.co.jp/
JCOPY ＜（社）出版者著作権管理機構 委託出版物＞

落丁・乱丁本はお取替えいたします　印刷/エーヴィスシステムズ・製本/ブックアート

**Printed in Japan /ISBN9784–627–91861–0**